宁夏高等学校一流学科建设（教育学学科）资助项目，
项目编号：NXYLXK2021B10

“互联网 +”背景下高等数学教学研究

丁 芳 著

中国原子能出版社

图书在版编目（CIP）数据

“互联网 +”背景下高等数学教学研究 / 丁芳著 . --
北京 : 中国原子能出版社 , 2022.12
ISBN 978-7-5221-2447-6

Ⅰ . ①互… Ⅱ . ①丁… Ⅲ . ①高等数学 – 教学研究
Ⅳ . ① O13

中国版本图书馆 CIP 数据核字 (2022) 第 235385 号

内容简介

本书从“互联网 +”背景下的教育变革出发，在“互联网 +”背景下教育目标与课程新生态重构的基础上，进一步阐述“互联网 +”背景下高等数学教学目标，以及微课、慕课、翻转课堂等基本内容，为“互联网 +”背景下高等数学教学的授课新模式奠定了基础。本书对微课、慕课、翻转课堂在高等数学教学中的应用进行了详细分析，包括微课、慕课、翻转课堂在高等数学教学中模式的创新与发展等，同时，附有实际教学设计案例，是一本实用性、参考性较强的学术著作。

“互联网 +”背景下高等数学教学研究

出版发行　中国原子能出版社（北京市海淀区阜成路 43 号　100048）
责任编辑　王　蕾
装帧设计　河北优盛文化传播有限公司
责任校对　冯莲凤
责任印制　赵　明
印　　刷　北京天恒嘉业印刷有限公司
开　　本　710 mm×1000 mm　1/16
印　　张　16.25
字　　数　284 千字
版　　次　2022 年 12 月第 1 版　　2022 年 12 月第 1 次印刷
书　　号　ISBN 978-7-5221-2447-6　　定　　价　98.00 元

前　言

“互联网+”时代，开放共享的互联网思想，对教育观念、教学方式和学习方式产生着深刻的影响，推动了育人理念的重塑、教育生态的重构、教学资源的重组。“互联网+”时代是信息时代教学范式变革发展进程的拐点，在教育领域发挥了巨大作用，已从融合阶段进入创新阶段。信息化时代，数学已不仅仅是一门学科，数学承载着思想和文化的传播，是自然科学的重要基础，在社会科学中发挥着越来越大的作用，是一个现代人应该具有的基本素养。高等数学课程是高等学校理工类、经管类专业学生必修的一门公共基础课，肩负着培养学生的数学素养、数学应用意识和能力，引导学生用数学的眼光观察世界、用数学的思维思考世界、用数学的语言表达世界，促进学生数学品格及健全人格的养成，同时为各专业后续课程的学习奠定坚实必要的基础。

本书从“互联网+”背景下的教育变革出发，在“互联网+”背景下教育目标与课程新生态重构的基础上，进一步阐述“互联网+”背景下高等数学教学目标以及微课、慕课、翻转课堂等基本内容，为“互联网+”背景下高等数学教学的授课新模式奠定了基础。本书对微课、慕课、翻转课堂在高等数学教学中的应用进行了详细分析，包括微课、慕课、翻转课堂在高等数学教学中模式的创新与发展等，并通过实际教学设计案例对“互联网+”背景下的高等数学教学研究进行总结与分析。本书以理论研究为基础，力求对“互联网+”背景下的高等数学教学进行全方位、立体化的分析。本书具有较强的应用价值，可供从事相关工作的人员作为参考用书使用。

目　录

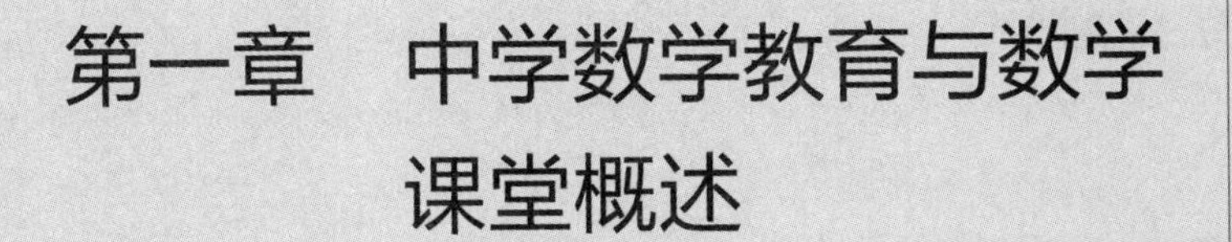

第一章　中学数学教育与数学课堂概述

第一节　“互联网 +”概述

一、“互联网 +”背景的出现

自 IBM 于 2008 年提出了“智慧地球”的概念以来，大数据、云计算、互联网和移动宽带等新一代信息技术相继快速地进入了信息化建设领域，不仅催生了许多新兴产业并带动其快速发展，也通过和传统产业的相互融合，促进了产业升级和转型，使人类的生产生活方式发生了深刻变革。受服务、绿色、智能、协同等一系列新的生产方式变革的影响，传统产业的核心价值观也在发生变化；个性化定制、透明供应链、创客、生产消费者等众多的新型模式形成了新的竞争优势；形成了一个互联网经济体，加速了产业价值链体系的重构。

面对新一轮的经济变革所带来的机遇和挑战，各发达国家积极鼓励变革信息技术与创新应用模式，纷纷制订与实施了一系列相应的战略与计划，加强在新兴领域的前瞻布局，以充分发挥信息技术的优势，提前抢占制高点。

迄今为止，中国发展互联网已有 20 多年，大多数人已经习惯了拥有互联网的生活。信息通信技术的不断进步，互联网、智能芯片、智能手机被广泛应用于人群、企业和物体中，这些都为下一阶段的“互联网 +”夯实了基础。未来，新一轮的信息技术的变革以及产业变革带来的影响仍会继续深入，产业之间的跨界融合将成为一种常态，新技术、新产业和新的应用模式等将会层出不穷。

近年来，虽然我国的经济发展仍然保持了良好的发展态势，但是原有的经济结构与发展模式的弊端也逐渐显露出来。必须抓住机遇，充分利用与发挥现有的条件与优势，积极谋划，加快主要以物联网、互联网为载体的信息经济的发展步伐，打造出“升级版”的中国社会经济。随着新一代信息技术的蓬勃发展，面对以互联网为代表的信息技术加速了各行业跨界融合、相互渗透的新形势，我国经济社会的发展进入了新常态。为了寻求新的发展，我们必须积极适应新常态，积极创新发展理念、发展路径和发展模式，以工业化和信息化的融合为切入点，打造现代化强国。

二、移动“互联网 +”发展

（一）移动“互联网 +”的发展情况

“互联网 +”是把互联网的创新成果与经济社会各领域深度融合，推动技术进步、效率提升和组织变革，提升实体经济创新力和生产力，形成更广泛的以互联网为基础设施和创新要素的经济社会发展新形态。

1. 移动网络基础建设蓬勃发展

（1）建成全球最大 5G 网络，终端用户占全球 80% 以上。截至 2022 年 4 月，我国已建成 5G 基站 161.5 万个，成为全球首个基于独立组网模式规模建设 5G 网络的国家。5G 网络向各行业定制的网络演进，已建成超 2300 个 5G 行业虚拟专网，逐渐形成适应行业需求的 5G 网络体系。5G 终端用户超过 5 亿户，占全球 80% 以上。

（2）移动电话用户和蜂窝物联网用户规模持续扩大。截至 2021 年底，我国移动电话用户总数 16.43 亿户，全年净增 4875 万户，5G 移动电话用户达到 3.55 亿户。三家基础电信企业发展蜂窝物联网用户 13.99 亿户，全年净增 2.64 亿户。

（3）IPv6 步入“流量提升”时代，活跃用户数持续增长。截至 2021 年 12 月，我国 IPv6 地址数量为 63 052 块 / 32，IPv6 活跃用户数达 6.08 亿。

2. 移动互联网用户和流量持续增长

（1）移动互联网用户增速放缓。截至 2021 年 12 月底，中国手机网民规模达 10.29 亿人，全年增加了 4373 万人，同比增速放缓。

（2）移动互联网流量快速增长。2021 年，移动互联网接入流量达 2216 亿 GB，比上年增长 33.9%。全年移动互联网月户均流量（DOU）达 13.36 GB/ 户月，同比增长 29.2%。

3. 移动智能终端快速增长

（1）移动智能终端全面增长。2021 年全年，国内智能手机出货量 3.43 亿部，同比增长 15.9%；可穿戴设备出货量近 1.4 亿台，同比增长 25.4%；蓝牙耳机市场出货量约为 1.2 亿台，同比增长 21.1%。

（2）5G 手机出货量占比近八成。2021 年 5G 手机出货量 2.66 亿部，同比增长 63.5%，占同期手机出货量的 75.9%。

（3）新型移动终端发展潜力巨大。截至 2021 年底，全国无人机实名登记系统注册无人机数量共计 83 万架，较 2020 年增加 44.9%；我国工业机器人出货量达 25.6 万台，同比增长 49.5%；VR 头显出货量达 365 万台，同比增长 13.5%。

4. 移动 APP 分发量增长

（1）移动应用程序（APP）总量下降。截至 2021 年 12 月，国内市场上监测到的 APP 数量 252 万款，较 2020 年 12 月减少 93 万款。游戏应用程序以 70.9 万款的数量位列第一。

（2）游戏、日常工具、音乐视频应用下载量居前三。截至 2021 年年底，我国第三方应用商店在架应用分发总量达到 21 072 亿次，同比增长 31%。游戏类移动应用的下载量居首位，达 3314 亿次；其次为日常工具类、音乐视频类、社交通信类。

（3）5G 行业应用进一步拓展。截至 2021 年 11 月，5G 行业应用创新案例超 10 000 个，覆盖工业、医疗、车联网、教育等 20 多个国民经济行业，近五成的 5G 应用实现了商业落地。

5. 互联网收入利润与投融资规模增长

（1）互联网企业市值下降但收入利润增长。截至 2021 年年底，我国上市互联网企业总市值达 12.4 万亿元，同比下降 30.3%。2021 年我国规模以上互联网和相关服务企业完成业务收入 15 500 亿元，同比增长 21.2%，共实现营业利润 1320 亿元，同比增长 13.3%。

（2）互联网投融资规模大幅增长。2021 年我国互联网投融资金额 513.5 亿美元，同比增长 42.36%；发生投融资事件 2427 笔，同比增长 41.19%。行业投融资热点领域集中于企业服务、互联网金融、电子商务与医疗健康等。

（3）5G 投资带动经济总产出增长。2021 年我国无线经济规模约为 4.4 万亿元。5G 投资 1849 亿元，占电信固定资产投资比例达 45.6%。据测算，2021 年 5G 直接带动经济总产出 1.3 万亿元，相比 2020 年增长 33%。

（二）2021 年中国移动互联网发展特点

1. 工业互联网等应用步入快车道

（1）“5G+ 工业互联网”呈蓬勃发展态势。2021 年，工业互联网政策引领作用持续增强，行业发展呈现“全国一盘棋”态势。工业互联网网络、平台、安全三大体系持续完善。截至 2021 年底，我国“5G+ 工业互联网”在建项目超过 1800 个，应用于工业互联网的 5G 基站超过 3.2 万个，具有一定区域和行业影响力的工业互联网平台超过 150 家，接入设备总量超过 7600 万台套，服务企业超 160 万家。“国家—省—企业”三级协同联动的工业互联网安全态势感知体系初步构建。工业互联网投融资规模大幅攀升，2021 年完成非上市投融资事件 346 起，同比增长 11.6%，披露总金额突破 680 亿元，同比增长 85.9%。

（2）人工智能技术应用不断加快。2021 年，“十四五”规划明确行业发展路线图。各地积极推动智能计算中心建设，截至 2021 年底，我国在用数据中心标准机架总规模超过 400 万架，总算力约 90EFLOPS，已基本满足各地区、各行业数据资源存储和算力需求；我国人工智能开源开放平台超 40 个，语音、视觉、自然语言处理等人工智能开放服务能力进一步提升；人工智能与移动互联网相结合的应用开始广泛覆盖智慧城市、智慧交通等日常生活。

（3）区块链应用进一步拓展。2021 年，区块链产业发展迈入新阶段。中央及各大部委陆续出台推动区块链应用落地政策。住建部上线基于区块链的全国住房公积金小程序，江苏昆山完成全国首笔基于区块链技术的闲置住宅使用权流转交易，浙江上线全国首个知识产权区块链公共存证平台，中国—东盟区块链公共服务平台“桂链”上线，进一步推动面向东盟区域的数字经济合作。

（4）物联网进入场景落地阶段。目前，物联网已广泛应用赋能装备控制、工程机械、航天制造等传统行业，通过传感器、嵌入芯片的布设实现工业生产的智能感知和决策。搭载了物联网传感器的可穿戴设备、智能家居、智慧医疗、车联网、灾害预警系统等应用开始进入大众日常生活。

2. 移动互联网打造经济发展新引擎

（1）网络零售打造消费新格局。2021 年全国网上零售额达 13.1 万亿元，比上年增长 14.1%，占社会消费品零售总额的 24.5%。特别是以 95 后、00 后为代表的“Z 世代”以及“银发一族”网民的增长，带来了新的消费场景与模式。社交电商、直播电商等新业态新模式持续发展，成为驱动经济增长的新引擎。

（2）在线文旅、手机外卖引领新型消费。2021 年，各地及平台等通过 VR 等技术打造新型文旅融合产品，推动“云上旅游”“在线演唱会”等常态化。截至 2021 年 12 月，我国在线旅行预订用户规模达 3.97 亿，同比增加 5466 万。我国网上外卖用户规模达 5.44 亿，同比增长 29.9%。生鲜、药品等各类非餐饮业务加入外卖行业，成为重要的消费增长点。中国游戏市场实际销售收入 2965.13 亿元，同比增长 6.40%，自主研发游戏海外市场销售收入 180.13 亿美元，同比增长 16.59%。

（3）电子商务持续助力乡村振兴。2021 年，相关部门出台促进农村电商发展的系列政策，发力乡村市场数字化基础设施建设，推动网络零售新模式向广大农村普及，引领农产品出村新渠道。2021 年全国农村网络零售额同比增长 11.3%，达 2.05 万亿元，全国农产品网络零售额同比增长 2.8%，达 4221 亿元。

3. 移动应用进一步赋能社会民生

（1）数字政府建设进入深化提质新阶段。各地政务服务建立“好差评”制度，政府服务可以像网购一样给予评价，多地探索首席数据官制度。更多政务服务事项实现网上办、掌上办、一网通办。截至 2021 年底，全国一体化政务服务平台用户人数超 10 亿，实现了工业产品生产许可证、异地医疗结算备案、社会保障卡申领等事项“跨省通办”；近 9 亿人申领了健康码，使用次数超 600 亿次；已有 19 个省份数据开放平台上线运行，共开放 19 万个数据集、67 亿多条数据量，全国政务数据开放规模不断扩大。

（2）公共服务类应用进一步拓展。2021 年，加快医保信息化建设等政策不断出台，驱动在线医疗深入发展。人工智能推动智能化医学影像辅助诊断从概念到落地，5G 网络建设推动远程医疗与影像云平台能力提升，均为在线医疗发展提供了技术保障。截至 2021 年 12 月，我国在线医疗用户规模达 2.98 亿，同比增长 38.7%。

2021 年，我国智慧交通发展迎来新的历史机遇，《国家综合立体交通网规划纲要》明确表示要推进智能网联汽车发展。相关部门不断加强行业监管，推动网约车平台稳健发展。截至 2021 年 12 月，我国网约车用户规模达 4.53 亿，同比增长 23.9%。

4. 移动网络政策法规保障迈入新阶段

（1）强化个人信息与数据安全保护。2021 年，《数据安全法》《个人信息保护法》正式实施，个人信息与数据安全保护不断强化。《网络安全审查办法（修订草案征求意见稿）》拟规定掌握超过 100 万用户个人信息的运营者赴国外上市，必须申报网络安全审查。

（2）反垄断监管和互联互通不断加码。2021 年《中华人民共和国反垄断法（修正草案）》印发，国家反垄断局正式成立，释放了国家持续推进反垄断的信号。与此同时，相关部门针对移动互联网企业的反垄断监管持续加强。屏蔽网址链接被重点监管，助推移动互联网应用互联互通。

（3）未成年人网络保护升级。新修订的《未成年人保护法》新增“网络保护”专章，倒逼移动互联网企业的产品与服务承担更多社会责任。国家新闻出版署发文明确，网游仅可在周五、周末、节假日向未成年人提供 1 小时服务，筑牢未成年人网络保护的屏障。网络饭圈乱象得到有效整治，网络空间更加清朗。

（4）智能算法推荐纳入监管范围。网络监管的对象向移动互联网技术层面拓展，滥用数据分析和算法推荐将得到遏制。《互联网信息服务算法推荐管理规定》明确提出算法推荐服务提供者保护用户权益的要求，有效防范算法滥用带来的风险隐患。

（三）中国移动互联网发展趋势

1. 5G 行业应用创新赋能产业体系升级

随着 5G 与各行各业的融合逐步深入，在基础软硬件、终端、网络、安全等各环节都会推动产业升级，甚至与各行业共同变革催生新的产业体系。未来，5G 能力开放平台及行业基础能力平台，将成为产业升级的发力点和突破点。5G 行业应用解决方案将成为 5G 赋能行业发展的集中体现和最大亮点。

2. 元宇宙产业应用融合进一步深化

元宇宙代表了虚拟空间与现实世界的融合发展趋势。当下的应用场景主要在社交和娱乐领域，未来有可能拓展至工业、教育、金融、文艺、科学等领域。虽然元宇宙发展形态尚不确定，但是进一步增强元宇宙核心技术基础能力，推动产业应用融合，有利于数字经济发展。与此同时，元宇宙相关技术标准与风险防范体系也有待建立与完善。投资热将逐渐趋于理性。

3. 反垄断推动市场环境健康有序

强化反垄断与不正当竞争、互联互通、数据安全等领域的监管，将进一步塑造公平、开放、共赢、包容的移动互联网发展环境，网民权益将得到进一步保护。合规经营成为移动互联网企业发展的基线，坚持技术创新驱动发展，强化融合应用引领发展，积极参与国际竞争，成为长远发展方向。

4. 移动互联网红利进一步全民普及

2022 年，移动互联网红利将进一步下沉至三四线城市及广大农村地区，

老年人等群体使用移动互联网的数字鸿沟将进一步弥合，共享移动互联网的“数字红利”。随着产业互联网快速推进，移动互联网进一步赋能千行百业，克服“鲍莫尔病”，推动数字技术与实体经济深度融合发展。

5. 数字乡村与数字政府建设进程提速

2022 年，多地将数字政府建设作为优化营商环境的重要举措，力求以数字政府建设倒逼改革，积极推动政府数据资源开放共享。与此同时，各地区积极将教育、医疗、农技、政务服务等通过信息平台延伸至乡村，切实提升乡村数字化水平。预计数字政府与数字乡村建设将不断提速，赋能经济发展，进一步提升政务服务水平与社会治理能力现代化水平。

第二节　“互联网 +”背景下的教育改革

互联网不仅是一场技术的变革，更是一场文明的洗礼。在人类文明发展的进程中，人们对教育的追求一直就没有停止过。人们对教育充满着期待，总是在追求理想的、先进的教育。随着 21 世纪的到来，人类社会全面跨入信息时代，社会各个方面都发生了深刻的变革，人类文明的发展既面临着无限的机遇，同时，人们对教育的期望和要求也达到了前所未有的程度。

一、互联网教育参与未来教育的必要性

（一）互联网技术成为教育变革的革命性力量

在教育的发展历程中，技术的每一次进步和变革都带来了教育的奇迹，马克思曾经指出，科学技术不仅是“一种在历史上起推动作用的、革命的力

量"，而且是"最高意义上的革命力量"。以计算机技术、网络技术、通信技术的快速发展为代表的信息化正在引发世界的深刻变革，并重塑了世界政治、经济、文化和社会的新格局，同样也值得教育领域期待，教育正在期盼着一种革命性的力量。我们为科学技术的辉煌成就欢欣鼓舞，也为每一个现代技术成果进入教育领域激动不已。近百年来，每次新技术的出现，无论电影、电视、计算机还是网络，都曾给教育工作者带来无限的希望。早在1913年，托马斯·爱迪生就曾预言，电影作用于教育的影响将会很大，学校不久就会摒弃书本，学校系统在今后将会发生翻天覆地的变化。和爱迪生持有类似看法的还有前美国公共广播网成人学习中心主任蒂·布鲁克，他说："每一个家庭都将成为一个大学中心，只要有一台电视和一位有学习意愿的人。"计算机教育应用的热潮使许多人相信，高度发达的计算机技术将使计算机最终成为机器教师从而取代人类教师。互联网教育的热衷者也曾憧憬过虚拟大学兴起、传统大学消亡的远景。从投影、幻灯、电影、电视、广播到计算机和网络，从投影片、幻灯片、教育电影、教育电视节目到大规模的网络在线课程、翻转课堂和人工智能、智能导师系统、教学自动化设计，从远程教育到互联网教育，从大数据到云端，从 E-learning 到移动教育……新技术大量应用于教育教学领域。

（二）教育改革与发展方式的转变

深化教育领域综合改革是推进社会事业改革创新，实现发展成果更多更公平地惠及全体人民的一项重要任务。在十一届三中全会之后，对深化教育领域综合改革做出重大部署，集中反映了今后教育领域需要提高教育质量、促进教育公平和增强活力的总体思路。这要求我们必须以时代变迁对人才的新需求为导向，全面创新人才培养模式；以促进公平为重点，优化教育教学环境与资源的配置；以教育教学模式创新为核心，全面提升教育教学的质量；以能力为重，促进教师教学能力发展、学生学习方式转变与学习能力发展。互联网教育可以贯穿于上述所有方面，并实现相互之间的沟通、整合与集成，从而推动教育教学的整体性变革。传统的教育教学改革大多属于渐进式的改革，其变革是局部性的，只改变教育教学体系的某一部分或某一方面。以移动互联网为代表的信息技术支持的教育教学整体性变革是推动整个教育教学的范式转变与流程再造，改革具有整体性、综合性的鲜明特征。

（三）互联网教育成为推动教育变革的重要教育形态

20世纪末以来，以计算机技术、网络技术、通信技术的快速发展为代表的信息化正在引发世界的深刻变革，并重塑了世界政治、经济、文化和社会的新格局，同样也引发了教育领域的重大变革。这不仅体现在人类学习方式、思维方式的改变上，还表现为课程的表现形式、课堂的教学组织形式以及学校的管理方式、教学的评价方式和教育管理模式的变化。互联网技术作为教育信息化的关键技术正在重塑教育，互联网教育是一种新的教育形态，正在参与变革未来教育，其过程是漫长的，需要技术与教育不断相互融合走向深入。回顾互联网与教育融合的历史，可以发现互联网技术对教育行业的影响呈渐进式。1984年美国传统异步在线课开启了互联网教育的先河，随后，世界各国以"开放教育""网络教育""远程教育""在线教育"等视角来记录互联网在教育中的运用和实践。2012年，以慕课为代表的互联网在线课程迅猛兴起，成为互联网教育新的开篇。可汗学院、大数据、微课堂、微学分、微学位、翻转式课堂、游戏化教学等新技术和新教育方式的出现，颠覆了互联网在"传统"的教育中的运用。互联网、移动互联网对教育的重塑，不仅体现在拓展了教育资源，为教育提供新的教学模式和教学方法，还表现在人类对教育的思维方式的改变上，最重要的是互联网与教育的融合带来更新的理念和动力。互联网教育正在参与未来教育变革，互联网教育成为教育变革的主要教育形态之一。

二、"互联网＋"背景下教育变革的原因分析

（一）社会体系的变革对教育体系的冲击

1.生产力的发展引起社会体系的变革

生产力发展引起生产关系的变革。我们知道，任何社会的发展和变化都是从生产工具的发展变化开始的；生产工具的大变革必然引发生产力的大发展。当今世界正处在生产工具大变革的时代，以互联网信息技术为代表的新兴和先进的生产工具的诞生与发展，极大地提高社会生产力和社会劳动效能，同时也引起劳动对象和劳动者素质的深刻变革和巨大进步。生产力中包含着科学技术，科学技术是先进生产力的集中体现和主要标志，是第一生产

力。网络信息时代的到来，渗透和影响到我们生活的方方面面，对我们的生存状态产生深远的影响，改变着我们的生产方式、生活方式、交往方式等等外在的行为方式，甚至我们内心深处的思维方式。它像空气、阳光和水一样，成为我们必不可少的生命元素。互联网最核心的地方在于突破时间和空间的界限，由此对人类的生活方式和生产方式产生极为深刻的影响，它极大地提高了效率、降低了成本。然而，互联网带来的更大变革和深远影响不仅仅于此，而是来自思维方式的变革，是一种全新的思维模式。互联网如此深刻地影响了我们的生产方式和生活方式，这是时代之变革，是社会之发展。教育是生产关系的一个组成部分，每一次时代变革都会对教育产生深刻的影响。信息技术推动了社会历史变迁，使我们从工业文明进入了信息时代，改变了教育教学所处的外部生态环境，使教育教学系统与整个社会大系统之间的相互关系发生了变化。一方面，社会历史变迁对教育教学提出了变革的新要求；另一方面，科技进步为教育教学的变革提供了新手段。这两个方面叠加在一起，构成了推动教育教学变革的外部动力。

2. 社会对人才的需求呼唤教育变革

信息社会对人才的需求呼唤对教育的变革。在当今社会，人才成为各国竞争的核心。各种高级人才成为了世界性的核心资源和各国竞争力标志。社会发展的一个必要条件就是要拥有各种类型的创新型人才，以及拥有终身学习能力的人才。

首先，信息（知识）社会对个性化人才的需要。传统的第一次工业变革和第二次工业变革中以“规模化、大批量、标准化”为特征的生产方式将发生颠覆性变革，在新的生产方式变革的趋势下，以“个性化、定制化、网络化生产”为特征的家庭工厂将取代庞大的规模化工厂。这种新型的数字化制造模式和发展模式，需要大量的适合信息时代的高素质人才。教育自第一次教育变革以来，走完了从个别化到个性化，再到以班级授课制为核心的规模化、批量化、科学化的发展之路。进入 20 世纪后半叶，这种规模化的学校教育的各种弊端涌现，特别是当今的教育，面临着第三次工业变革的冲击，为了适应新形势的发展需要，教育迫切需要回归到本应沿着第一次教育变革的“个性化”之路，这都需要教育发生新的“变革”。

其次，信息（知识）社会对创新型人才的需求。互联网教育在创新型人才培养方面更容易接轨。相比较，目前教育变革面临的问题很多，但最突出的还是在培养与信息时代接轨的人才问题上，特别是针对“钱学森之问”，如何培养大量高素质的劳动者和创新型人才，还有很远的路要走。信息技术带来的变革将给人类社会带来全方位的冲击，这种冲击同样将集中反映在如何培养出信息时代所需要的创新型人才上。

信息（知识）社会中人们对教育的需求。现有的教育体系不能够满足信息（知识）时代人们对灵活多样的、优质的、终身教育的需要。互联网深刻影响着教育的理念、模式，既为传统教育带来了前所未有的机遇，也提出了前所未有的挑战，既有互联网信息技术驱动和催生着教育的变革和革新，也有互联网信息时代对教育提出的新要求和重构。

3. 教育系统变革的内外动力

站在历史的长河回望，互联网只是一个新生事物；站在现实的视角感叹，互联网已经成为新引擎；瞭望未来的方向，互联网定会带来新的希望。作为 20 世纪最伟大的发明之一，互联网的诞生，给人类发展带来新机遇，也给教育的发展带来了新的机遇。

（1）教育系统变革的外部动力。当今世界正处在以互联网信息技术为代表的先进生产工具大变革的时代，生产力发展引起生产关系的变革。教育是生产关系的组成部分，每一次时代变革都会对教育产生深刻的影响。以互联网为代表的信息技术推动了社会历史变迁，使我们从工业文明进入了信息时代，改变了教育教学所处的外部生态环境，使教育教学系统与整个社会大系统之间的相互关系发生了变化。一方面，社会历史变迁对教育教学提出了变革的新要求；另一方面，科技进步为教育教学的变革提供了新手段。这两个方面叠加在一起，构成了推动教育教学变革的外部动力。

社会历史变迁对教育教学提出了变革的新要求，集中反映在对人才的需求上。信息（知识）社会对个性化人才的需要。在新的生产方式变革的趋势下，传统的第一次工业变革和第二次工业变革带来的规模化、大批量、标准化的生产方式将发生颠覆性变革，个性化、定制化、网络化生产的家庭工厂将取代庞大的规模化工厂。这种新型的数字化制造模式和发展模式，需要大量的适合信息时代的高素质人才。为了适应新形势的发展需要，教育迫切需要回归到“个性化”之路。未来教育在互联网和大数据的作用下变得越来越个性化，学习者对教育的选择更多样化和定制化。以互联网和大数据为代表的新技术是教育变革的技术推动力量。“微学位”、数字化学校、数字化教师和数字化课程、反转式课堂、游戏化学习互动式新型媒体技术等全新教育模式的出现，预示着互联网时代的教育将实现教育从教学内容到教育方式的全方位的转变。互联网推动整个教育教学的范式转变与流程再造，改革具有整体性、综合性的鲜明特征。互联网时代教育的变革正源于外部动力和内部动力的共同作用。

（2）教育系统变革的内部动力。互联网、大数据在教育教学系统内部扩散，重构了教育教学系统内部各要素相互之间的关系。互联网时代新的技术带来教学观的变革，教学过程的重组，教学空间的重构，教师角色的转变和教学模式的创新。互联网教育不仅重塑了教育教学系统的结构，而且改变了教育教学系统的过程与行为模式，效率不断增强，复杂程度不断提高，时空场景持续扩展，从而使教育教学脱胎换骨。新技术在教育教学系统内部的扩散构成教育系统变革的内部动力。

互联网实现了人类历史上前所未有的资源大整合，将全世界的知识和智慧连接在一个可以免费和共享的平台上，大大缩短了人类获取知识和资源的成本，并开启了教育变革的大门。随着可穿戴技术在教育领域的不断运用和普及以及数字化虚拟学习环境的实现，互联网将不断地推动教育的变革。互联网教育是互联网时代的教育，其变革的不仅仅是教学方式，还有组织模式和商业模式，是技术在不断推动现代教育思想和教育理念与现代教育技术深度融合，技术倒逼教育理念和教育思想与时俱进，促使现代化的教育变革。

（二）教育系统内的共融、共荣、共促的效果

1. 互联网技术革新迫使教育系统变革势在必行

当前，人类社会已经进入了信息（知识）社会，互联网信息技术的迅猛发展导致了社会和产业结构发生剧烈变化。社会的发展对个性化、多元化、创新性的人才需求愈加迫切，教育目标、教师角色、学习环境、学习内容、学习方式都已发生或正在发生着重大变化，人们对通过教育改变未来生活所寄寓的希望日益迫切，教育变革比任何时候显得更加重要。

信息社会是一个虚拟与真实交织在一起的世界，也是逐步走向智能和互联的世界，互联网将全世界的资源连接整合在一个平台上，并且这些资源是开放、共享和免费的。“云课程”“慕课”“移动学习”“泛在学习”“翻转课堂”等新的教育形态，一经问世便迅速遍及全球，引发了互联网教育变革的

浪潮。互联网时代的教育已经与工厂流水线似的整齐划一的教育截然不同，个性化、虚拟现实、社区学习、分散合作式学习以及智慧教学等教学方式深入人心，“无时无处不在的学习”“一人一张课程表”“没有教室的学校”等新的教育形态不断涌现。

互联网技术革新迫使教育不再只具备工业化教育的传统职能，而是突破了学习时间、学习空间、学习内容、教师资源等限制，满足学习者的不同需要，可以更好地培养未来社会所需要的人才，以应对未来更加复杂的社会挑战。大数据、人工智能、移动互联网、云计算等新技术使得世界各地的学校能够便捷地共享资源，打破了不同的学校之间、不同的学科之间的界限，教育的空间与机会得到了极大的拓展。时代的变迁和互联网技术革新迫使教育必须面对和思考如何在技术手段的支持下更好地针对学生个体学习水平、性格、兴趣、特长等开展个性化教育。与此同时，互联网教育对教师提出了更高的要求，教师不仅需要具备更加积极的态度、更具创新的理念，而且要在教学中融入更多的综合能力。

互联网技术在教育领域革新的轨迹。笔者认为，互联网作为一新生事物，在教育领域的应用可分为四个阶段：一是单项技术应用期，表现为技术和技术之间的关系。这主要体现在互联网等新技术作为教育工具初步在教育领域的运用，互联网和教育之间缺乏融合。其次是综合技术的整合期，主要体现平台和平台之间的关系。平台与平台之间的互联互通有利于加强资源之间的整合。第三是使用者的连通期，主要体现在教师、学生对各种教育教学平台的使用。第四是群体的涌现期，体现的是教师和教师、教师和学生、学生和学生之间的关系，甚至从更广的视角来看，是人与人之间的关系。如教联网以智能感知、即时互动为纽带，把教学环境、教学者和学习者都紧密地联系在一起，使物和物、人和人、人和物之间紧密相联。整个教联网是一个教育生态系统，系统环境中的人和人、人和物都相互依存，呈现出自组织的生命特征。从上述的四个阶段来看，电化教育、PPT 课件等是工具与技术层面的变革，是单项技术的应用期；“三通两平台”、网络在线课程等是综合技术的整合期；慕课、翻转课堂等是教学模式的变革，是使用者的连通期；未来教育中教联网的实现将迎来群体的涌现期，实现互联网教育生态的形成。目前互联网教育还在发展之中，一切皆需依赖时间的积累。

2. 国民教育与终身教育的共融

国民教育体系主要包括学前教育、九年义务教育、高中教育、大学教育和职业教育。终身教育是面向社会全体成员的一生的综合教育体系。通常来讲，终身教育市场分为 5 个部分：学前教育，基础教育，高等教育，企业培训，继续教育。对于不同的学习对象，只有互联网教育可以全面满足学习者的学习要求，按照不同学习者的年龄特征、学习要求，提供个性化的学习解决方案。互联网教育推动了国民教育与终身教育的融合。主要是基于以下几点：

互联网教育架起了教育共融的“时空之桥”。相对国民教育体系而言，终身教育体系则是在此基础上进行了时间和空间上的延伸，涵盖了诸如家庭教育、学前教育、九年义务教育、高中教育、大学教育、社区教育、社会教育、职业培训、兴趣教育等各个方面的教育，从幼儿期、青少年期到成人期和老年期，贯穿人的一生。互联网教育可以创造无所不在的学习环境，学习者不受学校规模、年龄、地点的限制，只要愿意学习，只要有一个普通的电脑，连上互联网，就能学到想学的知识。互联网教育构建了一个任何人、任何时间、任何地点、学习任何知识的“泛在学习”新时空。

互联网教育融汇了教学方式的“共通之桥”。在互联网教育中，可以采用混合多种学习模式的最优化学习方式。新技术背景下的互联网教育，为学习者提供了可选的、多样的学习模式，使得个性化学习成为可能，人类孜孜以求的因材施教理想获得实现。“微学位”、数字化学校、数字化教师、数字化教室和数字化课程、翻转式课堂、游戏化学习、互动式新型媒体技术以及云平台、云计算、云教育等大数据包等全新教育模式的出现，预示着互联网教育将实现教育从教学内容到教育方式的全方位的转变。新技术为信息时代的学习也提供了带交互的直接教学的手段，使用流媒体和视频会议系统，教师可以把课堂教学搬到网络上。利用协同学习系统，学习者还可以通过网络提供的交流通信手段进行跨越地域的协作学习，而这些在传统教学中是无法想象的。互联网教育的教学方式比较灵活。互联网教学由教师控制的方式向学生控制的方式转变了。此外，也可以用 Blended learning（混合式学习）和 Flexible learning（灵活学习）来描述互联网教育背景下多种学习模式并行的状态。互联网教育形成了开放式立体化的学习框架。互联网教育为学习者提供了全天候的学习环境。互联网教育打破了权威对知识的垄断。人人能够获取知识，使用知识，创造知识，分享知识。这也为终身学习的学习型社会建设奠定了坚实的基础。

互联网教育搭建衔接国民教育与终身教育的“立交桥”。随着学习型社会的建立和终身学习型社会体系的构建，互联网教育搭建国民教育与终身学习教育体系的“立交桥”，如建立终身学习学分银行。学分银行为每个人建立个人学分账号，学习者通过选修互联网教育课程得到学校的学分，无论是国民教育的学分还是终身教育的学分，都可以存入到个人的互联网教育学分银行。建立弹性学习制度，方便快捷地沟通和衔接学校教育与互联网教育及其他教育形式之间的学习成果。发挥教联网对各种形式的教育成果的认证、学习成果的转换与积累的积极作用。建立学分累计、互认和兑换制度。对学习者长时间、跨地域的学习进行持续的跟踪考核，评价记录，兑换成学分，有效积累。并通过互联网教育管理服务平台的互联互通实现各种教育形式下学习成果互认，学分互认、自由转移乃至随时兑换，将传统教育中的学历和文凭变为学历文凭与微学历、微文凭并行。

3. 社会教育体系与学校教育体系的共荣

（1）互联网教育是学校教育有效的补充

学校教育体系主要包括学前教育和九年制义务教育、高中阶段教育、高等教育、职业教育与成人教育。教育不再完全局限于教室与学校，开始突破学校的围墙，只要有网络的地方，都可以成为教学场所和学习场。互联网技术所提供的丰富的资源和交互手段，使技术在教学中不再只是呈现信息的媒体，也不仅仅是个别化教学中控制学习过程的工具，而是构成了一个可以开展自主学习、探索学习、协作学习的环境。互联网教育正在或已经成为学校教育的有机组成部分。

互联网教育同时也是学校教育有效的补充。无论是学前教育还是中小学、大学，借助互联网对教育的支持，可以有效补充学校教育在时间和空间上的局限。首先，大规模的网络在线课程（慕课）就对学校教育形成有效的补充。打破了学校教育中对学习时间和学习空间的限制，有效地克服了学习者学习时间、学习方式、学习身份的限制，为全体社会成员提供了均等的受教育机会。其次，互联网尤其是移动互联网的发展促进了教学方式方法的变革，使教育从以教师为中心向以学生为中心、以课堂为主向互联网学习转变成为可能。如可汗学院、翻转课堂、游戏化教学等新技术和新教育方式的出现，要求教育向分散化和协作化发展，颠覆了传统的班级授课制。

（2）社会教育历来就是互联网教育的重要实践领域

社会教育的对象除了在校的学生以外，还包括社会中的其他受教育对象，社会教育和学校教育只是教育整体中的两种教育形态。社会教育的目的在于提高社会的协作，提高劳动者社会的融入，加强对劳动者社会道德的培养。社会学习主要是学会做人和学会做事共存。学习不应只是个人的事情，除了学校的学习，每个人都要参与到社会学习中来，作为一种社会经验，需要与他人共同学习，以及通过参与社会活动，在社会规范中学习。

除了家庭教育和学校教育之外，社会教育也是教育非常重要的一部分。学校教育只是每个人一辈子学习中的一个阶段。社会教育则贯穿人的一生。与社会教育相应的社会学习贯穿于人们的工作和日常生活之中，是更能获取知识与方法，更能解决实际问题，更有实际作用的学习。互联网信息技术的日新月异要求社会教育体系与学校教育体系同步发展。在信息（知识）时代，知识更新不断加快，单纯的学校教育已经不能满足人们对知识的需求。人们面临学习和工作的双重压力，“工学矛盾”日益突出。随着互联网教育的不断发展，越来越多的学习者选择在工作之余通过互联网在线学习来继续学习，提升自身适应社会发展和需求的能力。

此外，社会上不同身份、不同地位、不同知识水平的人都可以平等地享受互联网教育。社会教育正是在互联网教育的支撑下，在互联网信息技术的支撑下，突破了时间和空间的限制，实现全方位、全覆盖、多层次的社会教育，也使社会教育成为互联网教育的重要实践领域。

（3）互联网教育产业促进社会教育体系与学校教育体系的融合

互联网教育产业也为社会教育和学校教育架起了沟通的桥梁。面对科学技术日新月异的发展，学习显得越来越重要。虽然学习者从学校毕业之后还有机会再接受学校教育，但是更多的学习机会还是走入社会后，依靠社会教育来完成。互联网教育产业的发展，为社会教育体系与学校教育体系的融合架起了桥梁。互联网教育产业的公司、企业开发的网络课程或教育教学服务，以社会教育的形态，对学校教育进行有效的补充。互联网时代，社会教育机构正在对学校教育机构起到一个融合互补的作用。比如：有人在安徽师范大学学习教育学，但安徽师范大学教育学专业很难提供华中师范大学教育学、北京师范大学教育学、华东师范大学教育学等优秀师资的课程。在这种情况下，互联网就可以把全国最优秀的教育学师资和课程提供给全社会。

我国教育面临的最大的问题是创新人才，依靠现有的学校体系小修小补地改变现有的人才培养方式还是很有局限，互联网教育对创新人才的培养是一个很好的促进因素，而且是一个很好的参照体系，能够带来教育理念、观念和思维方式的变革。在互联网教育背景下，每个人都是教育的生产者，都可以传播知识与信息，每个人又都是教育的消费者，因为每个人都需要被教育。通过互联网教育，社会教育体系与学校教育体系融合与互补，社会教育对学校教育给予有力的支持。

（4）教育公平与教育质量的共促效果

公平与质量是教育改革发展的两大重点。“发展更高质量更加公平的教育”，是政府提出的重点工作之一。教育变革的关键是提高教育质量，促进教育公平。教育改革的关注焦点，集中在“推进教育公平”与“提高教育质量”两个方面。教育公平不仅仅关于社会正义，还会极大地影响社会经济发展；教育机会平等或起点公平固然重要，但结果公平更是教育公平的要义，教育公平与教育质量相辅相成、不可割裂。

① 教育公平，应成为教育变革的“重中之重”和优先发展目标

在我国，区域之间、城乡之间、学校之间、班级之间、不同家庭背景群体之间，学生成绩差距仍然普遍存在，部分类型的差距甚至还在不断扩大。这些成绩差距的长期存在影响了教育公平，加剧了社会对教育的不满，还会引发新的社会问题和社会矛盾。从长远来看，成绩差距会严重影响国民素质开发，导致中国大量劳动力难以适应新的产业发展需求，无法迎接全球化挑战。因此，缩小学生之间的成绩差距，对促进教育公平、实现社会和谐、促进经济可持续发展具有重大的战略意义。

《国家中长期教育改革与发展规划纲要（2010—2020 年）》中强调：百年大计，教育为本，国运兴衰，系于教育；强国必强教，强国先强教。这反映了国家对教育战略地位的高度重视。作为人口众多的发展中国家，推进教育事业改革和发展是一个长期而艰巨的任务。在当前特定的历史时期，立足现实又要面向未来，教育公平应成为教育改革与发展的重中之重。教育公平是社会公平与正义的要求，而更公平的教育将成为经济发展的重要引擎和核心要素。教育公平应成为教育变革最重要、最优先的发展目标。

② 互联网教育背景下的教育公平和教育质量

互联网教育打破了传统教育中学校和机构对教育的垄断，未来的教育不再局限于学校内，而是面向整个社会。从《国家中长期教育改革和发展规划纲要（2010—2020年）》可以看出，国家明确了利用互联网等信息技术来推进教育公平，提高教育质量的发展方向。为更好地贯彻规划的思路、保障规划目标的实现，应进一步明确教育信息化建设的路线图，围绕当前及未来的核心目标，有重点、分步骤、按计划开展教育信息化建设，推进以信息技术为核心的教育科技应用与普及，发挥教育科技促进教育创新与发展的巨大潜力。

从教育公平的角度出发，互联网教育是实现教育公平的有效途径和方式。在我国教育发展的现阶段，仍存在教育资源紧缺、分配不均衡、配置不合理的现象。政府认识到利用互联网教育来促进教育公平的重要作用，并采取了一系列举措。在中央财政投入中列支专项资金用于支持西部地区互联网教育扶贫工程，并且国家已投入巨额资金，加速西部地区高校校园网建设。互联网教育将全球优质的教学资源进行共享，打破了学校之间的隔墙。不同背景、不同学科、不同层次、不同需求的学生全部涌入这一巨型“大课堂”，成为学习新时空中的同学。互联网教育的开放性和平等性，缩小了中国东西部地区之间，城市学校和边远地区、农村学校之间，在教育上的差距，也拉近了全世界学习者之间的距离，可以说，实施互联网教育将持续有效地促进中国教育的公平。

从教育质量的角度出发，互联网教育在推动教育公平的过程中通过个性化、定制化的学习，从而提升普遍的教育质量和个体教育质量。互联网教育拥有“定制化”的特点，学习者可以根据自己的时间、需求、学习情况，定制符合个人要求的学习内容，这是对更高层次的教育公平的追求，也是实现教育质量的有效途径和方式。互联网教育还可以实现从以知识传授为主的教学方式向以提高创新能力、实现学习者全面自由发展为主的教学方式转变，转变学生的学习方式，支持学生有效学习，增强学生学习能力，促进学生高阶思维能力发展，全面提升教育质量。

我国当前教育发展的核心是教育公平与教育质量问题，作为教育信息化进程中的互联网教育，应该紧紧围绕核心目标来发展，通过不断推进教育公平，普遍提高学生的学业水平，缩小学生的成绩差距，有效挖掘人力资源潜力，并释放出促进国家经济发展的潜力。为了面对未来的挑战，满足未来社会对于教育的期望，兼顾教育公平与教育质量，应成为公共教育的基本价值取向。

（三）互联网教育产业为教育变革提供强大动力

互联网技术是信息时代给教育带来最大冲击的技术，互联网教育作为教育信息化进程中的一种主要教育形态能够带来教育的变革，除了对教育结构系统性的变革以外，还与互联网教育产业的发展有关。互联网教育有鲜明的互联网基因，尤其是由可资商业运营的想象空间。互联网教育依托云计算、大数据、多媒体等信息技术手段，以互联网为介质进行的教学活动。互联网教育产业随着互联网教育的发展而不断发展。近年来，随着互联网技术的发展和互联网应用的日益普及，互联网正日益改变着人们的生产生活方式，互联网也越来越多地被运用到教育上，给教育方式带来变革，线上线下相互融合日益成为互联网环境下教育的鲜明特点。人才培养教育完成从小范围的学习中心到覆盖全球互联网学习方式转变，实现从学历教育向非学历继续教育的转型。随着网络教育的发展，人们学习需求的变化开始新的转向，由被动地接收教育变为自发主动的互联网学习。特别是互联网技术的开放性特征，在给教育方式带来变革的同时，更为教育产业发展提供了新机遇。很多教育公司意识到这其中所蕴藏的巨大市场潜力。多项研究表明，互联网教育产业发展迅速，成为新的投资热点。

1. 互联网教育产业资本驱动教育行业高速发展

互联网教育的投资为教育行业发展注入活力，不管是国外互联网教育产业还是国内的互联网教育产业，均从资本的角度推动了教育行业的高速发展。

美国作为互联网技术的研发地，是互联网技术大规模使用的最早受益者，互联网教育也最先在美国得到探索和推广。以美国为代表的国外互联网产业发达国家，经过20多年的发展，互联网教育已形成具有相当规模、产业链条比较完整的成熟产业。互联网教育甚至已成为一些国家教育产业的主流，对当事国的教育变革产生举足轻重的影响。

在互联网教育领域，美国在全球处于领军地位。与此同时，美国互联网教育产业也形成了自身鲜明的特色，即以教育资源共享和教学平台为主，构成K12教育、高等教育和公司培训三大领域，形成平台搭建、数据分析、教学评估等全链条的技术与配套服务。互联网教育的蓬勃发展吸引了越来越多的学生、教师、投资机构。除了美国互联网公司，欧洲大陆也有很多冉冉升起的互联网教育创业公司。调查显示，英国约每4个年轻人中有1个接受过家教等课外辅导。互联网教育为市场给学生提供高质量、一对一的在线教育提供了可能。在美国互联网教育产业发展的带动和影响下，亚洲成为互联网教育市场发展最快的地区。Edsurge的分析数据显示，亚洲将占全球电子学习市场的25%，此外，移动学习、机器学习等互联网教育产业也得到了快速发展。

以韩国为例，领先的互联网宽带速率和全球顶尖的电子产品技术为网络教育的发展普及提供了重要条件。韩国高度重视互联网教育，将互联网学习提升到国家发展战略高度，视为保障每个公民平等学习机会的重要途径。由韩国政府出资成立的EBS公司，免费提供网络教育视频，培养国民良好的互联网学习习惯。

互联网发展也深入影响我国社会的方方面面，给中国的教育带来了变革。中国互联网教育从20世纪90年代末开始发展到现在，从发展历程看，互联网教育经历了远程教育平台、线上培训结构、互联网在线教育公司等阶段。互联网教育产业在我国完成了高等教育领域到基础教育、职业培训、企业在线教育和教育服务市场的扩展。根据新浪教育与尼尔森联合推出的关于《中国互联网教育调查报告》显示：中国互联网教育包括各类大学网络课程、中小学课外辅导、英语等语言教育、职业教育、研究生入学考试培训、出国留学考试培训、公务员考试培训等。

从互联网教育产业发展状况来看，一方面，互联网教育以互联网为平台，必须建立在互联网技术发展的基础上，前期互联网教育发展受到外部环境发展即互联网、电脑等技术制约。另一方面，互联网教育的发展还与广大受教育者的网络素养紧密相关，在互联网教育发展初期，很多用户还未形成接受互联网教育的习惯，互联网教育的黏性还不强，还存在学习者对互联网教育不信任的心理，对网上付费，无论是信任感还是安全意识都还没有养成，导致发展缓慢。再者，互联网教育产业的发展还必须靠资本力量的推动，资本化才有产业化。当前，随着互联网的发展，特别是移动互联网技术水平的提升，互联网教育的形式多样、内容丰富，互联网教育优于传统教育的特点逐渐显现出来，尤其在突破时空限制、高效便携、提升教育质量水准等多个方面。随着互联网教育优于传统教育的特点逐渐为人们所认同，越来越多受教育者开始使用新型学习方式。越来越多的资本注入互联网教育企业，推动了互联网教育产业的发展。

2. 互联网教育产业的商业模式促进教育公平

互联网教育新业态的主要特征表现为不受时间空间限制的教育条件、融合学生自学与师生互动的教育方式以及共享利用各种开放优质的教育资源。这些都得益于互联网教育产业的商业模式，目前互联网教育主要采用收费、免费、收费免费相混合三种商业模式。互联网教育采用收费模式比较多，目前收费模式主要有两种，一是从受教育者那里收取会员费，二是付费课程。对于付费课程，目前占有的市场主要是针对K12教育和一些语言培训，对于一般性的课程资源，互联网教育多以免费的模式出现，因为在互联网教育产业中，免费模式对互联网教育产业推动教育变革提供了强大的动力，因为互联网教育的免费模式能吸引关注度，以此来提升网站的关注度，在学习者免费获取资源过程中，免费并不代表互联网教育网站没有盈利模式，免费是针对学习者而言的，对于互联网教育网站来说，盈利则来自入驻网站的机构和个人。

目前，全球教育仍存在教育资源区域分配不均衡、配置不合理的现象。互联网教育正好为解决世界范围内的教育公平提供了思路和平台。免费是互联网最主要的特征之一，互联网企业都把免费作为占领市场的策略。同样的，互联网教育也因为免费的特征促进了教育的公平。互联网教育能够实现信息的实时交互和资源共享，为世界上不同国家、民族和地区不同水平层次的学习者提供免费的教育资源。

（1）互联网教育产业促进了基础教育领域的公平

基础教育一直是教育公平重点关注的领域，互联网教育在基层教育领域发展迅猛，促进基础教育公平主要基于以下几个原因：一是互联网教育的学习产品确实能提供一些优质的教育资源，帮助学习者提高学习效率，比如通过在线课堂、在线练习、在线测验等，加强对知识点的掌握，同时还可以形成多维度的学习测评报告和分析图谱，帮助教师了解到每个学习者对知识的掌握情况。其次，由于基础教育的对象多为未成年，在目前应试教育还在发挥作用的情况下，家长对孩子的教育投入是比较大的。此外，互联网教育产品极大地解放了教师，从布置作业到批改作业，都只需要点击鼠标即可，这让老师有精力和条件进行个性化教学。

基础教育是互联网教育的热门领域，许多不同背景的企业都看好并进军基础教育的在线教育领域，有像学大教育、新东方等传统面授机构，也有新兴投资的互联网教育企业，如梯子网和猿题库等。此外，互联网企业也在积极投资互联网基础教育。百度发布互联网教育产品"百度教育"，阿里巴巴推出了"淘宝同学"。

在稳固传统的线下教育同时，传统教育培训机构开展互联网教育产业发展战略，实现线上教学与线下教学的融合同步。随着人工智能设备、智能机器人、3D打印、虚拟现实等技术的不断发展，这些新技术的运用及教联网的整合运用将是继移动互联网之后推动互联网教育产业发展的关键革命性技术。

（2）MOOC带来高等教育领域教育公平的新机遇

MOOC在中国被音译为"慕课"，其实是"Massive Open Online Courses"的缩写，正式文字称谓是"大规模开放式在线课程"，是互联网信息技术与教育资源相结合为满足个体化学习的时代产物。近年来，大规模在线开放课程等新型在线开放课程在世界范围内迅速兴起。具体来说，MOOC是借助大数据、人工智能和云计算等先进的互联网信息技术的基础之上，综合社交互动、在线学习、数据分析等功能新课程模式，而这种课程具有开放性、规模大、个体选择的特征。MOOC正在促使从教学内容方法到教学管理的变革。可汗学院、大数据、微课堂、微学分、微学位、反转式课堂、游戏化教学等新技术和新教育方式的出现，颠覆了互联网在"传统"的教育中的运用。

在MOOC时代，互联网教育在高等教育的发展主要是O2O的教育教学模式、大众传播知识的方法、教育职能的技术保障，并由市场力量推动体制转型。利用O2O模式，既能发挥线上教育的优势又能避开目前教育职能发展的技术局限性，实现线上线下教育持续、有机的融合。简单地把线下课堂录制拍摄好再放到互联网上绝不是线上教学，在线课程需要针对互联网及线上学习者的特征进行专门的课程设计，强调以微课程、微专业的形式实现以高清视频课程为核心，辅以递进课程体系、线上学习活动、知识点拓展、可下收资源、线上线下互动等多种导学措施贯穿课程始终的学习模式，引导学生成为课堂主角，自主学习、合作探究、高效高质量地掌握所学知识。

另外，高等教育的对象年龄层次比较高，高等教育移动化的需求趋势日趋明显，大学生使用手机进行在线学习的比率遥遥领先于其他学段的学生。

（3）互联网教育产业推动职业教育市场的细分及不断拓广

信息时代和开放环境下，知识更新换代速度日益加快，社会对知识、技能型人才的需求越来越强烈，加强职业教育才能适应时代要求，这是大势所趋，也是实际需要。各领域人士主动接受职业技能培训的意愿日益强烈，他们具备一定工作基础、在各方面有所积累，对互联网教育，具备足够的付费能力。互联网教育如能进一步与企业结合，发挥自身教育用户群体清晰、盈利模式成熟，探索“互联网 + 教育 + 就业”一站式资源整合，将具备良好的市场前景。

第一，职业教育导向性更强。参加职业教育的学员往往目标十分明确，有的是为了求职，有的是为了在工作中学习新技能，有的是为了参加某门课程的考试。如果学习者在职业教育中达到了预期的目标，通过学习者在微博、微信或者论坛里传播，会使该职业教育品牌形成较好的口碑。

第二，职业教育的付费能力更强。职业教育可以高薪聘请优秀教师授课，通过规模效应收取合理费用。参加职业教育的学员一般为参加工作的上班族，他们往往有较高的支付能力来承担学费，目前，职业教育多在 CA 培训、公务员培训、CFA 培训、各种外语的语言学习培训、医学资格证书培训等方面。部分职业教育通过与招聘者合作，实现了教育与就业的无缝衔接，利用互联网的传播优势，开启了职业教育互联网化的新篇章。

第三，职业教育的需求空间更大。虽然职业培训的付费较高，但在职的学习者因为工作原因，对时间、空间的要求较高，很多在职人员没有时间学习，互联网教育正好解决了在职工作者的这一需求，不少学习者选择了互联网教育的在线职业培训。职业教育是在线教育竞争最激烈的领域，也是前景最被看好的细分市场。据调查，以技能培训和学历教育为主，尤其是公务员考试培训、财务会计类的资格证书、IT 编程与各种资格任职和英语培训等是职业教育中的热点，相比于线下，线上的职业教育具有更多的方便性和更大的优惠性。职业教育的细分市场以掌握技能、促进就业为主要目的，因此，互联网教育中的职业在线教育领域拥有较大的发展空间。

互联网教育产业在职业教育方面，尤其是在农民工的再培训体系和城市蓝白领们的互联网教育可以更好地促进教育公平。立足我国当前的国情，在城市化的进程中，有很多农民工进入城市，他们是未来互联网教育的最大受益者。在传统的工业社会，大规模流水线式的生产对从业者的知识与技能的要求不高，但随着信息社会对创造型高素质人才的需求和企业的转型升级，农民工的现有知识与技能不能满足企业的需要，急需培训提高。而互联网教育能帮助他们学习他们想要学的技能，提升工作的能力。同样的，城市中的蓝领、白领工作者对技能的培训需求也随着工作的不断变化而不断更新，这些，都可以互联网教育的方式来解决，配合线下的实训与实习，效果会更好。重要的是，这些学习让农民工和城市蓝领的学习变得不再遥不可及，而是可以用业余时间，选择自己需要的和感兴趣的课程，实现学习的目的。

不管是收费、免费还是收费、免费相混合的商业模式，不管是在基础教育领域，还是在高等教育、职业教育领域，互联网教育确实打破了传统教育机构对教育的垄断，让每一个学习者不管身在何地都可以平等享用互联网上资源。互联网教育增加了人们受教育的机会，互联网让教育不再单纯地面向学校里的学习者，而是面向整个社会各个阶层、各个年龄段、各种职业的学习者，哪怕是生活在最边远、最贫穷的地区，人们也可以通过互联网教育获得免费而且优质的教育资源，实现教育机会均等，从而有利于实现教育公平。

3. 互联网教育产业增加了教育行业的科技含量

以科技创新手段与互联网技术的不断发展为主要特征的互联网教育推动着教育进步。在互联网的影响下，教育行业将进入互联网时代。信息技术的创新发展在推动人类进入信息化社会的同时，也推动了教育行业从工业社会到信息社会的迈进，互联网教育产业化进程为教育行业的改革与发展提供了一个强大的动力。

互联网教育巨大的市场吸引了越来越多社会角色的参与，产业链上的各类角色相互关联、相互渗透。第一，教育机构：互联网教育的本质是在"教育"上，所以教育机构稳居产业链的上游，特别是在中国教育背景下，各类大中小学、培训机构等，不但理解教育本质，拥有师资力量，而且拥有传统教育经验。对于教育机构，他们重点在于将教育引向互联网，让教育从线下往线上过渡。第二，内容提供商：好的内容是所有平台都缺乏的资源。内容提供商手握各类教育资源，如视频、音频课程，培训讲义，习题试题等。一部分 CP 还具有教育机构的身份，另外一部分是专业从事教育内容生产的独立机构、出版发行商等。第三，平台提供商：平台提供商是点燃互联网教育的第一把火，他们是BAT、YY教育、网易公开课等。第四，技术提供商：近年涌现出不少针对在线教育的产品，如虚拟教室、远程培训、在线考试、培训管理等种类繁多的产品，也有提供一站式教育互联网的方案解决商。但真正有产品创新、商业模式创新、技术创新的公司不多。第五，用户：既是互联网教育的受益者，也是产业链中的消费者。第六，电信运营商：电信运营商参与互联网教育具备先天优势，因为互联网教育的技术基础带宽是由电信运营商提供的，特别是随着教联网时代的来临，高性能的移动互联网是互联网教育的基础和关键。在整个互联网教育的产业链中，还有一些角色的参与不可或缺。如教育行政机构、设备提供商、风险投资商，以及行业媒体，正是有了越来越多的角色参与，互联网教育才会蓬勃发展。

互联网教育产业链归根结底就是由教育、互联网、用户三大要素构成，教育是本质，互联网是技术手段，用户是核心，同时各类角色在发展过程中不断融合渗透。融合传统教育与线上教育、在线教育产业链的日益成熟已经成为互联网教育产业发展新常态。它以科技创新为手段，以互联网技术为工具，来推动教育的普及与进步。互联网教育产业链的延伸不仅能使得互联网教育产业与教育产业之间的吸附性加强，还可以增加教育产业的科技含量，提高附加值。

三、“互联网+”背景下教学的变革

以移动互联网、大数据和云计算为代表的新技术是一种“变革性技术”，其独特之处在于使用一种“变革性策略”而不是“改变性”策略来颠覆一个系统中现行的占据支配地位的实践。和在其他社会部门一样，新技术在教育教学系统内部的扩散也具有颠覆性。互联网教育带来教育的变革正源于这种颠覆性特征，而其核心的表现则在于重构了教育教学系统内部各要素相互之间的关系。互联网教育带来教学观的变革，教学过程的重组，教学空间的重构，教师角色的转变和教学模式的创新。互联网教育不仅重塑了教育教学系统的结构，而且改变了教育教学系统的过程与行为模式，效率和复杂程度不断提高，时空场景持续扩展，从而使教育教学脱胎换骨。

互联网教育是在全球信息化的大背景下产生的，是互联网时代的教育。随着新兴技术逐渐被运用到教育领域，如3D打印、教育游戏、社会性虚拟社区等对教育信息化集成，产生更大的效果，内容非常丰富。慕课、开元硬件、学习分析等都被广泛地重视，有些已经得到了应用，还有云计算环境、虚拟实验室、Second Life 虚拟软件、大规模在线开放课程、“翻转课堂”以及“慕课”的迅速发展，开放课程、开放数据、开放资源、开放教育、开放存储、开放思维等开放观念进一步深入人心，互联网教育开启教学的变革的步伐正在一步一个脚印地向人们走来。比较有代表的是以物联网为基础的智能化教学、人工智能带来的个性化智慧教学、虚拟现实带来的沉浸式教学及教育 APP 带来的教学游戏化。

1. 物联网与智能化教学

物联网对教学最大的贡献用一句话概括就是教学世界的感知与感知服务。物联网最先是由麻省理工学院的自动识别研究室在 1999 年提出。即物物相连之网，物联网是通过信息传感设备，如传感器、射频识别（RFID）技术、GPS 系统等各种装置与技术，将物体与物体、物体与互联网连接起来，进行识别与管理。物联网是建立在数据云储存、业务云之上的，是将智能终端通过先进网络相连的一个业务数据智慧处理体系。通过物联网可以实现人与人、人与物、物与物、物与互联网之间的连接，方便对事件和物件进行识别、管理和控制。在物联网的世界里，所有的人和物在任何时间、任何地点，都可以方便地实现互联互通。物联网虽然是以互联网作为基础，是在互联网基础上的延伸和扩展，但是其核心却不是互联网，是面向实体世界的感知和感知的服务；在物联网的世界里，可以实现任何物体与物体之间的信息交换和通信，实现了物理世界和信息世界的无缝连接，进而实现现实世界与人的无缝连接。

从上述特征可以看出，物联网是面向实体物理世界，以感知互动为目的，是以互联网和人工智能为基础的，但又超越智能化、超越互联网，是物理与信息深度融合的全新系统，关注的是外部的现实世界的事件和事件的感知。

物联网为教学环境的变革提供了技术支持。物联网的信息传感设备能自动感知学习者的学习位置、所处的学习环境、正在学习的学习内容，以及进行的学习活动，甚至是学习者与环境或他人的交互情况等信息，并经过大数据的分析处理形成对学习者行为和需求的理解，据此来对学习活动进行管理，提供最高效能的使用环境。随着人工智能、移动互联网和大数据等新技术的不断发展，物体与物体，人与人，人与物将走向万物互联的时代。万物互联，一个小小的插线板可以连接网络，而后用户就可以在任何地方远程控制插线板的开关。可以远程查看教室里的灯光和温度是否合适，如果还没有达到合适的程度，手机上给予提醒，并能够自动调节教学的光线、温度和声音。

物联网还能为学习者提供智能化的、个性化的学习支持。在物联网中，通过嵌入到学习和教学空间的各类传感器来感知分析学习者当前的位置环境；通过登陆时的学习者身份认证系统，可以知道学习者信息，操作习惯，个人喜好；通过学习跟踪仪或者可穿戴设备，可以记录学习者的学习行为（如拍照、记录等），预先的学习计划，学习的起止时间，学习路径或课程序列，学习者与设备之间的交互情况，学习者与他人的交互情况、学习绩效和个性化需求等。物联网将这些信息传输给服务器，由服务器终端提供给学习者合适的、智能化的、个性化的学习支持。

2. 人工智能与个性化的智慧教学

谷歌人工智能系统 AlphaGo 战胜韩国著名棋手李世石，迅速掀起了一波人工智能浪潮。大战落幕之后，不禁引发了人们的深思，人工智能时代究竟离我们还有多远，人工智能将会对人们的教育和生活带来多大的改变。人工智能是研究人类智能活动的规律。人工智能是研究、开发用于模拟、延伸和扩展人的智能的理论、方法、技术及应用系统的一门新的技术科学。从大数据、算法到智能化推荐，从机器人成为围棋世界冠军到机器人写稿、“人工智能”正逐渐走进人们的生活，当然也包括教育。人工智能对教育的支持主要体现在智慧教育，智慧教学。

人工智能支持个性化的教育。在教学过程中，人工智能通过学生阅读材料并回答问题的情况，可以判断学生对知识的掌握情况，从而有针对性地问出学生需要掌握而未掌握的问题，帮助学习者以最容易接受的方式掌握该掌握的知识点。大数据的支撑下，系统可以描述每个学习者的学习特性。人工智能通过跟踪学习者的学习痕迹，分析学习者的学习信息，及时给学习者提供更多的个性化的帮助。人工智能支持下的个性化的教学是智能化的、可定制的教与学。在信息（知识）时代，人工智能、物联网、云计算等新一代信息技术在教育领域的应用推广使得智慧教育有新的内涵和特征。智慧教育的本质是智能化的、可定制的教与学。

人工智能支持智慧教育。随着物联网、人工智能、云计算、大数据和无所不在的移动网络等为代表的新一代互联网信息技术的飞速发展，为智慧教育观的形成提供了技术支持，尤其是互联网教育中的 E-learning、B-learning 发展到移动学习与泛在学习，使得互联网时代的学习者对信息化下的学习环境和学习方式的要求也越来越高，在教育信息化不断发展的进程中，智慧教育应运而生，智慧教育是互联网教育不断走向教育信息化过程中的一个新的高度。智慧教育的本质是智能化的，可定制的教与学，核心是以物联网、云计算、大数据和泛在网络等四大技术，通过智能技术或设备高效整合分布于全球的学习资源和学习群体，构建智慧学习环境、研发智能化系统及产品，为每一位学生提供全面的学习支持服务，培养学习者的创新能力批判思维能力、问题解决能力等高阶思维能力，培养智慧人才。智慧教育是互联网教育在教育信息化进程中发展到高级阶段的产物，在智慧教育过程中，学习者是自我导向且有自我内在动机的，学习过程中是有趣的，学习过程是可定制的，学习过程是有丰富资源支撑的。

3. 虚拟现实与沉浸式教学

虚拟现实是通过计算机、大数据等技术模拟产生的三维空间的虚拟世界，虚拟现实提供关于视觉、听觉、触觉等感官的虚拟模拟，观察者可以选择任意一个角度，观看任一范围内的场景和物体，帮助使用者获得身临其境之感。虚拟现实有以下几个特征：

一是多感知性。虚拟现实除了一般的视觉感知以外，还有听觉、触觉、味觉和运动感知，在教学中的运用就可以让学习者感知很多课堂和学校里无法实现的现实世界，如可以在虚拟现实中感受沙漠、在虚拟现实中感受冰雪世界。二是沉浸感。体验者感到作为主体在虚拟模拟环境中的真实程度。虚拟现实的沉浸感在教学中的运用可以让学习者全身心地投入到三维虚拟学习环境中，激发学习者浓厚的学习兴趣，产生高效率的学习效果。三是交互性。体验者对模拟环境内物体和环境的可操作程度和反馈的自然程度。如学习者在虚拟太空环境中感受太空的失重。四是构想性。可再现真实存在的环境，也可以随意构想客观不存在的甚至是不可能发生的环境。虚拟现实为教学提供情景化、真实性、自然性的环境和情景的支持。

与虚极现实相关的学习理论是虚拟沉浸。虚拟沉浸主要是指在虚拟学习中，学习者高度集中注意力，在虚拟的情境当中过滤掉所有不相关的直觉，进入一种沉浸的状态。根据沉浸理论，未来的学习可以利用虚拟现实环境，让学习者足不出户就可以感受到头脑风暴，虚拟现实模拟的环境看上去和真实世界中感受到的一样，如同在现实世界中的感受的。利用虚拟沉浸技术，可以支持以下几个方面的教学：

知识学习更加形象、更好理解。虚拟沉浸可以再现现实生活中无法观察到的自然现象，也可以通过虚拟再现事物的变化过程，为学习者提供形象生动的学习资源，有助于帮助学习者加深对抽象概念的理解。比如，在地理课上，丘陵、沙漠和雪山将不再是一个个的地貌名词，学生可以通过 VR 去感受和体验每一个地貌的特色。

探究学习更有趣，印象更深刻。虚拟沉浸可以对学习者探究所提出的各种假设进行模拟，通过虚拟现实技术可真实地观察到这一假设所产生的结果和效果，从而达到探究学习的目的。比如，在化学课程上，复杂的化学反应是怎么被发现的，又有几个反应过程？学习者可以在细腻的世界里，把自己缩小到分子级别，去探索究竟。

技能训练带来虚拟的沉浸。学习者在虚拟的学习环境中扮演一个角色，通过沉浸在角色中的实践学习，学会现实中因为场景限制而无法学会的技能。比如，虚拟现实的课堂就很好地解决了汽车驾驶培训的问题，这也适用于飞行驾驶，重型机械操作等。虚拟现实让学习者足不出户感受头脑风暴，虚拟现实运用于文化教育领域受到了人们的欢迎。随着虚拟现实技术的不断普及和设备价格的大众化，虚拟现实和沉浸式教学在互联网教育中的运用也越来越广泛。

4. 教学游戏 APP

教育本应该是快乐的，寓教于乐的观点我国自古就有，娱乐和游戏从词义上来看，含有快乐的意思。教育游戏化、娱乐化的观点来源于互联网教育，体验式、探索式学习方式的加入，游戏闯关的元素的添加，让教育娱乐化成为学生喜欢接受的学习方式。

四、教学组织模式发生变革

在传统的教学环境下，受教学时间、教学空间和教学资源及设备的限制，教学主要以班级授课为主要形式，以教材为主要学习资源，通过讲授教材、分析和传授知识，巩固知识和运用知识几个环节组成。然而，在互联网教育环境下，翻转课堂、游戏化闯关学习、数字学习资源、社群互动工具、信息化教育管理平台、电子档案等信息化角色介入教学过程，改变了传统教学过程系统中的教学环境的时序结构，使知识的感知、理解、巩固和运用等融为一体，也使得教学过程更加符合教育心理规律。

（一）形成多元化交互学习共同体

教学过程是“学生在教师的指导下，对人类已有知识经验的认识活动和改造主观世界、形成和谐发展个性的实践活动的统一过程”，其本质是教师有目的、有计划地引导学生，促使学生积极主动地发展，逐步达到培养目标的要求。在互联网信息技术支持下，互联网教育的过程就是师生充分利用现代信息技术，支持和利用多元化交互、满足学生个性化学习、提倡智慧课程教育、多元评价等，有目的、有计划地展开教与学的双边交流互动，形成多元化交互学习共同体，共同完成教学任务的认知活动与实践活动。

教学过程包括教师、教学媒体、教学信息、学生这四个要素。随着互联网等新技术进入教育领域，教学过程的四个要素都将随其发生变化，它们之间的关系和作用方式也会发生变化，整个教学过程必然会被重构。如网络媒体带来了信息呈现的多媒体性、资源的丰富性与共享性、交互方式的多样性等特点。教师与学生的关系也发生了变化，教师不再是信息的唯一来源，学生可以通过互联网获取大量的信息资源，学生的学习活动也改变了单一的看书、听讲的传统方式，教师与学生之间的交互、学生与学生之间的交互的方式更为多样与灵活，新的互联网技术给传统教育带来了新的元素，并渗透参与其中进行重组整合，产生化学反应，颠覆传统的教学过程。具体来讲，互联网教育给教学过程带来的重组主要体现在“四个改变”：互联网教育改变了教师、学生、教学内容和媒体之间的关系；改变了严格固定的教学进度和统一规范的教育体制；改变了教学交互的方式；改变了教学组织的形式。

一是改变了教师、学生、教学内容和媒体之间的关系。教学系统的结构包括教师、学生、教学内容、教学媒体等四要素。互联网教育颠覆了传统的“班级授课”模式。在互联网教育的形式下，传统的教师角色发生颠覆性变化，教师由课堂教学的主导者和知识权威，转变为教学的组织者、设计者，学习者的陪伴者、指导者、帮助者和促进者，学生良好品德的引导者和良好情操的培育者；学生由知识的被动接受者转变为学习的主体、知识建构的主体，情感体验与培育的主体。云教育、大数据、可汗学院、微课堂、微学分、微学位、游戏化教学等新技术和新教育方式的出现，要求教育向分散化和协作化发展，颠覆“传统”的班级授课制。互联网教育在教育理念和教学模式方面新的实践，为教育变革的发展提供了新的方向。

二是改变了严格固定的教学进度和程序。互联网教育打破了传统学校教育中严格固定的教学进度和统一规范的教育体制，以往传统的课程的目标、内容、结构都受到学校严格的评价体系控制和制约，而互联网教育将固定年级的课程转变为以短视频呈现，以知识点为单位，方便选取、方便学习、方便转让、方便销售，将更多的选择权和自主权给了学习者，以更实用、更个性化的满足学生的目标和时间需求。比如，创始于美国可汗学院的反转式教学就是一个很好的实例。传统的课堂教学程序是学生先预习，随后是教师上课讲授和学生听课，最后才是学生在课堂外做作业，教师批改。翻转式教学将这种过程反转过来。学生在课余时间就可以利用互联网在线视频自由上课，做作业，自主学习。在正式的课堂上，将自由学习和做作业中的问题请教教师，教师在课堂上可以及时辅导，同学之间也可以相互交流、进行思想碰撞。

三是改变了教学交互的方式。在传统教学过程中，教师与学生的交互往往发生在学校中课上或课下面对面的交互，这种交互对于教师与学生来说时间是恒定的，交互呈现出明显的单向化和单一化特征。教师与学生之间较多发生的是一对多的单向广播式交互。但是，在互联网教育背景下，教师们与学生的交流方式有很多，除了传统的面对面的交流，还可以利用微信、微博、APP 等多种方式，实现与学生实时或异步的交互，实现一对多、多对多的交互，教师既可与学生进行面对面的教学互动，还可运用多媒体网络的交互控制性，与学生实现实时与非实时的交互，实现个别化辅助教学。借助社交网络，学生可在教师指导下，与来自世界各地的不同领域的专家或学习伙伴进行交流、讨论，拓展和强化学科知识，这些都极大地提升了教学交互的效率。

四是改变了教学组织的形式。互联网教育背景下的教育环境、学习者的行为、教师的教学行为、教学资源的获取、师生关系的互动等都发生了变化。传统学校教育中的教学模式关注的是教师的知识传授，将信息技术视为教学实践中的辅助性工具，强调学习结果的重要性。互联网教育背景下，教学组织形式已经发生了转变。互联网教育有着虚拟时空一致、融合度较高的群体性特征，师生虚拟共享，师生共建共享。互联网等新技术与教学的双向深度有效融合视角下的教学模式构建更加关注学生主体性的发挥，主张将信息技术真正融入学科教学实践和学生学习实践当中去。教师在教学过程中利用多媒体展示工具实现了大信息量的呈现，同时利用信息通信工具在课堂实现了教师与学生之间信息的多向传递，这些大数据所带来的变化已深入到每一个课堂之中。

（二）教学的多维教育空间

1. 以学习者为中心的教学空间

互联网教育背景下的教学空间以学习者为中心，促进学生的成长，符合面向未来的教育新理念。新的教育理念认为学校不再是学生学习的唯一途径和场所，正规教育与非正规教育的界限变得模糊，学校与社区会有更紧密的结合。这种结合体现在一方面学校的学生会利用社会资源进行学习，另一方面学校的一些资源会向社区开放，成为社区公共服务的一部分。大数据、人工智能、移动互联网、云计算等信息技术为学习空间带来的不仅是教学媒体的变化，更重要的是教育观念、学习方式、评价方式、师生关系等方面的变革。未来学习空间的研究以学习者为中心，促进学生的成长。

以学习者为中心，促进学习者批判性思维和多种潜在能力的激发。布朗和卡皮诺基于学习科学的新进展，对创新型学习环境的设计理论进行了深入研究，提出要建立学习型社区，旨在为学习者营造良好的信息技术支持下的学习环境，促进学习者批判性思维和多种潜在能力的激发。FCL 向学习者提供各种学习支持，尤其是分布式技术、认知工具与元认知工具、协作交流工具、问题解决工具等信息技术的支持。布朗等人提出要在真实情境中开展创新型学习环境的研究，即通过基于设计的研究方法，研究信息技术支持下的新型学习环境，有力推进了学习环境研究在方法学层面上的创新。21 世纪以来，世界各主要国家都在不断探索信息技术支持下的新型学习环境，尤其关注以大数据、人工智能、移动互联网和云计算为代表的信息技术在教学中的运用，智慧教学和个性化教学带着巨大的活力出现在教学应用实践中。

互联网教育背景下的学习环境是以计算机网络为主的具备交互能力的网络环境。在以计算机网络技术为支持的学习环境中，学习者可以利用庞大的教育资源库（包括电子书、数字图书馆、博物馆和学习资源数据库等）、计算机提供的强大的功能（如网络设备共享提供的平时无法接触使用的昂贵设备、认知工具提供的认知功能、智能代理提供的引导学习功能等）和网络提供的通信能力（比如和学习伙伴、教师、志愿者和家长交流），这种学习环境十分理想，能够提供学习者近乎无限地扩展学习空间的能力，使学习者的自由实现个人发展的愿望成为可能。互联网教育作为现代信息技术与教育教学实践科学结合的一种新的教育形态，不仅从手段和形式上改变了传统教育，更从观念、过程、方法以及师生角色诸多深层面赋予教育以新的含义。

可以为学习者提供更好的支持。在互联网教育背景下的教学空间设计中，可以自动感知学习情境，识别学习者特征、能为学习者提供个性化的智能服务。互联网教育背景下教学空间能感知学习情景，识别学习者特征，为学习者提供合适的学习资源，提供便利的互动工具，而且还会自动记录学习过程，给出评测学习结果。同一时期，威尔森也对基于建构主义的信息技术支持下的学习环境设计进行了探讨，他提出了学习环境的场所观，认为建构主义学习环境是学习者在追求学习目标和问题解决的活动中可以使用多种的认知工具和信息资源，并可以相互协作、相互支持的场所。威尔森还将学习环境分为计算机微世界以计算机为基础的学习环境、基于课堂或教室的学习环境、网络开放的虚拟学习环境三类，强调学习环境的设计不仅包括教室、实验室、计算机室、多媒体室、自习室、图书馆等现实学习环境的设计，还包括互联网学习社区（learning community）、虚拟实验室、数字化学习平台等虚拟学习环境的设计。

以学习者为中心的亲近自然的绿色成长空间。以学生为中心的教育理念已经被广泛接受，但是这种理念已经切实体现在互联网教育的空间设计之中。互联网教育的空间不仅有学校是作为传授知识的地方，更重要还有学生成长的地方，因此校园户外空间的设计要给学生留有充分亲近自然的场地和植物的配置，绿化不仅仅是为了校园的美观，而是要把户外空间与学生的课程密切结合起来，让绿化成为教育资源，让空间成为学习生长空间。

2. 虚实结合无处不在的教学空间

无处不在的教学和学习空间。未来的学校社区化、实践性、体验式学习所占的比例会越来越大，互联网教育背景下的空间更加多样化。随着移动学习被越来越多的人接受和认可，出现了一批 App 学习软件，学习者的学习空间无处不在，线上和线下相结合，极大拓展了传统的教学空间。互联网教育背景下的教学空间要综合考虑课程实施以及学生成长对空间，特别是公共空间的需求。学习空间不仅在教室内，还包括教室外和户外、虚拟空间。

互联网教育背景下的教学空间要满足集体授课、小组讨论、个性化学习、展示、表演、游戏、动手做、种植养殖、运动等方式，其中既包括了正式学习也包括了非正式学习。因此学习空间的设计必须是多样化的，也需要打破原有的工业化时代的线性设计。有研究指出，21世纪学校物理空间必须要支持的20种学习方式：独立学习、相互学习、团队合作、教师一对一教学、讲座、项目式学习、远程教学、学生展示、研讨式学习讲故事、基于艺术的学习、社会和精神的学习、基于设计的学习、游戏化学习等。尤其值得关注的是在互联网教育背景下学习社区的构建。学习社区是指由几个教宣（空间）加上一个公共空间构成。学习社区可以有不同的构成方式：一种是不同班级构成学习社区。这种模式通用于小学阶段。小学学生需要集体学习和认图，这样的社区有利于学生之间的交流和构成学习共同体（即学习社区）。第二种是按照学科群构成空间在一起，便于整合资源。有些空间可以按照功能划区，同一节课也可能由于学习内容不同或者所用资源不同在不同的教学区域间流动。

3. 注重文化传承和审美的教学空间

教学空间的构建是实现学与教方式变革的基础。早期对教学空间的研究侧重于物理环境的研究，如对学校建筑空间的研究，对座位安排、设备布置的研究、对教室温度、光线、颜色等的研究，对教学媒体的研究，等等。比较有代表性的是由美国密歇根大学建筑研究实验室主持的“学校环境研究计划”，其主要研究内容体现在以下两个方面：一是从宏观上探讨环境对人类行为的影响，二是从微观上研究学校环境是如何影响学生学习过程的。到了20世纪60年代后期，人本主义思潮的兴起，使得有关学习环境的研究开始重视教学中的社会心理因素，认为心理因素也是影响学生学习的一个不可忽视的因素，更加注重教师和学生对学习环境的主观感受研究，不少研究者还将学校和课堂视为社会情境。

从20世纪90年代开始，信息技术支持下的学习环境研究得到了迅速发展。一方面是由于信息技术和计算机网络的进步，为新型学习环境的构建提供了技术支持；另一方面的原因来自心理学理论的发展，尤其是建构主义学习理论和情境认知理论的发展，为新型学习理论的构建提供了新的理论支持。这两者在基于建构主义或情境认知理论的信息技术支持下的学习环境设计中得到了有效的融合。

对互联网教育背景支持下的学习环境及空间的研究主要有两种视角：一是心理学视角，二是生态学视角。基于心理学视角的学习环境研究主要集中在课堂环境的研究，关注个体行为与学习环境之间的关系：而基于生态学视角的学习环境研究则侧重于学校环境的研究，关注学校情境中个体与环境之间的关系。传统信息化学习环境的变革重在改变教学过程中的物理学习环境，而忽视了人文学习环境或社会文化境脉的设计，然而，互联网教育背景下的教学空间既关注面向未来的教育理念，同时也注重无所不在的虚拟学习空间，更注重文化传承和审美的空间设计。

学生在学校的成长是多方面的，其中与学校建筑和空间相关的是人格养成、审美能力培养、好奇心、学习生活的热情和社交。互联网教育背景下的学习空间不仅仅是学习的容器，更应该是培养学生精神气质的地方，教学空间所传递的文化和审美对学生的成长至关重要，成为影响 . 学生成长的重要因素。因此互联网教育背景下的空间设计注重表现的文化传承和审美趣味，以适应不同年龄段的学生成长的需求。

（三）网络智慧教学模式构建

1. 网络智慧教学模式构建的理论基础

（1）智慧教育。智慧教育是以物联网、云计算、大数据和泛在网络等四大技术为支撑，通过智能技术或设备高效整合分布于全球的学习资源和学习群体，构建智慧学习环境、研发智能化系统及产品，为每一位学生提供全面的学习支持服务，培养学习者的创新能力批判思维能力、问题解决能力等高阶思维能力，培养智慧人才。随着物联网、人工智能、云计算、大数据和无所不在的移动网络等为代表的新一代互联网信息技术的飞速发展，为智慧教育观的形成提供了技术支持，尤其是互联网教育中的 E-learning、B-learning 移动学习与泛在学习的发展，使得互联网时代的学习者对信息化下的学习环境和学习方式的要求也越来越高，在教育信息化不断发展的进程中，智慧教育应运而生，智慧教育是互联网教育在朝教育信息化进程中发展到高级阶段的产物，在智慧教育过程中，学习者是自我导向的、是有自我的内在动机的，学习过程中是有趣的，学习过程是可定制的，学习过程是有丰富资源支撑的。

（2）情境认知与学习理论。情境认知与学习理论是关注人们和环境相互协调的学习理论。最核心的观点在于：学习者心理常常产生于构成和支持认知过程的环境中，情境是一切认知的基础，认知过程的产生与情境息息相关的。因此，认知心理学必须关注"自然界中的认知"。互联网教育是个人学习和情境学习的统一体，尤其是随着虚拟现实、物联网、大数据等信息技术加入到教学环境的构建中来，互联网教育更加注重"知识的实际应用和真实情景问题的解决"。在以计算机网络技术为支持的学习环境中，学习者可以利用庞大的教育资源库（包括电子书、数字图书馆、博物馆和学习资源数据库等）、计算机提供的强大的功能（如网络设备共享、认知工具提供的认知功能、智能代理提供的引导学习功能等）和网络提供的通讯能力（比如和学习伙伴、教师、志愿者和家长交流）来构建一种理想的学习环境，使学习者能够在更友好的环境中强化认知过程，实现个人的自由发展。

（3）个性化教育。个性化学习是指在对教育对象的综合分析和诊断的基础上，根据每个学生的现有个性，量身定制教育目标、教育计划，教育培训方法和管理方法，充分发挥每个学生个性发展的教育方式。个性化教育理论认为，教育是承认个体之间千变万化的个性化差异，在此基础上进行教学设计和学习系统设计，教育不是千篇一律的。而互联网教育背景下体现个性化的教学模式本质是在尊重个性的基础上对教学方式的创新和实践。根据个性差异提供人性化教学服务，使每个个体的潜能都能得以充分发挥。

信息社会教育的目的是人的个性化的全面发展，培养有家国情怀的创新创造型人才。传统教育中的学校教育的模式是在工业文明中为大规模培训生产线的工人而设计的，其特点是规模化和批量化，有人比喻学校教育模式培养出来的人才如同工业流水线上的产品，统一而无差异。在互联网信息时代，以 3D 打印技术为代表的新技术标志着信息时代突出个性化的时代特征，为此，未来的教育也向个性化教育发展。互联网教育中可以更先进的技术手段、更人性化的教育理念、更丰富的教育资源来实现个性化的教学。

2. 网络智慧教学模式构建的依据

一是未来教学的发展趋势。未来的教学是各种互联网及信息技术设备相互协调工作的开放集成式的工作平台，是智能化的教学交互空间。智慧教育是互联网教育背景下教育的高级形态和必然趋势。在互联网教育背景下，教育的核心是以移动互联网、物联网、大数据和云计算等四大技术为支撑，通过智能技术或设备高效整合分布于全球的学习资源和学习群体，构建智慧学习环境、研发智能化系统及产品，为每一位学生提供全面的学习支持服务，培养学习者的创新能力、批判思维能力、问题解决能力等高阶思维能力。目的是促进互联网教育背景下教育的变革，发展学习者的智慧，培养创新型人才，培养智慧人才。

二是教育变革实践的需求。现代信息技术在为教学提供技术支持的同时，也为传统教学模式与方法的改革与创新提出了新要求。信息技术在教育教学中的应用并不是简单地利用现代教育技术手段代替“教师 + 黑板”的传统教育教学方式，以实现教学内容形式的丰富和教学手段的提升，更重要的是教师要将信息技术真正融入教育教学过程中，实现信息技术与学科的双向深度有效融合。将信息技术应用于教学实践，可以促进教育思想与观念的改变、教育内容的丰富以及教学模式与方法的创新，从而实现信息技术与学科教学之间的双向深度有效融合。因此，互联网教育背景下的教学模式与方法创新需要我们对信息技术变革教学实践持有正确的观念，准确把握创新的最终目的与根本任务。

三是异地为主的泛在学习。学习者通过大规模的网络在线课程、通过网络视频教学系统、多终端同步智慧教学平台等实现异地的泛在学习，学习者可以在任何自己方便的时间、适合的地点，观看并参与教师的教学，尤其是能与教师和教室里的学生进行实时的互动。网络智慧教学模式不仅可对本地的学生进行教学，而且可对互联网终端的很多学生进行同步教学，互联网终端的学生还可以实现学生与学生之间的互动。

四是现实教学中存在的问题。互联网教学中教师授课信息大，学习者不能全部掌握，需要高互动的交互，互联网在线课程虽然存在论坛等实时的交互，但是比之面对面的师生交互带来的信息量，还存在一定的差距。参加在职教育、企业培训等非正式的学习者存在更多的“工学矛盾”，为了有效解决上述问题，有针对性地提出了网络智慧教学模式。

3. 网络智慧教学模式的构建

基于上述网络智慧教学的理论依据和现实基础，结合智慧学习教学系统和互联网异地多终端教学实际，构建互联网智慧教学模式。如图 1–1 所示：

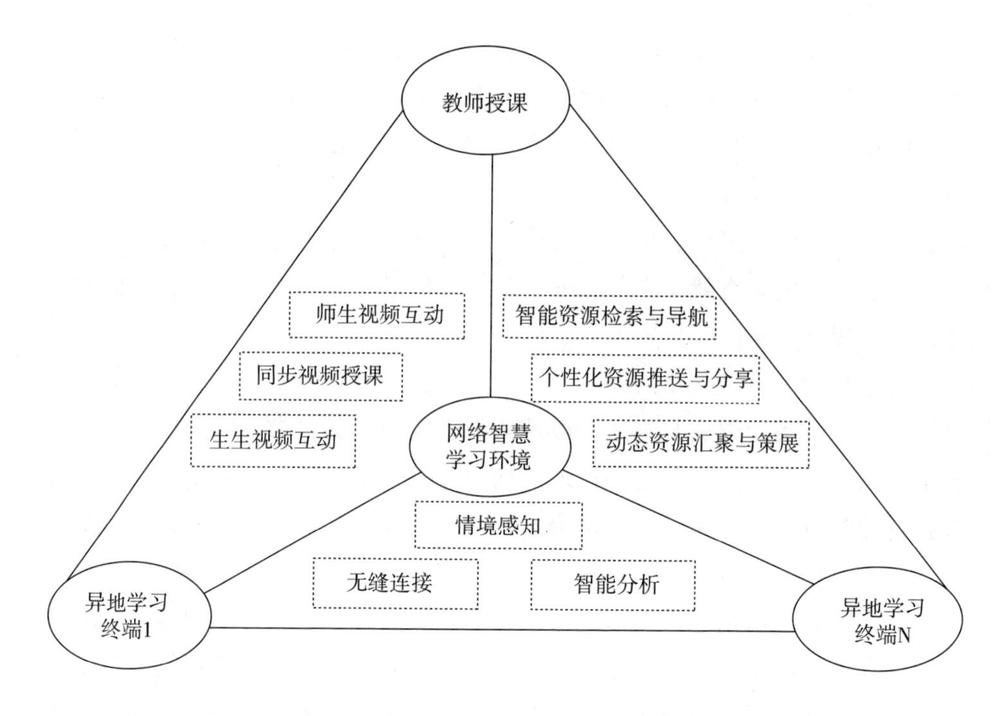

图 1–1　网络智慧教学模式图

互联网智慧教学模式的构建主要有以下三个模块：

（1）多终端同步视频互动教学平台

多终端同步视频互动教学平台可以实现所有的终端如同传统班级一样在一起同步上课。每个学习终端相当于班级授课中一个物理意义上的学习小组，各个学习小组都可以同步接收教室授课终端的授课内容，各个异地学习终端之间还可以相互交流。教师可以通过教学平台同步看到所有的学习个体和学习终端的学习情况，学习者也可以通过自己所在的学习终端看到教师的授课视频。此外，学习者与学习者之间也可以通过自己所在的学习终端相互观察，发生互动。教师和异地学习者、异地学习者之间通过网络互通，如同面对面的授课一样，所有的学习终端都能同步看见、听见教师的讲课或学生的发言，所有的学习终端都可以相互之间参与互动。

（2）智慧教学资源分析与推送平台

教学资源智能分析与推送平台主要包括智能分析与导航、个性化推送、动态资源汇聚与策展等部分。是基于对学习者个性、学习者特征、学习课程、学习目标任务的了解，提供的学习资源推荐、学习路径选择、学习过程困难指引等服务，真正做到智能分析与推送的相关性、自主性和及时性。在学习之前，通过量表对学习者的性格、心理等各方面的素质进行测试，以表格、图形等生动直观的形式展现出来，参照标准进行比对，进行智能分析。学习过程中，在大数据采集、挖掘、分析和聚合的基础上，根据每个学习者的情况，用数据化和学习需求动态结合的模式，对每个学习者实现基于个性化学习的路径引导。在具体的学习过程中，学习跟踪引擎针对每个学习者量身打造和整合内容，让学习者能在自己喜欢的地方、以自己喜欢的步调、符合自己智能类型的方法学习，还可以帮助学习者依据知识点之间的知识网络，主动选择意义建构的资源学习。

利用学习者在学习中留下的数据进行分析，深入地观察学习者的现有的知识结构和学习需求，及时分析评价学习的效果，并对学习效果进行反馈，对学习者的学习过程进行跟踪。利用大数据技术，可以在系统汇聚各类数据的基础上，进行挖掘分析，为教育系统中环境、资源、教学与服务等智能管理提供科学决策。

根据学习者的偏好和需求，进行个性化资源推送；根据学习者的现有学习基础、学习的需求，进行学习任务、学习项目和学习内容的推送；根据学习者在学习中遇到的困难和需求，适时推送个性化的学习服务，如帮助解决疑问，提供学习指导路径、学伴、学科专家等，回应每个学习者的个性化需求，保持学习者学习的积极性。

（3）情境感知智慧学习平台

在智慧学习环境下，通过情境感知智慧学习平台，利用情境感知技术，如 GPS、RFID、QRCode 以及各类传感器等，可以实现对外在学习环境与学习者内在学习状态的感知，进而依据情境感知数据自动地为用户提供推送式服务。情境感知智慧学习平台还可以实现无缝连接。如实现教育管理者、教师和学生之间的无缝对接；学习者与学习资源、学习支持服务之间的无缝对接；教师与教育管理者、教学资源、多个学习终端之间数据无缝对接等。情境感知智慧学习平台通过电子书包实现智慧学习实践，无缝连接学习者的不同学习情景。

第三节　“互联网 +”背景下教育目标的变革

一、个人价值下教育目标的变革

教育目标的个人本位论使我们把互联网教育聚焦到“人的发展”上。无论是互联网教育的内在价值还是外在价值，都必须以“人的发展”作为评判的基本尺度，互联网教育的教育目标最后也必将落实到人的发展上，否则其所谓的功能和价值也就成了“伪价值”。单美贤和李艺也表达过相似的观点：“我们把教育中技术的价值界定为技术对于教育的生存和发展过程中所实现的人的价值。实现使人成为人的为人价值作为评价互联网教育价值的依据和标准。”吴遵民、张媛也曾指出：“教育技术的宗旨应定位于通过开发和利用各种学习资源、学习方式乃至教学方法来推动人的全面发展，并培养出合格的新型人才。”

人的全面自由发展需要用一种发展的眼光，人所面对的教育是不完善的，但人的自由全面发展却是永无止境的，现实与理想之间存在着巨大的差距。以一种批判的眼光来审视教育，以悲悯的情怀来剖析教育现状中不利于人的发展的种种弊端，提醒我们不能满足于现状，并呼唤教育的变革。教育技术也是不完美的，不仅仅是因为教育技术发展还很不充分，更为危险的是还可能存在着技术文化背景下工具理性的泛滥对人的控制与奴役，即技术对人的异化，这就不是促进人的发展而是走向了反面。价值理性的批判性时刻提醒我们，要关注人的发展所面临的困境，要尽量避免这样的问题出现，更不能人为地制造人发展的新的困境。

不仅如此，价值理性还是一种建构理性。价值理性通过对现实世界的反思和批判，旨在建构一个理想的、合乎人的本性、合目的、发展的美好世界。因此，互联网等信息技术的价值理性对互联网教育研究与实践提供一种理想的指导，支持理论与实践的变革与创新，以期建构起真正带来教育变革的互联网教育体系。

教育目标要突出“人”的主体性。目前，教育最需要解决的问题是要把受教育者当“人”，要培养全面自由发展的人，而不是把受教育者当成

"器"。在过去的实践中，我们往往没有正确处理目的和手段的关系，造成了二者之间的割裂。由此导致的结果是：互联网、信息化建设投入巨大，但在教育教学方面的收效不尽如人意。很多研究都表明：使用互联网信息技术教学和不使用互联网信息技术，教育教学的绩效没有显著差异。出现这一问题深层的思想根源是从工具、"器"本位的角度出发，而不是人本位的角度出发来审视和对待教育，没有真正找到教育对互联网信息技术的现实与未来需求，把互联网等信息技术在教育教学领域内的扩散简单地视为一种单纯的技术过程，忽视了这一过程背后蕴含的错综复杂的社会历史文化结构，没有把握好教育信息化与教育现代化的关系（教育内部各子系统之间的关系）、教育信息化与相关领域信息化的关系（教育系统与外部环境之间的关系）、教育信息化顶层设计与区域教育规划的关系（不同层次之间的关系）、教育信息化建设继承和创新的关系（历史、现实与未来之间的关系）。

二、社会价值下教育目标的变革

教育是民族振兴、社会进步的基础，教育的外在价值就是为社会培养各种人才，为推进社会进步发展发挥作用，教育是发展科学技术和培养人才的基础工程。国家富强、民族振兴、实现中华民族伟大复兴，需要培养创新型的人才。中国经济正在进入"增长速度换挡期"和"结构调整阵痛期"。"换挡"和"转型"的核心就是要从粗放型经济转型走上生态和谐、绿色低碳、可持续发展的新道路，改变社会的生产生活方式，进入以数字化制造、新能源、新材料应用以及计算机网络为代表的第三次工业革命时代。

第三次工业革命对教育的需求正在发生根本性的改变，但目前我国教育观念相对落后，学校教学组织形式固化，内容方法比较陈旧，中小学生课业负担过重，素质教育推进困难。行政化的班级管理、应试训练的课堂教学、封闭的课程体系，造成"千校一面""千人一面"的格局，学生的个性和能力培养长期被忽视，学校培养的人才还不能满足创新型社会的需求。

教育质量与发达国家的差距，也阻碍着民族振兴的步伐。互联网教育是融规模化与个性化、规范性与开放性、预设性与生成性于一体的教育活动。从全球来看，新一代的受教育者，从出生开始就沉浸在信息技术高速发展的时代和社会，受教育者接受信息主要依靠现代信息技术的发展，教育需要按照他们的方式去进行重塑和重构，互联网教育已经演变为教育中的一部分。

国家高度重视互联网教育的发展，发布了一系列国家规划文件。《国家中长期教育改革和发展规划纲要（2010—2020年）》提出：“信息技术对教育会产生革命性影响，必须予以高度重视”。互联网教育发展带来的教育变革已成为共识，推进互联网教育已成为构建教育新生态不可阻挡的全球趋势。2010年美国颁布了《变革美国教育：技术推动学习》，欧盟制定了《欧洲2020战略》，日本出台了《教育信息化指南》。在汹涌澎湃的信息化浪潮中，我国作为一个赶超型、后发型国家，必须主动拥抱信息化，实现弯道超越。互联网教育时代教育变革的教育外在价值是：培养信息时代社会主义的创新型人才，特别是大量的有信息素养的高素质劳动者、创造性的研发者、生物圈的管理者和优秀的服务者。

三、全球视野下教育目标的变革

教育目标的定位，需要站在互联网信息时代和全球视野的高度来进行，社会历史变迁对人才培养提出的新要求始终是推动教育教学变革最重要的历史与现实动因。现行的教育教学体系是三百年工业文明的产物，为工业社会输送了大量的人才，有力促进了经济社会发展。但是这些人才大多是普通流水线上的普通劳动者。当人类社会全面迈入信息时代，传统的人才培养目标已经不再适用。中国学生发展核心素养分为文化基础、自主发展、社会参与三个维度。文化基础维度包括人文底蕴、科学精神；自主发展维度包括学会学习、健康生活；社会参与维度包括责任担当、实践创新等素养。中国学生发展核心素养的提出是在新的时代重新思考的人才培养目标，是从学习者自身全面发展和社会的创新发展两个维度来思考的面向未来的核心素养。互联网信息时代的教育体现了一种新的教育目标观。这种新的教育目标又称为新人文教育。周洪宇教授最先总结归纳了互联网信息时代的新人文教育目标观：

一是应以人为本，充满人文关怀。

二是应注重个性发展，丰富情感，健全人格。

三是应培养人类整体意识，做有全球观、中国心、正义感的现代公民。

四是应培养科学精神，善于思辨，掌握技能，适应未来生活。

五是应师生平等，合作共享，因材施教，教学相长。

六是应尊重和保持文化的丰富性和多元性，提供选择的多样性，求同存异，和谐共生。

七是应融汇本土和域外优良教育传统，传承和发展文明。

八是应开放，创新，勇于探索。

九是应重视终身教育和终身学习，具有可持续性。

十是应注重绿色生态和环境教育，养成同理心。

周洪宇教授提出的新人文教育强调以人为本，注重个性的发展和人格的健全，体现了教育目标的内在价值——促进人的全面自由发展。教育不仅仅是传递知识，提高学习者的综合素质，更重要的是释放学生的个性，实现每个学习者的全面自由发展，培养学生的探究创新精神，培养学生积极的情感态度和价值观。因此，互联网时代教育的内在价值是：帮助学生与知识建立紧密的认知联系，帮助学生去感受、体会知识的美和价值，围绕培养学生的自觉传承知识并能够发现新知的探究创新精神，培养学生个性的全面发展并帮助其成长为全面自由发展的个体。

新人文教育还体现了教育的社会价值。新人文教育强调培养科学精神，善于思辨，掌握技能，适应未来生活；强调开放，创新，勇于探索。第三次工业革命需要创新型人才，而创新型人才的培养需要关注批评性思维、协作能力、沟通能力、解决复杂问题的能力、解决多学科的开放性问题的能力、创新能力、交流与合作的能力的培养和提升，只有这样，才能适应创新为主要特征的信息时代的要求。

在全球化的宏观背景下，新人文教育还强调做有全球观、中国心、正义感的现代公民；重视终身学习，不断自我完善和发展；注重绿色生态教育，注重与人的协作，培养同理心。信息时代教育目标的变革正是需要体现教育的内在价值和社会价值，体现个人担当、社会担当和时代担当。个人担当，要坚持以人为本，充满人文关怀，注重个性发展、健全人格等，实现个性化和人的自由全面发展；社会担当，要融汇优良教育传统，传承和发展文明，培育全球观、中国心和正义感的现代公民，要承担起社会责任和历史的重任；时代担当，要站在人类历史发展的高度，带着全球视野、全球意识和全球观念来变革教育目标，关注全球的绿色生态和自然环境，关注文化的丰富性和多元性，求同存异，和谐共生，要有科学精神，勇于创新和探索，适应未来生活。

第四节 “互联网 +”背景下课程新生态的重构

一、“互联网 +”背景下课程理念的重新审视

（一）学科视角下的课程概念

国内外在课程视角下对于课程定义最为丰富。广义的课程是指“为了实现确定的人才培养目标而规定的教学科目的总和或体系，或是指学生在教师指导下各种活动的总和：狭义的课程则是指一门学科或教学科目，简称课。”国外对于课程的定义也存在很大差异，以美国新教育百科辞典中的定义：“课程是指在学校教师的指导下出现的学习者学习活动的总体，其中包括了教育目标、教学内容、教学活动乃至评价方法在内的广泛概念。”种种国内外的课程定义皆是从静态的视角看待课程活动的，对于课程的功能以及学习者的需求缺乏重视。

（二）课程作为教育社会化的方式

教育的本质是社会化的一种有效途径，因此课程也可以被视为是个体社会化的过程。课程通常被视为是实现教育目的的手段，在这种思维之下，课程是教学过程中所要达到的教学目标、教学预期结果或者是对教学活动一种标准化规范。夸美纽斯认为不同的学科形成差异的知识体系，并通过课程这一形式完成教学目标。塔巴将课程视为“学习的计划”，这种定义将课程视作个人社会化的一种有效规范。钟启泉也在《课程与教学论》中指出课程是“按照一定的教育目的，在教育者有计划、有组织的指导下，受教育者与教育情境相会作用而获得有益于身心发展的全部教育内容。”个体通过课程，即教育规范的约束和知识图式的积累，实现融入社会的最终目标。但是这种观点偏重于学校、职业等社会性因素的地位和作用，忽视了学习者个体的主观能动性，也未考虑学习者的有差异的学习需求。

（三）课程作为主体性经验获取的过程

杜威等学者认为教学活动是需要发掘学生自身的兴趣，自我组织，并在活动中吸取经验，掌握知识的，课程作为实现这一目标的途径，杜威将课程定义为学生在教室指导下所习得经验的过程。这类课程的定义强调了学习者在学习过程中自发获取经验和知识图式的行动追求，将学习者的需求作为课程的核心。但是也和现实教学情境有所脱离，一方面学习者并不是假设中的“完全人”，行动的决策选择并不是完全符合社会规范的；另一方面教学活动也丧失了规范的社会功能，教育者的功能受到忽视。

（四）课程作为教师与学习者交互发展的活动

课程不仅是教育者或者是学习者，甚至是社会某一方面的行动，现实中的课程一个需要各方行动者参与到其中的“情景”，在这种情景下教育者与受教育交互活动并获得发展。一方面，教育者需要承担起课程中的责任，负责传授经验和知识，以及科学地引导学习者树立正确、可靠的学习观念和取得教学实践所要达到的目标效果；另一方面学习者需要在课程这种特定的学习环境中获得学术的、运动的、情感的等多元化的经验积累。

在互联网教育背景下，学习的途径变得异常广阔，信息传播的速度和方式也变得多种多样，每个人都有可能成为某一领域的信息“先驱”。这种破除信息传递壁垒的环境下，课程的重心也将随之发生变化，传统的识记性知识在课程中的比重将降低，而更多的是致力于探索发掘知识获取技巧的完善。因此，一切单方面的知识或者经验的传递式的课程都是不符合互联网教育背景下的教学目标理念。因此，在互联网教育背景下，在由问题或者目标引发的，学习者在教育者的指导下探索问题的解决途径，并掌握知识经验积累的有效方式的教学过程。

二、课程目标价值重塑

互联网信息时代背景下，未来课程发展总的趋势是随着学习的新特征而变化的。就是从传统学习到互联网课程学习，结合互联网时代的新特征，以“学习者”的需求和知识技巧的掌握为核心，同时带有时空泛在特点的“个性化学习”。这种课程的变迁主要表现在：价值观的变化、课程培养目标的变化、内容的变化、组织形式的变化等多个方面。传统课程到互联网课程的发展的过程明确地显现出分离与融合的双重特征。课程发展的分离与融合是指时间与空间分离和教学形式的多元化，而知识内容、学习边界以及教学与技术的不断融合。

国内学者张倩苇认为“技术与课程都是一定历史条件下的产物”，并根据科学技术发展的不同阶段对课程发展进行划分，将课程发展的历史分为手工技术时代、机械化技术时代和信息技术时代三个时期，试图探索科学技术与课程发展之间的联系。其中在信息技术时代，以计算机为主题的信息技术对课程的实践和理论都产生了全方位的、多层次的影响。在教育信息技术学中，一般将信息技术与课程实践分离，视为两个独立但又相关联的部分进行分析，侧重于信息技术的发展对于课程发展的影响。不同的时代，课程发展都处于不同的历史阶段，科技的革新推动着社会的发展以及课程的颠覆性变革。

进入到互联网时代，人类社会已经被互联网所包围，人类一言一行都离不开互联网的影响，这种全方位的深入性融合使得互联网技术不单单是一种与教育相分离的“工具”，展现出互联网思维向教育、课程的渗透。不同于以往技术或是方法层面上的改革，互联网时代的课程进入到互联网课程阶段，更多的是一种教育范式的颠覆。互联网课程不仅将互联网技术融合到课程目标设计之初到课程完成这一完整的教学过程之中，而且处于互联网的时代背景之下，互联网所到之处都将成为课程的素材，现代教育的发展也处处显示出互联网的时空的脱嵌性、虚拟化、数字化、智能化和个体化的特点。

互联网时代下新的价值目标的树立，使得整个教育领域出现重大的变革。在互联网信息技术发展的时代，互联网的发展引发了不仅是信息技术的突破，也带来了社会环境的改变。互联网课程与互联网信息技术的关系不仅仅局限于“内容—工具”的二元分离的关系，而是呈现出一种相互融合的，共生共荣的依赖关系。在互联网课程阶段，互联网作为信息技术的代表形式，从课程的展现等外在形式逐渐智能化、数字化，到课程目标、课程设计等一系列的对于课程的认知也显露出互联网的思维，可以说互联网融入了课程实践的各个方面。

三、课程观的重构

（一）基于个性化的全面自由发展

在互联网信息时代，个体化社会逐渐崛起，互联网教育背景下的学习也凸显个性化的服务。既然教育的目标已经不再是社会单方面的塑造，而是个体与社会的交互而逐渐达到，那么课程更应该是朝着个性化发展的方向前进。互联网教育时代的教育特征之一就是为学习者提供个性化的教育服务，学习者可以自由地浏览、阅读自己想要知道的东西，只需要在搜索引擎上输入词语。特别是“大数据时代”，各个网络平台能够根据注册用户的习惯、经常浏览的页面、搜索关键词的分类，对用户进行有针对性的推送消息。互联网课程教育与平台正是根据学习者每次点击的内容进行分析，以获得关于用户的丰富的基础信息，包括想要学习的学科、所关注的知识板块、所感兴趣的展现方式或者是对于课程所看重的要素等学习者的学习偏好。这些学习偏好在现世的学习环境中，往往被忽视或者被学习者刻意地伪装，但是在互联网这种较为隐蔽的虚拟个人空间中，个人的真实想法就能够更好地展现出来。课程平台通过海量的基础信息以及用户偏好，对不同的学习者，设计出差异化的测验、作业以及知识的推送。

（二）基于未来社会对人才培养的需要

互联网教育的课程体系面向培养未来社会各行各业所需要的人才。未来学校的课程应着眼于国际组织及世界各国所提出的 21 世纪核心技能培养目标，要着眼于中国学生发展核心素养框架，基于学生未来生活需要、提高学生未来生活本领和生存技能。这需要在课程的设计中无论是从内容还是形式上都要有前瞻性和时代性。

（三）契合学生个体认知、性格、情绪等特点

互联网教育背景下的课程体系是让学校成为学生生命成长的精神家园、让学校更富生命力与创造力的课程，是让每个学生成长更加不同，让每个学生人格更完善、人性更完美、人生更完满的课程，是基于时代需要、更好地培养 21 世纪核心素养的课程。

（四）满足学生个性化发展需要

除了被动的根据学习者的点击习惯进行个性化的课程设计，互联网课程也突破了现实中地域与时间的壁垒，使得"一对一"的理想教学形式得以实现。在现实的传统课堂上，由于教与学是一种一对多的关系，受制于个人的能力和精力的限制，教授者对于学习者作业的反馈通常存在着一段空白期，一个时间差。互联网课程通过计算机等智能系统的设置，使得每个学习者都能够在第一时间将教学过程转化为教学成果。

四、课程形态的新探索

（一）课程形态：微课与慕课

李克东、谢幼如认为"互联网在线课程"是一种"基于Web的课程，它是通过网络来表现的某门学科按一定的教学目标、教学策略组织起来的教学内容和实施的教学活动的综合。"与之相似的观点，如何克抗认为"互联网在线课程是在先进的教育思想、教学理论与学习理论指导下的基于Web的课程，其学习过程具有交互性、共享性、开放性、协作性和自主性等基本特征"等等。这种定义能够包含一定范围的互联网在线课程，但是随着互联网技术的发展，移动互联网成为新兴的网络连通力量，手机APP等多种软件的开发，也使得互联网课程出现了新的特点。

互联网在线课程的兴起最初源于教师开始尝试录制课堂内容并将其发布在网络上，这不仅可以为缺席的学生提供补课机会，还能够为其他同学提供复习和强化所学知识的作用，"翻转课堂"这种新的以信息技术为支持的教学模式由此问世。在2000年4月，韦斯利·贝克正式提出了翻转课堂的模型，即教师借助网络化的课程管理工具显现学习资料并在课下完成在线教学，课上时间则主要是师生、生生之间的互动，从而更好地深化学习内容。同年，威斯康星大学麦迪逊分校的评价、适应与推广学习中心对翻转课堂进行了创新应用，引起了广泛关注。此后，美国许多中小学教师开始在数学、科学和社会等不同学科中应用翻转课堂的教学模式，并自发成立了"翻转课堂联盟组织"。而乔纳森·伯格曼和亚伦·萨姆斯编著的《翻转你的课堂：每天每节课与每个学生交流》一书则将翻转课堂的理论研究推向了一个新的阶段。

一次，可汗学院的创始人萨尔曼·可汗在个人辅导中将讲课的内容录制成视频传到网上，并引起了人们的广泛关注，可汗学院作为一个非营利教育服务组织在美国产生了。翻转式的教学、游戏化的教育、微课程的视频设计使可汗学院受到网络教育领域的极大重视，影响范围和应用领域不断扩大。

借鉴可汗学院模式所进行的网络教育逐渐发展，可汗学院与教师的课堂教学相结合的“混合式”学习也成为信息技术支持下的重要学习模式。同时，伴随着网络技术的发展以及个人终端设备的逐步完善，开放教育资源逐渐增多，形式不断丰富，名校名师的视频公开课不断发展，大规模在线课程的开展更是将信息技术支持下的互联网学习推向了一个新的高潮。

从传统视频公开课向大规模在线开放课程的发展，也是信息技术支持下的教学模式研究在实践上取得的重大成果。斯蒂芬·唐尼斯和乔治·西蒙合作开设了“关联主义学习理论和连接的知识”这一大型综合网络课程并产生了良好效果，对 MOOC 的探索也由此开始。作为一种在全球范围内开放共享的课程，MOOC 不仅将来自世界各地的学习者聚集到一起，使他们在共享世界名师名校名课的过程中共同增长知识，实现了一种高端的知识交换，还突破了传统网络课程的单向传授模式，实现了师生、生生之间的双向互动，开启了信息技术支持下教学模式研究在实践领域新的阶段。

从开始出现到现在的短短几年时间里，MOOC 得到了世界范围的推广，也引起了各国教育研究人员的关注。MOOC 通过短小讲授视频、穿插思考问题、讨论解决问题、集成模拟练习、开放作业互评等方面的精细化教学设计突破了传统网络教育基于行为主义学习理论的思想，充分考虑了行为主义、认知主义和建构主义的思想，有效提高了网络课程的教学质量。

互联网课程并未改变其作为教育活动的本质，是课程在新时代背景下的新的表现形式。互联网课程作为互联网时代中教育变革的重要结果，互联网所具有的特点，如个体化、开放、共享等特点，也渗透进教学领域。互联网课程借助互联网的开放式平台，在课程目标方面，试图达到提升师生互动频率，以学习者为中心，并在科学的规范下有机地结合多种学习方式，突破时空以及各种资源壁垒限制，满足学习者个性化学习需求。其次，互联网课程设计也不再局限于固定的模式和方法，展现出一种开放性和多元性。一方面课程知识的建构体现在师生互动的过程，学习者参与到课程的进程中，不再是单纯的知识经验的接受者；另一方面参与课程的学习者的特质存在巨大差异，单一的课程设计不利于课程的顺利实施，因此课程更多地采用混合设计，吸收借鉴多种教学设计的有益经验。其次，课程内容是教育者围绕着课程目标与课程设计原则，筛选合适的教学资源已传授和引导学习者的学习兴趣和探索欲望，使得学习者能够积极主动地发掘学习资料，积累学习经验和资源。

互联网课程具有规模大、开放性的教学边界，成本低、易获取的教学方式，针对性、分众化的教学内容，多维度、个性化的教学设计等四个方面的特征。这种新兴课程教学模式的出现也同样使得人类千百年的以现实课堂为基础的传统课程发生变革。

（二）课程特征：“融合”与“联合”

互联网教育背景下的课程特征是“融合”：一是互联网教育背景下的课程与信息技术的深度高质融合。互联网信息时代的课程强调信息技术应用于教育，服务于学科知识，其出发点首先应当是学科，而不是技术。这种课程应以先进的教育理念为指导，创设情境，突出教学重难点，以教育信息资源为支撑，实施多元动态的教育评价，将自主学习、合作探究相结合。未来学校的课程要以信息技术为载体，实现课程实施方式的转变，课程实施模式的重构、课程实施效率的提高、教师信息素养的提升、学生自主学习能力的加强。二是互联网教育背景下的课程促进学科之间的融合，使知识由分裂、封闭、单一，走向整合、开放、多元。互联网教育背景下的课程强调以学习者的经验、个体生活和核心素养为基础，打破学科的固有界限，以真实问题为核心进行课程重组，重点开展“综合课程”“主题课程”“STEAM 课程（创客教育）”等方面的探索。互联网教育背景下的课程所促进的学科之间的融合，不是对原有学科的简单删减，而是需要全面梳理国家课程、地方课程、校本课程中重复交叉的内容，采取删减、融合、增补、重组等方式，增强课程实施的综合性，灵活开展大小课、长短课、阶段性课等课时安排，积极探索跨学科协同教学。

互联网教育背景下的课程的另外一个特征是“联合”：互联网在线课程实现了校内校外课程资源的联合。互联网教育背景下的课程提供者，不仅是学校和教师，也可能是社区、家长、社会企事业机构。家长的参与、社区丰富多彩的活动、社会企事业和一些文化机构所开展的业务，都是互联网教育的课程资源。互联网教育背景下的课程实施场所，不局限于学校的空间，同时还关注走向大自然、走向社区、走向社会，在大数据、移动互联网和物联网等信息技术的支撑下，学习空间得到更大程度的延展，更好地体现“泛在”课程的理念，使学习无处不在、随时发生。互联网教育背景下的课程能有效实现知识与生活、知识与社会实践的联合。互联网教育背景下的课程可以转变过分注重知识学习、轻视实践体验的状况，增加学习者动手实践和体验感悟的机会，密切学习者与自然、与社会、与个体生活的联系，让学习者用多维度的视角去发现和解决问题，去体验和感受生活，从而培养学生的创新精神和实践能力。

五、课程设计的创新

按照《周鸿祎自述：我的互联网方法论》中关于互联网思维的概念，互联网思维就是在（移动）互联网+、大数据、云计算等科技不断发展的背景下，对市场、用户、产品、企业价值链乃至对整个商业生态进行重新审视的思考方式。互联网不仅带来了纯粹的技术革新，也使整个社会发生了变化，并影响和改变了我们的生活方式、行为习惯，更重要的是改变了我们的思维方式、思想理念等更深层的东西。在互联网引发的教育领域的变革浪潮之下，对课程设计，也烙上了互联网技术与互联网思维的综合性影响，表现在对互联网课程的设计上，不仅是技术方面的支撑，也体现了互联网思维中用户思维、个性化、开放共享、平等协作等因素。建立在互联网技术和互联网思维基础上的课程设计研究，尤为重要，甚至可以说是会在一定程度上决定了未来互联网教育的发展和方向。美国学者 Reeves Thomas 认为“如果设计研究成为教育技术研究的首选模式的话，它将提高该领域研究的质量和有效性”。中国目前无论是线下实体课堂还是线上的互联网课程的具体设计研究，都是十分匮乏的，仍然处于实践摸索阶段。科学有效地对课程进行合理设计，能够使得课程更有利于课程质量的改进和课堂教学效果的提升，同时也有利于课程进一步深化改革，规范教育者的专业技能，并最终产生本土化的教育实践理论。

课程设计，顾名思义是指在一定课程观或者一种教育思维下，为达到课程目标所要对课程内容等方面所进的机构化组合和安排。课程设计是课程内容具体的筛选器，通过融合课程发展的目标，确定在课堂上教学者需要教授些什么以及怎么教等组织架构的组建。可以说课程设计是课程活动中关键的一环，决定着课程内容选择、课程实施等发展方向；也可以说课程设计是连接课程目标和课程内容与课程实施的枢纽。互联网教育中的课程设计深受互联网思维的影响，因此互联网课程是在明确互联网课程原则和目标的基础之上，系统地、自上而下地围绕着课程发展目标，充分利用互联网的优势资源而达到互联网教育目标的组织。

（一）互联网教育的教学设计

1. 基于教学对象的分析

如果将课程设计置于教学过程的整体视角来看，研究者就不仅需要在具体某一门课程设计上进行研究，还要根据不同教学对象进行完全不同的课程教学设计。梳理以往学界对于互联网在线课程设计的研究成果，依据教学对象进行划分的课程设计研究差异较大，分类方法也存在差异。武法提提出将互联网课程设计划分为“高等教育互联网在线课程设计”“职业技术互联网在线课程设计”以及“企业培训网络课程设计”三种类型，这三种教学对象是目前互联网教学应用较为广泛的三个领域。这三种不同的教学对象的课程设计之间存在较大的差异。高等教育互联网在线课程设计偏重于学科知识的掌握和专业能力的培养，在课程设计方面追求课程内容的系统化、组织化以及科学性，认为互联网课程需要提供大量的学习资源和学习支持，保障学习者自主学习的环境。“职业技术教育互联网在线课程”是针对培养应用型人才而设计的，这种课程形式具有明确的职业定向性、以产业生产为主导以及较高的课程实施成本的特点。看“企业培训互联网在线课程设计”更加注重结合职场工作的实际需要，课程的内容也偏重于不同工作部门的职业要求。

2. 基于课程内容的分析

在互联网课程快速发展的“热潮”中，需要冷静思考“到底什么样的课程内容适合互联网教学”这个问题。根据以往研究经验，目前发展较快，较为受大众欢迎的互联网课程的内容选择遵循以下三个原则：第一，语言类、理工类为主的学科；第二，可设置的专项活动的基础课品；第三，具有地力特色、人文情怀、民族色彩、文化氛围等鲜明特点的课程。这些课程都具有学习如识“解片化”的特点，学习进程也不必是要求的过程，可以随时随地地进行学习。

3. 教学的模块化设计

无论是课程长度、学习知识的碎片化特点，或者学习者自身学习特点，都要求学习内容呈现出一种可重复、随时随地能够学习的特点，学习内容因此具有模块化特征。学习内容的模块化使得学习者能够自主控制学习速度，学习过程可以随时反复，随时开始。课程内容划分不同的教学板块，这些板块自成体系，相互独立。学习者可根据自身的需求和能力选择不同的板块进行学习，教学者也可以根据学习目标的变化，将不同的板块进行整合，以适应课堂和学习者的学习需求和教学进度的要求。

（二）互联网教育的内容设计

课程内容是课程中所要表达观点、解决问题、建构的事实以及处理方式的集合，是教学过程中的核心部分。当然，课程内容的选择和特点都是受到课程所采用课程观以及课程目标的影响，可以说，课程内容又是随着课程目标的确定而完成，在互联网课程中更是如此。互联网时代具有信息爆炸的显著特点，在这种几乎是无限的信息资源中，必须依据一定的目标和标准来选取合适的资源作为课程中的内容；同时随着互联网信息技术的发展，使得课程内容的深度和广度都大大地拓展；人们生活学习习惯在互联网时代也在发生改变，在任何一个时间段、地点，人们都可能有学习的需要，课程内容也需要适应新的变化。在互联网时代中，教育与互联网的融合不断深入，教育领域出现了新的变化和挑战，课程内容也出现了新的特点和应用方式。

1. 课程内容来源的广泛性

互联网连接是一个无限的空间与时间，它可以触摸到世界各地的每个角落，追溯到历史和未来。可以说互联网背景下，课程所面对的知识资源是无限的，整个人类的智慧成果都会展现在进行电子化或者正在进行。除了突破时间和空间的限制，知识与个体之间的接触也从间接转化成为直接的方式，个体可以直接接触到不同层次，多个梯度的专业知识和内容。

课程内容也不再是教育者的专享权力，而是成为教育者与学习者之间建构的成果，甚至是学习者在这种基础上能够发挥更大的影响力，学习者的兴趣和爱好决定了未来学习课程内容的选择。

2. 课程内容强调学习者的主体性

互联网课程从学习者点击进入课程学习的界面，就已经开始围绕着学习者进行设计合适的教学过程，根据学习者以往的学习特点和学习经历，推送适合的学习课程和学习内容，跟踪学习者的学习轨迹，随时掌握学习者的学习状况，并及时进行反馈指导，改进课程设计，实现因材施教的理想化教学目标，有针对性的解决学习者在学习过程中所遇到的问题，符合人性化的学习服务。

3. 课程内容的“简单化”设计

课程内容的“简单化”并不是指知识水平的降低，而是知识的呈现方式的新变化。课程内容的“简单化”指的是在知识展示的设计上遵循“短小精悍”的原则，每段教学视频包括 12 个知识点，内容的展现结构简单，视频大约为 8 ～ 15 分钟的长度。在每段教学视频中，正是互联网课程适应“知识解片化”基于短视频为基本教学单元的教学模式和知识组织方式，这样的学习模式更加有利于学生记忆和理解新知识。

（三）互联网教育的课程形式设计

1. 视频设计为主流

教学实践可以通过传统的黑板书写，或者是多媒体等各种形式展现出来，互联网教育主要是利用内容多样的视频形式。互联网课程通常使用预先录制的视频的方式进行，也存在采取网络直播平台教学等多种方式，目前预先录制视频为互联网教育领域教学的主流形式。实时网络直播虽然更具有吸引力和互动性，但是这种视频形式对于网络平台的要求较高，教学者对于课程的把握能力也是很大的挑战，教学的成本和困难程度相应较高。无论是预先录制还是实时直播，相比黑板书写，在线教学视频吸取了传统教学过程中的优势，将文字书写融入视频中，使得学习者能够感受到直观的知识展示；同时互联网课程的设计也更加关注学习者持续注意力的效果，互联网课程的长度大约是 8 分钟左右，而非传统课程的 40 分钟。以视频为主要的教学资源，比较适应互联网课程的教学特点，使得全世界的学习者都能够使用和学习。

2. 课程设计中互动环节增加

梳理互联网课程的实践形式，互动模块主要分布在课程实践的各个环节。在课程开始之前教学课程就会与学习者进行互动，了解学习者想要得到的、感兴趣的知识点，或者是课程形式。课程进行时，互联网课程设置“课程讨论区”，对于选择同一门课程的学生形成一个特定的学习小组，以论坛的形式引发学习者之间的讨论、问题的提出与不同意见的表达。课程讨论区的运作模式大致是有学习者所提出的问题引发的，学习者自主参与讨论，提出初步的意见或者答案，经历讨论之后，教师在引导学习者探索问题的解决或者是直接提出正确的解答方法。此外，同时教师之间也存在类似的组织，交流教学经验，以最大化适应互联网教育的新方法。互联网课程的教学目标是最大程度上激发学习者的学习兴趣，提高他们的学习质量，引导学生进行更加有意义的学习。这种课程设计的初衷需要学习者参与到课程的建设之中，学习者与教育者共同建构课程的教学环境。学习者真正地参与到课程的教学过程中，学习者与教育者互动频繁。

3. 课程长度设计呈现出“短小精悍”的特征

互联网课程具有个性化的同时，也存在着缺乏教师直接有效的督促和压力，现阶段互联网课程也没有学分或者是证书的吸引力，学习者很容易在课程中放弃学习，难以形成连续的课程教学。因此在课程设计的起初，就必须考虑到学习者学习的动力、动机或在线时间的有效注意力等相关因素。过长的互联网在线课程，会使得在线学习的效果下降，学习者也因此可能会丧失学习兴趣和学习动力，进而丧失对于互联网课程的满意度下降。根据以往视频教学的经验，互联网课程一般依照不同的课程知识点或问题划分为 8 ～ 12 分钟左右的视频，每周授课时长大约 2 ～ 3 小时，单科课程的预计总时长大约是 15 ～ 35 小时。这种短小精炼的模块化课程能够充分适应各类人群的学习环境，学习者可以反复地、随时地进行课程学习。

4. 课程的问题导向

课程可以开始于一个问题的提出，结束于一个问题的解决。互联网课程的展现形式更多地呈现出短小精悍的特点，更加适合于问题导向，而非教材导向的需求。每一节互联网课程都是围绕着一个问题展开，教学者一方面引导学习者的自主思考问题的解决，另一方面课程中并不明确率先提出问题的答案，而是学习者在这种教与学的互动过程中，学会解决问题的范式。

开发微课的关键是聚焦问题。要以知识点、事件、环境为载体，指向是学生解决问题的能力、方法、思维的培养，应特别注重从教学过程中敏锐地发现恰当的选题，以便解决学生的疑点、难点和易错点。

通过微课引导学生体验学习的过程，在自由选择学习内容时，引导他们思考“为什么”“有什么问题”“哪些东西要在课堂上和大家分享”。在激发了全体学生的学习热情和主动性的同时，让学生掌握学习的方法，生成学习的能力，给他们营造一个自我成长的思维环境。

学生在学习中通过回帖反馈困惑、疑难和建议，老师可以及时掌握学情，以学定教，确定课堂教学需要解决的主要问题。例如，在研究微课应用时，教师们不断地被一个问题困扰，就是学生缺乏生活常识，直接影响到能力的生成。例如：在学习区分硬水和软水时，常常用到肥皂水，但学生对肥皂水没有概念，更难理解实验原理。在学习细胞的生活需要糖类、脂肪、蛋白质等营养物质时，学生基本上“只认其字，不明其意”。经过两个学科老师的共同研讨，录制了学情微课《肥皂水的奥妙》《舌尖上的营养》，帮助学生了解更多的生活常识，提高了学生的兴趣，拓宽了知识面，增强了他们对知识的理解和掌握能力。教学信息化给学科融合带来了更多的可能性。

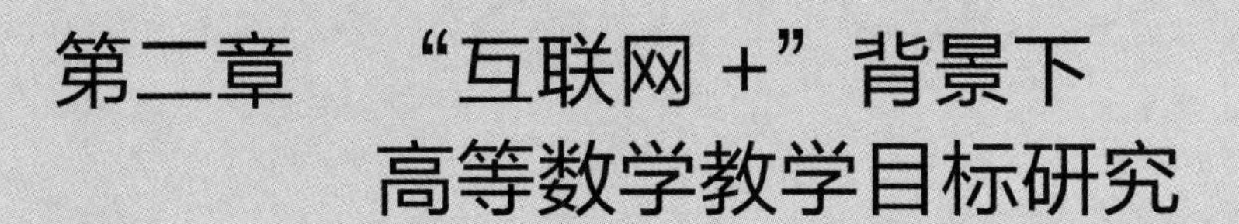

第二章 “互联网 +”背景下高等数学教学目标研究

第一节 帮助学生更好地掌握数学技术

数学技术分为软技术和硬技术，软技术是指数学原理、数学思想、数学方法和数学模型，软技术提供的是论证方法和计算方法，它有助于人们分析信息，寻找方法，建立模型，进而解决问题，为社会创造价值；硬技术是指各种数表、计算器和数学软件，如图形计算器、几何画板等，硬技术提供的是数学应用工具，它有助于人们更好、更快、更便利地解决问题。

在高等数学教学中，要根据专业需要让学生掌握一定的数学技术。

一是注重数学思想和方法的教学，要根据教学内容及时总结提炼数学思想和方法的精髓，让学生明白这些思想和方法的作用，为学生今后从事专业工作储备必要的方法技术。

二是重视数学建模的教学，在每章节学习结束后，教师可选择一些与专业有关的问题进行建模示范，激发学生学习数学的热情，为学生以后解决专业问题建立数学模型奠定良好的基础。

三是注重使用数表、计算器和数学软件，把学生从繁杂的计算中解脱出来，让学生把更多时间用在猜想、实验、推理、建模、应用上。

四是注重数学实验教学，让学生借助计算机体会数学原理，发现数学规律，体验解决问题的过程。

上面简单、笼统地描述了高等数学中需要掌握的技术，那么我们怎样帮助学生更好地掌握数学技术，实现高等数学教学目标呢？下面我们就分析一下掌握数学技术的提升策略。

高等数学作为学生进行其他学科学习以及科学探究的基础性学科，绝大部分学生在进行高等数学学习期间存在学习动力不足的问题，这是由于高等数学的学习难度较高让学生感受到学科知识学习困难性问题。因此为了提升高等数学课堂教学质量，教师可利用数学建模，不断推动高等数学教学模式改革进程，同时教师需要合理优化高等数学课堂教学内容，提高学生的数学技术的掌握程度。

一、利用数学建模提升高等数学掌握程度

数学软件所具备的数据分析、数据可视化等特征，让数学软件成为数学建模工作开展的主要应用工具，对于学生创新思维能力的培养也有着促进作用。将数学软件的应用学习与高等数学课堂教学相结合，可将抽象性的概念定理的证明过程，以几何、数值分析等形式进行展示，继而帮助学生建立正确的数学观念。

数学建模对于学生的学习基础有着一定的要求，这也给教师高等数学教学工作的开展指明了教学方向。教师在进行高等数学教学期间，不仅需要进行新知识的传授，同时也要注重对学生数学基础知识的夯实，让学生具备进行数学建模的能力。在高等数学教学期间教师需有意识地将与数学建模相关的基础知识向学生进行讲解，让学生对于数学建模有大致了解，同时能够帮助学生树立利用数学建模解决实际问题的意识。此外教师需要有效利用高等数学教材中有关数学建模的模型，充分发挥数学模型的案例作用，让学生的综合设计能力得到提升。

为了发挥数学建模在高等数学教学期间的引导作用，教师需率先培养自身利用数学建模优化高等数学教学结构的教学意识。教师在高等数学课堂教学中对于课堂教学质量有着极为重要的影响，一名优秀的教师需秉承“授人以鱼，不如授人以渔”的教学理念，将高等数学的学习方法以及学习技巧全面传授给学生。受到课堂教学时间的限制，教师不可能在课堂上将所有的高等数学知识全面讲解，因此需要学生在课余时间借助学习技巧开展自主学习。数据建模是一项极为复杂的工作，教师不仅需要具备扎实的理论基础，同时也需要了解学生的个人学习水平，选择最为适宜的数学建模素材来逐步提升学生的建模能力。

二、推动高等数学教学模式改革进程

根据高等数学学科的课程特性而言，高等数学教学工作的开展需要满足“开放”“能动”以及“参与”这三大需求。“开放”主要是指时空以及知识的开放，时空开放是需要实现高等数学课堂教学的时间延伸与空间延伸，知识开放则是需要以引导学生打破常规知识学习路径，实现对学生发散性思维以及创造性思维的培养。“能动”主要是指将培养学生合作能力、自主学习

能力以及创新发展能力等多个要素结合为教学模式中的有机成分，实现高等数学建立在学生能动性的基础上。“参与”则是充分发挥高等数学教学模式的参与性特征，调动学生在学习期间的主动积极性，通过构建完善的高等数学教学体系，为学生创新能以及综合能力的锻炼奠定基础。

高等数学中所涉及的教学内容相对较多，仅依靠课堂时间进行知识学习与数学技术的掌握是远远不够的，只有创新改革现阶段的课堂教学内容，才能确保学生全面掌握高等数学知识内容及数学技术，并将其应用至实际科学研究之中。在信息化背景下，将慕课与高等数学课堂教学模式相结合，可丰富高等数学课堂教学形式，推动高等数学教学模式的改革进程。教师可选择在网络平台为学生提供教学微视频，并设置在线讨论以及在线测试等课堂教学内容，确保学生能够充分利用课余时间完成个性化学习工作，培养学生的团结合作意识，发展学生的自主学习能力，同时也能实现学生核心素养的提升。慕课作为传统课堂教学模式的延伸补充，带动了多种类型教学模式的应用与传播。如慕课以促进翻转课堂、线上教学等教学模式的广泛应用，慕课平台所推出的多层次平台功能，适用于不同专业学生学习高等数学课程的需求，此外信息技术的广泛应用也为学生的课堂学习提供了良好的信息化学习环境。在课堂教学期间利用信息技术可提升高等数学教学质量，适当增加高等数学教学内容的信息量，有效调动学生的高等数学学习积极性。如教师在进行定积分概念教学期间，教师可将定积分的概念中的“任意分割以及任意选取”制作成为动画形式，使定积分中的“化整为零、以常代变、聚零为整、取极限”的应用精髓，让学生有着更加直观的理解。

三、优化高等数学课堂教学内容

为了强化高等数学课堂教学内容的针对性，凸显高等数学教学内容的应用性，教师在课堂教学期间需要合理安排高等数学教学内容，以学生的专业特征以及个人学习特点为基础，打破教学大纲以及教案的束缚，合理调整高等数学课堂教学内容，实现高等数学课堂教学质量的有效提升，更好地掌握数学技术。如高等数学教学开展前让学生明确本次课堂学习的学习目标，理解本节高等数学内容学习的含义，帮助学生改变自身的学习态度，激发学生的学习积极性。同时教师需要在高等数学教学备课期间对高等数学教材内容进行深入了解和分析，确定本次课堂教学中的重难点，分析高等数学知识点的背景，对高等数学教学知识内容的应用价值进行分析。教师需要深入了解学生的学习知识水平以及个人心理状态，以学生的角度分析课堂教学内容，避免出现学生课堂学习注意力不集中的问题。

四、提高数学思想内容的掌握程度

高等数学课程知识的灵活性极强，因此在高等数学课堂教学期间，教师需主动对学生进行引导教学，提高学生对于高等数学思想内容的掌握程度，进而对数学技术更好地掌握。为此教师需要转变自身以往的课堂教学模式，实现数学思想内容与课堂教学内容的有效结合，帮助学生系统归纳并总结数学知识，让学生根据自身的感受对数学内容进行猜想，最终证实数学思想内容。高等数学知识学习期间常见的数学思想内容就是类比思想与归纳思想，为此高等数学课堂教学实践期间，教师需要对以上两种常见数学思想加以利用，开展课堂教学工作。如教师在进行一元函数微积分教学期间，教师可鼓励学生充分发挥应用创新性思维模式，归纳并演绎相关知识点，科学推导函数微积分，帮助学生正确认知一元函数微积分与多元函数微积分的关联，继而提升学生高等数学基础知识内容的学习效率。

第二节　培养学生的数学思维能力

一、高等数学思维的特性与内涵

（一）高等数学思维特性

数学思维是人对数学知识的客观认知规律，通过数学思维了解数学知识，能提升创造能力和解题能力，更能探索新的未知领域。数学思维具有概括性特征，这是指数学思维能揭示事物本质和规律，还能以此推导出相关知识的必然联系，并列为数学公式，解决不同的数学问题；数学思维具有问题性特征，通过数学思维解决数学相关问题，能深化对数学知识的全方位理解，提升数学素养；数学思维具有相似性特征，所谓相似性特征是指很多数学知识存在相似性，科学家通过数学知识的关联，能形成新的数学公式，并以此探究新的命题和概念，从而采用科学解题方法解决相关问题。通过高等数学思维特征培养学生数学思维能力，能提升培养的针对性和科学性，根据学生发展需要展开教学。

（二）高等数学思维内涵

数学思维中包含多元化问题，总体来讲，学生针对数学问题展开的思考属于数学思维的核心体现。提升学生数学思维能力，有利于促进其更好地在数学情境中深层次理解多元化理论知识。数学解题过程中涉及诸多思想与方法，揭示其客观规律利用逻辑推理构建立体化公式，在抽丝剥茧中了解数字间的逻辑关系，可促进受教育者在数学活动中活跃数学思维。总体来讲，数学思维是数学意识、数学方法等的体现。人类思维由价值观支配，而数学思维会影响个体的解题方式与理解模式，涉及方面较为广泛，培养模式相对复杂。在数学教学中探究数学思维的价值与意义，强化对数学思维能力培养的重视，助力高等数学教育迈入新的发展台阶，完善受教育者知识结构，能真正为数学发展提供基础人才，实现数学学科的多元化拓展。

二、高等数学思维归纳

（一）类比思维

类比是指借助不同事物的相似性，进行知识转移推理。类比思维具有较强的创造性，能深入挖掘不同对象间存在的相似关系，并通过对比，深入了解不同对象系统的本质。很多著名科学家对类比思维十分关注，高等数学的抽象性和逻辑性较强，类比思维能助力科学家探索更多未知的知识领域。例如，研究较多的极限、导数、积分、微分方程等都具有线性性质，通过类比思维，可利用线性算子理论对其进行研究。很多高等数学知识中都具有类比性。具备类比思维，能引导学生感知高等数学的趣味性，从而提升学习主观能动性。学生可通过类比思维在已知的数学领域中，探索和研究新的领域。很多学科知识是相通的，类比思维也能应用到其他学科。例如，人们根据飞翔的燕子，设计出飞机，这也说明类比思维这种知识联想，既能提升学生创造性，又能使学生强化对高等数学概念的深入认知。

（二）发散思维

发散思维是指在解决问题过程中，无须拘泥于原有线索和公式，可以从多维角度，对现有信息进行规划和研究，并利用发散思维，采用不同形式进行解题。发散思维能对原命题进行拓展，巩固旧知识，了解新方法。故此，发散思维对提升学生创造能力具有重要帮助。我国的数学专家曾指出，发散思维是探究和了解数学心理与核心思想的重要数学核心能力。发散思维在1981年提出后，受到众多学者的关注，诸多学者对其进行深入研究和分析。通过分析发现发散性思维除具备发散性特点外，还具备可变性。对数学问题进行发散思考，提出多种设想进行解决，能从中筛选最合适的解题方法，从而深入了解数学知识和解题方法。同时，发散思维具备独创性和变通性以及独特性特征，这些特征使高等数学的发散思维的创新性较强。

（三）逆向思维

数学的逆向思维具备双向性特征。逆向思维会深入研究思维的相反方向，与逆向思维相对立的叫顺向思维，传统的习惯性思维就是指顺向思维。逆向思维是顺向思维的另一种极端和另一种思考形式，会在顺推不顺利时，进行逆向反推，从而间接解决数学问题。逆向思维能突破传统思维框架，具有较强的创造性和创新性。在高等数学中培养学生逆向思维，能开拓学生思路和视野，为学生提出新的解题方向。例如，几何图形、函数的求法等，都能根据解题需要，以反向思维深入探究解题方式。逆向思维能助力学生以反向思维来思考数学问题和数学知识，这既能开拓学生解题视野，又能使学生的数学思维能力逐渐增强。顺向思维与逆向思维相结合，能以不同视角探究数学问题，解放数学思维。

（四）猜想思维

猜想思维是指根据已知数学材料，对未知数学知识进行合理推断，利用猜想思维，研究数学知识和数学解题方法，探知全新的数学领域。大胆猜想，既能探索新的数学领域，又能通过预测性推断，提升猜想的合理性和科学性。高等数学教学中注意培养学生猜想思维，能使数学直觉能力更强。通过猜想训练，使学生敢于猜想，能强化对学生猜想思维的有效培养。通过深入研究高等数学，得知想提升学生猜想思维，需要学生基础数学知识结构完善，还要学生具备较强的想象能力和直觉思维，才能理解数学的本质。高等数学的逻辑性和复杂性很强，但数学知识具有较高的自由度，数学知识的自由是因其可自由创造合力概念。以直觉思维为例，具有直觉思维能力辨别数学猜想的科学价值，并深入探知不同猜想间存在的联系，从而深入探究有价值的数学猜想。

三、高等数学教育中发展数学思维能力的教育方法

（一）积极开展发现教学，引导学生主动学习

发现教学是指根据相关数学材料，主动探索数学概念和公式。引导学生了解知识形成过程，能完善学生知识结构，使学生将新旧知识进行关联。传统高等数学在教学过程中，并未引导学生了解和认知知识形成过程，仅靠结论传递，无法提升学生数学思维能力，也使学生对数学相关公式的理解能力较低，不利于学生对数学公式形成长时记忆。通过发现教学，引导学生深入了解知识本质特征，能提升学生学习积极性，完善学生数学思维结构。例如，教学过程中，向学生展示理论形成过程，学生通过理论形成过程，能了解数学家的思维逻辑，并通过了解领悟数学知识的动态化转变过程。发现教学能使学生由学会掌握知识，转变为学会自主学习，这能使学生真正掌握和了解数学，更能打破学生原有学习思维模式，提升学生创造力和想象力。例如，数学教学过程中，由实例引出相关数学知识和公式，引导学生通过分析感知数学法则、思想、公式等。揭示理论形成过程后，学生能深入理解教材中的定理和法则，根据数学规律，自主探究结果。

（二）培养学生发散思维，引导学生合理创造

通过培养学生发散思维，能引导学生合理拓展知识视野，探索更多的未知领域和可能。培养发散思维时，教师需根据学生个性特点，提供一些发散性问题，引导学生从发散性问题中多维度考虑数学知识的层次变化，从而提升思维运用能力。学生通过自主探索，能了解与数学问题相关联的知识点，并得知数学问题中存在的共性理论。利用共性理论，能深入了解数学问题的本质，并以此打破陈规。发散思维具有较强的开放性，能确保学生在解题过

程中不受约束，更能引导学生通过已知理论探索各种可能，从而发挥联想，多角度考虑数学问题例如，高等数学存在很多一题多解的题目，利用此类型题目，引导学生以多维角度探求解题途径，提升思维的活跃性和灵敏性。一题多解类题目能拓展学生思维领域，助力学生想象能力和发散能力拓展，为学生数学思维提升奠定良好基础。

（三）培养学生反思习惯，引导学生合理质疑

人类从疑问中探究新成就和新理论，能得出新发明和新思想。反思和质疑，能提出新的知识概念，并利用多维度看待原有问题。培养学生反思习惯，引导学生在反思和质疑中，提出独到的见解，能真正培养高素质复合型数学人才目。会提出问题才有机会解决问题，反思和质疑是创新的最佳手段，也是探究新领域的动力。以全新角度对旧问题进行质疑和反思，能根据数学家思维思考数学问题。在反思和质疑中可能会失败，也可能会成功。成功和失败都能助力学生成长，总结失败原因，能在纠错和辨错中提升逻辑思维能力。学生通过问题看本质，多角度探究问题真相，才能得知正确的数学理论。一旦学生在反思和质疑中出现错误，便会对相关理论留下深刻印象，日后在解题和遇到同类型问题时，几乎不会出现相同错误。教师引导学生积极反思和发表独到见解，能培养学生的质疑精神，使教学过程充满创造性和趣味性，从而助力学生感受数学魅力和数学乐趣，提升数学思维。

（四）培养学生直觉思维，引导学生合理猜想

直觉思维需要原有的知识经验作为基础，查阅和了解大量资料，才能提出合理设想。直觉思维是人脑对数学知识直接识别和猜想，人们通过感官直觉，能深入洞察知识原有状态，从而认知知识形成的客观规律。直觉思维能打破逻辑限制，创新数学研究。直觉可作为推理的起点，通过表面观察，发现新的知识领域和新的解题方法。通过阅读大量数学史，能发现很多数学领域知识最初是通过直觉思维，提出的全新知识和观点。例如，两点之间直线距离最短这一著名的数学概念，便是对直觉最直观的认识。随着高等数学的不断发展，数学教材中的内容逻辑更严谨，很多教师忽视了对直觉思维的关注，也没有对学生的直觉思维进行培养和引导，这导致学生无法大胆猜想和

合理推测。教师应积极鼓励学生通过猜想，提升直觉思维能力，这能帮助学生体验学习的喜悦，更能使学生的猜想思维不断拓展。

（五）培养学生结构性思维，阐述数学推理规则

强化数学思维探究发现，实际上数学证明并非单纯书面的线性陈述，而在一定程度上呈现结构化特征。从书面陈述格式不难发现，书面数学证明以陈述性方式展示数学公式，数学证明以线性过程发展，学生的思考次序与阐述次序相等，因此学生只是在模仿中证明数学公式的合理性，不利于提升学生数学思维能力，学生也无法自主探究数学公式形成过程，更不能了解数学思想精髓。因此，引导学生在公式中把握核心思想与内容，促进其自主尝试复原数学公式形成过程，引导其了解不同步骤背后的结构性知识，推动学生在学习中理清主线脉络。以微积分证明教学为例，受教育者会基于课本呈现了解公式内容，其思维相对固化。为进一步促进学生在数学推理中深入了解数学公式形态，教师可向学生全方位阐述推理逻辑与推理规则，打破传统机械性学习，将传统的模仿性思维转化为探究思维，确保构建立体化逻辑推理过程，揭示命题中的多元化关系，以此展现数学魅力。数学思维的严谨性建立在逻辑演绎证明基础上，打破传统线性教学模式，创新结构化教学既是对物质世界的深入剖析，又是对线性内容的总结概括，能真正打破传统命题形式，深入研究公式内在逻辑链，确保学生数学思维能力的不断提升。

（六）强化动态化探究，创新探索数学知识

剖析数学发展史，了解数学知识的动态化转变，分析其知识结构，能充分引导学生了解数学知识演变过程，确保学生产生合理推理能力。基于问题展开多元化学习，了解知识形成过程，确保学习者在探究中强化对数学公式与理论知识的全方位掌握，能促进数学知识的进一步发展，确保完善学生数学知识结构，提升其抽象思维、逆向思维、发散思维、集中思维等数学思维能力。传统高等数学教育重视计算，实践教学比例较低。新时代在发展视角中促进理论知识与实际专业有机融合，均衡理论与实践教学比例，既能打破传统数学学习顺序，又能在学习过程中获取力量源泉，确保探索数学知识中创新数学理论结构，以此进一步了解已存在的客观发展规律，并形成对数学知识的深入认知。例如，可利用探究教学法，在数学知识形成历史中探寻数学家

们遇到的障碍，利用多元化问题情景探究推理规则与推理逻辑，了解数学中的变量依存。数学知识具有较强抽象性，借助立体化教学，促进数学知识走进生活，充分剖析数字间的抽象关系，能实现数学教育的新生，助力高等数学教育步入新的发展阶段。数学教育的新生也将推动其他学科迈入新的发展阶段。故此，发展数学思维能力成为高等教育与全社会共同关注的焦点，为学生营造良好学习环境，也是政府、学校、社会、家庭等多方面的共同责任。

四、对数学思维能力培养的总结

数学思维能力是保证数学活动顺利进行的个性心理特征。数学思维能力通常情况下总结为数学运算能力、逻辑思维能力和空间想象能力，合称为“数学三大能力”，这些能力是职业能力的重要组成部分。

数学运算能力是指根据一定的数学概念、法则和定理，由一些已知量得出确定结果的能力，运算能力是职业能力的核心能力之一。逻辑思维能力是指正确、合理思考的能力，即对事物进行观察、比较、分析、综合、抽象、概括、判断、推理的能力，这不仅是学好数学必须具备的能力，也是学好其他学科、处理日常生活问题所必需的能力。空间想象能力是指大脑通过观察得到的一种能思考物体形状、位置的能力，是对事物空间关系的感知能力，它是一种既有严密的逻辑性，又能高度概括和洞察事物的能力。

在高等数学教学中，要注重培养学生的数学能力。要对解题方法和解题技巧进行科学系统的训练，培养学生的数学运算能力。要通过观察与实验、分析与综合、一般与特殊等数学思维方法，培养学生的逻辑思维能力。要通过数学模型观察、几何图形变换、数学问题直观化等手段培养学生的空间想象能力。

第三节　强化学生的数学素养

一、大学生数学素养内涵概述

数学素养是后天环境教育产生的结果，教师应当通过各种有效的方式提高学生的数学素养。数学素养主要包括以下几个方面：

第一，数学知识。数学知识是数学素养提升的重要前提以及基础性因素。大学教师在开展数学教学的过程中，首先要让学生掌握数学知识。数学知识类型较多，总体而言包括下列三种类型，即基本知识、策略性知识以及经验性知识。基本知识包括数学原理、数学概念以及数学法则等；策略性知识要求学生懂得如何解答数学问题，让学生掌握解答数学题目的技能以及方法，包括解答数学问题的思维模式，通过向学生传授数学策略性知识，能够提升学生解答题目的质量以及效率；经验性知识是学生在学习过程中获得的某种经验。总之，数学知识对于学生提升数学素养具有十分重要意义，是学生数学素养培养的基础。

第二，数学能力。数学能力是数学教育之后产生的种结果。它体现在学生的能力与智力两个方面。能力主要包括想象能力、创新能力以及数学交流能力。智力主要包括记忆能力、思维能力、想象能力以及观察能力。数学能力的提升能促使学生具备良好的解决未知问题的技巧和技能。

第三，数学思想。在对学生进行数学素养培养的过程中，应当注重体现数学思想。例如，数学归纳思想、数形结合的思想、类比的思想、局部线性化思想等。数学思想能够促使学生构建数学观念，是学生在学习过程中对数学问题进行分析解决时的一种思维升华。

第四，数学品质。数学品质是个体在心理素质以及生理素质的基础上，通过有效的后天社会实践活动逐渐发展起来的。数学品质主要包括个性、品德以及思想。衡量学生是否具备数学品质，主要是观察学生是否对学习感兴趣，是否具备浓厚的数学情感。如果学生对于数学充满兴趣以及热情，就可以认为学生具备良好的数学品质。此外，数学品质还包括社会意义层面上的个性特征以及个性品质，例如良好的数学动机以及优秀的数学品格等。

二、大学数学教学对学生数学素养培养的必要性

大学数学教学过程中应当高度重视对学生数学素养的培养。例如，相比于研究常量的初等数学，高等数学是研究变量的学科，其中极限的思想又贯穿始终。但是，对极限严格数学定义的理解涉及非常抽象化的“$\varepsilon - N$”语言。这就要求大学数学教师通过归纳类比、动态演示、几何描述等多种方式促使学生真正掌握这部分内容。数学学科是一门综合性文化学科，具备了德育价值、素质教育、科学价值、文化价值等多种功能。培养学生的数学素养

很有必要，它能够提升学生的民族素养，使学生适应社会发展的需要，促进学生自身的全面发展，同时能促进学生传播数学文化知识。

（一）提升学生的民族素养

极限的思想在中国古代就有过研究。例如庄子的“一尺之锤，日取其半，万世不竭”，以及刘微的“割圆术”。但是对此问题背后的现象，古代的中国人却没有深入的研究，更没有建立系统的学科。而西方的数学家们由于其数学思想以及数学素养得到了保持与延续，这使得他们最终提出了极限，创立了微积分。可见，对于大学生而言，提高他们的数学素养有助于提高他们的民族素质。

（二）适应社会发展的需要

数学在天文学、力学、生物学、工程学、经济学等多个分支中都有着越来越广泛的应用，特别是计算机的发明更加促进了这些应用的发展。只有具备一定的数学基础，才能高效地参与到社会活动中；只有具备较高的数学素养，才能对现实问题有深入的理解，同时采取合理的方式解决现实中的问题。随着科学技术的快速发展以及信息时代的到来，数学素养将直接影响到公民的信息处理能力以及吸收能力，关系到人们日常生活与工作的方方面面。如果缺乏数学素养，也难以学好其他学科，比如化学、物理等学科都需要学生具备良好的数学基础。在大学数学教育过程中应当注重对学生数学素养的培养，促使其掌握数学研究方法、思想方法以及推理方法。只有这样，才能让学生在日后的学习和生活中应用数学思想以及方法，提升其适应社会的能力。

（三）促进学生自身的全面发展

加强学生数学素养的培养，不但能够促使学生实现个体的全面发展，而且能够提高学生的思维能力以及想象能力。此外，学习数学还能够培养学生的辩证唯物主义思想。例如，微分和积分本质上是对立的，一个是表示局部概念，另一个是表示整体概念。但是，微积分基本定理却将二者和谐地统一在一个表达式之中，这体现了马克思主义哲学中的对立统一思想。上述能力的提高对于学生今后的发展具有十分重要的意义。在培养学生的数学素养过程中，关键是要提升学生的数学意识。这要求大学数学教师转变思想观念，不要一味地赶教学进度，照本宣科，日复一日重复多年使用的教案。这样的教学不仅难以激发学生的学习兴趣，调动学生的学习积极性，甚至会导致学生逐渐丧失学习的信心和热情。此外，还要注重数学思想以及数学精神的传播，帮助学生形成对数学的独特认识，帮助学生建构数学意义，促使学生的创造性思维得到培养与锻炼。最后，培养学生的数学素养有助于学生形成正直、诚实以及勇敢的品质。数学要求实事求是，能够促使学生形成诚实以及正直的品质。在数学学习中遇到的各种困难，能够促使学生形成勇敢自信的品质。

（四）传播数学文化

培养学生的数学素养能够促使数学文化得到传播。数学本身和数学文化有着密切的关系。例如，通过对牛顿－莱布尼茨公式发现的过程以及背后人物的介绍，可以增加大学生学习微积分的兴趣。数学虽然是一门独立性学科，但是属于文化体系的一部分。作为数学文化的重要载体，数学课程需要传播数学文化，增加数学的趣味性。

三、大学生数学素养培养的主要策略

应当采取有效策略培养大学生的数学素养，这些策略主要包括加强对大学数学教材的改革、启发学生思维以及促使学生深入理解数学知识，同时创设情境、引导学生探索、促使数学教师提高自身素质、课件与板书相结合等。通过这些方式可以提高教学效果以及教学质量，进而提升学生的数学素养。

（一）加强对大学数学教材的改革

为了培养大学生的数学素养，应当高度重视数学教材改革。目前我国现行的高等数学教材品种单一，且偏重演绎推理，很难兼顾工科学生的特点。加强对大学数学教材的改革，成为当前大学数学教学过程之中面临的一个重要问题。解决教材问题，应当注重和工程实际之间的联系。譬如对于工科学生，其教材主旨是“数学问题工程化，工程问题数学化”。直白地说，就是使工科数学通俗化、接地气，成为“下里巴人”。要避免对工科学生使用过

于偏重理论的数学分析教材，这会让其误入歧途。在数学教学过程当中，应当注重对学生推理能力、判断能力及思维能力等的培养。教材应当和现实生活相互联系，挖掘生活中的数学现象，使学生建立较为形象化的理解，激发学生的学习兴趣，让学生理解知识背后的深刻内涵。教材应具有典型性，在例题讲解中，详细叙述解题思路的由来以及解题方法的形成，加强数学原理分析，促使学生能够举一反三。另外，数学思想以及数学知识也不可或缺，学生掌握数学思想能够更好地掌握数学知识，数学教师应当高度重视数学知识的教授，促使学生数学素养得到提高。

（二）启发学生思维，促使学生深入理解数学知识

在大学数学教学的过程中，学生想要熟练掌握数学技能、深入理解数学知识，应当深刻理解数学公式、数学定理。该过程要求教师给予学生必要的引导以及启发，循序渐进，避免采取填鸭式以及灌输式的教学方法。应给予学生更多独立思考的时间，采取多元化的教学方式对学生进行引导，以激活学生的发散思维、抽象思维。除此之外，还应当促使学生思维品质得到优化，提升学生的思维能力。在数学教学过程中，教师应指导学生对公式法则进行分析，促使学生形成良好的数学思维习惯，让学生对数学知识产生正确的理解，促使学生数学素养得到提高。

（三）创设情境，引导学生探索

在数学教学过程中，为提升教学质量和教学效果，教师应创设必要的情境，引导学生学习数学知识、探索数学知识，培养学生发现问题、提出问题、解决问题的能力，激发学生的创造力以及独立思考的能力。教师在教学过程中要精心设计问题情境，采取问题情境的方式提升学生的数学能力和数学素养。在设置问题的过程中，应当注意适度原则。设置的问题不要太难，也不要过于简单，最好保持在学生最近发展区之内。问题太难会导致学生产生畏惧心理，太简单又没法激发学生的潜力。另外，应当根据教材知识特点以及相关要求，对教材的编排顺序进行必要的改进，帮助学生归纳数学知识，构建知识网络，促使学生对于数学知识理解更为深入，以提升学生的数学素养。

（四）数学教师应当提高自身素质

在数学教学过程当中，教师自身的素养也直接关系到学生数学能力和数学素质的提升。随着科学技术的快速发展，大学数学教育应符合时代发展的要求。数学教学过程应当引进新型技术，使数学教学形式更加丰富。例如，运用多媒体工具或者计算机工具，提升教学的生动性以及形象性，激发学生学习的主动性，调动学生的学习积极性等。摒弃传统的教学模式，即教师在讲台上独自讲课，学生在讲台下低头睡觉。这样的教学质量以及教学效果较差，课堂气氛较为沉闷，学生的学习兴趣较为低下。在今后教学过程中，应当加强学生的引导与启发，促使学生积极主动地参与社会活动。教师应当充当学生的咨询者、启发者以及示范者。这就要求教师转变思想观念，改进教学方式，提升自身数学知识水平以及综合素质。只有这样才能提升教学效果以及教学质量，促进学生数学素养得到提高。

（五）课件以及板书相结合

在数学教学过程中应当将课件和板书相结合，提升课堂教学质量和教学效果。当前科学技术快速发展，计算机、投影仪等工具在数学课堂得到广泛应用。将多媒体工具运用于课堂之上，可以使原本枯燥的数学内容变得形象生动、通俗易懂。例如，在讲解定积分概念的过程当中，如果仅仅依赖于教师口头讲解定义中的分割、近似、求和、取极限等步骤，学生较难理解。但是，如果运用PPT对于上述步骤进行动态演示，则可以使学生一目了然，从而深刻理解定积分的定义。这激发了学生学习的兴趣，提升了教学质量以及教学效果。但是，也不能过分依赖多媒体设备教学，应将多媒体和传统的板书相互融合。教师通过板书对定理公式推导，使学生有充分的时间理解每一步推导内容。板书的过程实际上就是教师思路发展的过程，它依然具有不可替代的作用。对于数学教师而言，应当根据授课内容选择教学形式。例如，在讲解数学定理以及公式时，可以选择一边讲解一边板书的方式；在说明某些抽象函数或者动态变化图形时，可以借助多媒体工具，使得表达更为直观。这些形式能让学生更容易理解数学中的概念、公式以及定理，深刻领悟到数学的思想和解题的技巧，做到对数学知识的融会贯通，从而提高教学质量和教学效果，最终实现学生数学素养的提高。

数学素养是指人们通过数学教育所获得的数学品质，它也是一种文化素养。南开大学顾沛教授说：“很多年的数学学习后，那些数学公式、定理、解题方法也许都会被忘记，但是形成的数学素养却终身受用。”数学素养就是把所学的数学知识都排出或忘掉后剩下的东西，即数学素养是一种数学习惯，是一种积久养成的具有数学悟性、数学意识和数学思维的处理问题方式。

一个具有良好数学素养的人在解决问题时，比他人具有更强的优势和能力。他们善于把问题概念化、抽象化、模式化，在讨论问题、观察问题、认识问题和解决问题过程中，善于抓住本质，厘清关系，找出办法并推广应用。所以，在高等数学教学中，应注重强化学生的数学素养，这对提高学生职业能力和解决专业实际问题的能力大有益处。在教学中，一是注重数学文化的熏陶，结合数学史、数学家故事、数学美等内容，激发学生学习数学的兴趣，感悟数学文化的魅力。二是通过严格的训练，逐步领会数学的精神实质和思想方法，在潜移默化中积累优良的数学修养。三是结合专业知识开展多样化的数学活动，提高解决实际问题的能力，培养自己的数学意识和数学悟性。

四、数学素养培育

国务院总理李克强曾指出，无论是人工智能还是量子通信等，都需要数学等基础学科作有力支撑。我们之所以缺乏重大原创性科研成果，“卡脖子”就卡在基础学科上。

数学人才的培养关系到中华民族的伟大复兴。基础教育和高等教育领域中，创新教育就是培养学生科学素养、创新意识和创新能力，它是素质教育的核心。在数学教育中如何进行创新教育，这又给均衡数学教育的“数学方面”和“教育方面”的关系提出了新的要求。

长期以来，数学创造的活动已经集中在数学发展的前沿。从小学、中学一直到大学本科所学的数学被认为是完全成熟了的定型知识。这种思维定式导致教学改革仅仅局限于对教材的取舍和教法的改进及测评方式的变化，而没有考虑数学知识本身的改进，这是数学教育长期以来难以破解数学难教难学的症结所在。针对这种局面，张景中院士于 20 世纪 80 年代末在其专著《从数学教育到教育数学》提出了介于数学和教育学之间以数学为主的交叉研究方向——教育数学。

第三章　“互联网 +”背景下微课在高等数学教学中的应用分析

第一节 微课基本简述

一、微课的提出

任何新生事物都有其产生的缘由，“微课”也不例外。从宏观上讲，在科技领域，“微课”的产生离不开科学技术的进步。现代社会，信息技术的迅猛发展加快了人们的生活节奏，从根本上改变了人们的生活、工作和学习方式。与传统的生活方式相比，大部分人尤其是年轻人更加乐于接受现代的生活方式。例如，投影仪的使用，以图文、声像的方式全方位为我们呈现事物立体化的信息。智能移动终端设备的出现，把我们带入一个随时随地信息互联开放的时代。也可以说，网络通信技术的日新月异导致了各种“微”事物不断涌现，比如，微信、微博、微访谈、微学习、微媒体、微电影、微小说等，这使我们生活的方方面面都充满了“微”信息，进而步入一个新的时代即“微时代”。

从微观上讲，在教育领域，根据国家新课改所提出的标准，教师的工作不再仅仅局限于教会学生一定的书本知识，更重要的是要教会学生如何面对生活中的不确定问题，让学生在受教育的过程中体会到学习的乐趣，进而激发并利用学生的好奇心来调动学生学习的积极性与主动性。在教会学生学习的过程中，师生之间的交流方式、手段，特别是教师在教学中所采用的教学方式至关重要，然而，教师工作量的加大，使得他们很难有大量的时间进行专门学习。面对此种情况，教师应该深思如何才能在课堂教学中吸引学生的注意力，如何把深奥的理论转化为容易理解的事例，让学生感觉到学习中真正的乐趣，如何利用琐碎的时间进行集中学习，完成自身的专业发展。对此，微课提供了一种新的思维和表达方式，例如，教师把教学中的重、难点以及相应的考点等精彩有趣的内容录制下来，之后把所录视频提供给学生，使他们能够更好地进行交流与学习；或是利用“微课”与“翻转课堂”相辅的形式，教师们事先做好有关教学内容的微视频，调动学生课前知识学习和课堂知识内化的积极性，并能辅助课后的复习和反馈。总之，不管是学生还是教师，当前缺乏的是一种高效的、便捷的学习方式，而“微课”正好满足了这种需求。因此，在信息发展、时代变迁和教育诉求的背景下，“微课”应运而生。

二、微课产生的意义

（一）促进教师专业的发展

对教师的自身发展而言，微课改变了传统的教学与教研模式，听评课的模式也发生了巨大变化。不再是学校内部的评课，而是变成了全国范围的评课与交流，这将更具有针对性和时效性，促进教师横向的广泛交流，同时学生的反馈更促使教师不断改进自己的教学方式与方法，找到更恰当的方式。这些都激发了教师自我成长，为教师展示自己提供了一个开放的平台，成为教师专业成长的重要途径之一。

拓宽视野，提高能力，为教师发展搭建平台。微课程研发的主体是一线教师，把教师从教育教学的执行者变成课程的研究者和开发者，在研发的实践中激活教师的创造热情。教师在整个教学过程中，经历着“研究—实践—反思—再研究—再实践—再反思”的循序渐进、螺旋上升的过程。为拓展知识点，教师通过查阅资料去充实内容，在拓宽视野的同时，也丰富了教学资源；凝练出简明扼要、逻辑性强、易于理解的教学语言，呈现出流畅紧凑的讲解过程，从而迅速提升教师课堂教学水平，促进教师专业成长。刘静波（中国教育学会高质量学习研究中心主任和首席专家）认为，微课程是一种供教师学习的课程，一个借以成长的工具，更是一种教师自身发展的“草根”的教研方式。

微课信息化教学手段的运用，有利于提升教师的专业水平和教学能力。信息技术的发展已经引发了教育内容的更新和教育形式的变革，微课教学对教师的信息化教学能力以及教师的专业水平提出了更高的要求。微课资源的容量虽小，但是需要教师有效完成教学中的某个重难点问题或实践环节的教学任务，所以准备和制作微课的过程非常复杂，需要教师做大量工作，包括选题、教学设计、撰写教案、准备素材、制作课件、实施视频拍摄或通过专业录屏软件录制、视频后期的剪辑和配音、配套练习及教学反思等。这些环节都对教师的教学能力带来新的挑战，促进教师进一步提升自身的信息化教学水平。同时，教师本人通过微课的平台与网友互动，加强交流与沟通，在这样的互动过程中发现自己的优势和不足，从而促进教师更加努力地在自己的专业领域中改进教学方法，提升专业水平和教学能力。

（二）有助于学生发展

对于学生的学习而言，微课使学生可以不再拘泥于课堂所学，可以按需索取自己想要的资源，甚至可以学习自己专业以外的知识，为自己制订个性化学习方案。对于所学专业的知识，可以查缺补漏，更可以巩固强化，成为传统课堂学习的一种必不可少的补充与拓展。年轻人是网络的主要使用者，在互联网高度普及的条件下，微课的出现符合知识与信息的新型传播方式，与时代潮流相并进，“泛在学习”将会越来越普及。微课必将成为一种新型的教学模式和学习方法。

优化资源，满足需求，为学生学习提供素材。微课程的出现是网络技术和移动学习技术发展的必然产物，适应新时代学生便捷学习的需要，它改变了学生原有的学习方式。微课资源的微型化、片段化符合个人学习者的学习习惯，能有效增加学习机会和满足学习需求，是学生课外延伸的个性化学习的最好载体。因此，微课使得学生学习时效性得以增强，学生可以按需选择学习，既可以查漏补缺，又能强化巩固知识，集中有效时间解决学习中的难点和疑点问题；另外，学生可以利用移动学习终端设备随时随地开展个性化学习，让教师不再是讲台上的圣人，而是身边的导师。

微课真实、具体的教学情境，有利于学生对于知识点的掌握。微课优于传统课堂的重要一点在于微课教学视频能同时整合多种教学资源并且能够呈现出更加真实、具体的教学情境，把不易用教材、课件和语言来讲授的知识通过视频演示的方法展现出来，把抽象知识具体化、隐性知识显性化，从而达到良好的教学效果。尤其是实践性较强的课程，这种优势体现得尤为明显。比如仪表与控制系统安装课程中的LM380E线号打印机的使用这一环节，教师在微课教学视频中可先借助打号机实物或图片来介绍仪器的基本信息及各部件的主要功能和操作方法之后，随即就可把画面直接切入到真实的实验室操作台上，亲自示范打号机的各种实际操作，同时配以语言的解说及师生互动。这种动态的演示方法创造出了一个更加真实而具体的教学情境，使教学内容更加通俗易懂，更有利于学生对知识点的理解和掌握。

微课资源容量小，辅助资料完整，有利于推进学生灵活自主地学习。一方面微课资源是以短小精悍的流媒体视频为主要载体，配以相关的教学设计及课件等辅助资料，总数据量一般在几十兆以内，便于学生获取和分享，尤其适合学生进行移动学习和在线学习。另一方面，辅助资料的展示，直接把教师的授课思路和主要内容等以文字形式呈现给学生，更便于学生对知识的理解和掌握。在笔记本电脑、平板、智能手机等这些现代化移动设备已经普及的时代，学生利用这些移动平台就能随时随地进行点播学习，这相对于传统的课堂教学而言，不能不说是一种更加便捷的新体验，也更能激发学生的学习兴趣。对学生而言，不仅能自由选择学习时间，而且能根据自己的知识结构及兴趣点进行个性化的选择，或利用微课资源来查漏补缺，或反复强化和巩固归纳所学知识，这种新型的学习方式更有利于推动学生灵活自主地学习。

教学方法的转换，有利于提高学生的学习兴趣，调动学习积极性。微课是信息时代传统教学重要的辅助手段，把微课教学与传统教学有机融合，可以使课堂教学变得更加丰富多彩。微课资源可以广泛运用于课前、课中、课后，但笔者认为目前高职学生系统掌握专业知识技能的渠道主要是通过课堂教学，而传统的课堂教学方法主要是依靠教师的讲授，容易让学生感觉单调、枯燥。如果能把微课教学融入课堂教学中，形成教学方法的转换，无疑可以提高学生的注意力。此外，教师也可以就微课教学的内容与学生展开讨论与交流，调动学生的积极性，从而真正成为学生学习的指导者。

（三）促进教育本身的进步

对学校的教育而言，微课是学生与老师共同拥有的重要教育资源，同时它也成为在网络迅速发展的情况下，学校教育教学模式改革的一部分。它对于学生的学习、教师的教学实践以及教师专业发展，甚至培养出一批具备现代化教育技能的“超级教师”，都具有重要的现实意义。

触角延伸，丰富课堂，为传统教学补充活力。微课源于现实课堂。教师在长期的教学积累中或针对难点突破，或针对课前导入，或针对拓展延伸，设计开发并解构成微课资源，并在课堂教学中承担不同的角色。因此，开发和设计微课是现有课堂教学的一种有益补充和拓展，是对目前课程内容精细化和便捷化处理的一种方式。

互动交流平台的搭建，有利于教学效果的巩固与优化。微课教学是网络时代发展的产物，其功能的发挥和完善同样也离不开网络平台。作为一种可移动、在线学习的教学资源，构建评价与反馈机制，搭建互动交流的平台必不可少。传统的课堂教学往往无法开展充分的互动交流活动，但网络平台可以给互动交流环节留下很大的空间。对于学习内容的探讨和交流无疑是十分有意义的。首先，教师之间可以相互交流与评价，加强同行之间的沟通与联系，有助于教师专业水平和微课教学能力的提高。其次，师生之间可以通过互动平台就教学内容进行探讨和解答。学生通过网络平台可以提出疑问和交流心得，甚至可以展开讨论，以巩固自己的学习成果。教师由此可以了解学生对知识点的掌握情况，也可以根据学生提出的建议和具体学习情况，适时调整自己的教学方法和策略，从而优化教学效果。再者，学生之间也可以通过彼此交流和讨论共同取得进步。此外，学生还可以根据自己的兴趣和需求，自由选择微课资源开展个性化的自主学习和交流，而不需要局限于自己的学科范围，因此，微课教学也有利于复合型人才的培养。

三、微课的组成要素

课程资源是课堂教学的主要内容，也是实现课程教学目标和课堂教学得以顺利实施的基础构成要素。同时，课程资源也是教育资源的重要构成要素。教育资源涉及内容较为广泛，常见的图文教育资源，还有“互联网+”时代下发展的数字化、网络化教育资源都包含在内。教学课件、教学案例、教学媒体素材、教学测试题目、教学考卷、网络教学课程、常见问题解答、文献资料、资源目录索引等9种类别的资料都属于教育资源。

微课作为一种新型的数字化教育资源，从微课的主要内容来看，其主要组成要素是课堂的教学资料，且以微型教学视频为核心。其中还包含了与教学有关的设计思路、课件内容、教学反馈、随堂测试和学生反馈、教师评点等教学辅助资源，这些内容共同组成了一个主题式的应用资源。因此，微课是在传统的课堂教学模式、教学课件设置、教学效果反馈等教学资源和手段的基础上，继承并发展起来的一种新型教学模式。

由于微课属性的特殊性，不同的研究者从不同角度进行分析，对微课的组成要素会有不同的见解。胡铁生通过结合微课教学活动的过程、微课教学资源的应用性和构成发展性对微课的组成要素展开了分析，并提出了微课的7种构成要素说，即微课的组成要素包括微教案、微课件、微型教学视频片段、微练习、微反思、微点评、微反馈等7个微课资源。刘名卓则将微课视为一种教学课程，认为微课程的组成符合课程的组成要素结构，从微课的课程属性对微课的组成要素进行了分析。他提出，微课是由教学内容、教学活动和学习活动、教学资源和学习资源、教学目的、教学评价和学习评价，以及必备的教学和学习辅助资料工具（包括教学笔记、学习批注等教学和学习工具）等要素组成。“MicroLESSONS”是新加坡教育研究所开展的关于微课构成要素的一项研究项目，该研究项目以信息技术的教学组成要素为基础，分析在特定目的、特定时间内的教学活动中所需的教学要素。即基于信息技术支持的条件，在需要完成某个特定教学目标的情况下，从一个完整的课堂教学活动展开分析，得出“MicroLESSONS”主要由课堂教学模板材料、课堂教学活动、教学案例分析、教学模拟练习、教学互动游戏、问题解决活动、教学演示素材等组成，并在此基础上得出微课的四要素组成说，即微课的组成要素是教学目标、教学活动、教学内容、教学模板。尽管诸多学者对微课的组成要素提出了不同的看法，从整体上来看，在学者对微课的组成要素展开分析时，大多是从微课的属性这一角度出发。通过分析微课的“课”或“课程”属性探讨微课的主要组成要素，这也与学界关于微课定义的界定相统一，不能简单地将其视为微“课”，而应用发展辩证的思维看待。

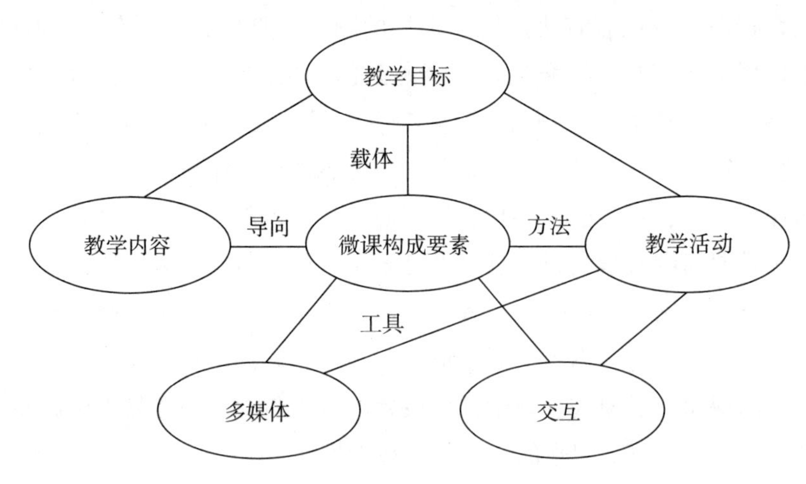

图 3-1　微课的构成要素

不论是从“课”或“课程”属性对微课进行探讨，在广义上来说，微课始终都是一种教育资源。从微课的“教育资源”属性出发，对微课的组成要素展开分析，并提出微课的五大构成要素观点。从微课在高职院校的实践情况来看，一个典型的微课其构成要素包括教学目标、教学内容、教学活动、交互工具、多媒体工具（交互工具和多媒体工具又合称为教学工具），且这5个要素之间的关系如图3-1所示。

（一）教学目标

教学目标是指在教学过程中，教师在教学活动前期制定的关于微课教学模式适用程度的预想，以及微课教学在教学应用中期望达到的效果。具体来说，教学目标包括微课应用目的和应用效果。微课应用目的，是指开发设计微课的原因和作用，微课模式的应用在教学的课前阶段、课堂教学阶段以及课后学习阶段都有重要价值。通过对微课教学以及学生情况进行分析，以期望在高重要价值。通过对微课教学以及学生情况进行分析，以期望在高职教学中引入微课会发挥哪些具体作用，如可以为学生在课前学习和课后学习阶段提供个性化的指导，通过设计制作的微课视频为学生了解知识点和解题提供帮助，同时促进课堂教学互动式教学的实施。微课应用效果，是指教师在引入微课教学之后，对教学活动的实用性和使用成效进行的预估。如微课教学方式能否促进学生学习能力的提升，能提升至何种程度；微课是否可以让学生解题技能、解题效率得到提高，提高成效是否显著；与传统教学相比是否更优，教学实施能到达何种阶段等。微课的教学目标一般具有直接明确、目标单一的特征，对微课的内容选择和应用形式起到导向作用。

（二）教学内容

教学内容是指为促进微课预期教学目标的完成，与学科教学内容相关的教学素材和资源。教学内容是教师实施课程教学，实现微课预期教学目标的重要信息载体。微课内容是教师根据课程教学内容、微课教学目标、学生学习情况、课程教学应用阶段等教学实际因素，进行的有针对性的特定教学学科内容的综合设计。微课教学内容的设置对教师的教学活动以及教学目标的实现都会产生直接影响。因此，高校教师在进行微课教学内容设置时，要紧密结合高职教学的特点，以及当前受教学生的学习情况进行教学内容设计，以期更好地实现教学目标。由于微课通常较为简短，教学内容一般具有主题鲜明、内容短小精悍且独立的特点。在简短的教学过程中，可以涵盖的内容是相对有限的，因此要求教师要对教学内容进行合理科学的选择和设计，让教学内容在这简短的时间能突出教学主题，又能清晰且较为全面地展示教学内容的核心要点。合理设计教学内容对课堂教学活动能起到良好的助推作用，同时也可以促进教学目标的达成。

（三）教学活动

教学活动，是指活动主体和周边环境互相影响的动作过程。活动环境包括活动主体、影响活动的客体、与活动相关的其他主体。微课的教学活动，则是指以教师为教学活动的主体和微课教学内容这一客体影响，对学生这个其他主体产生作用的教学活动过程。通过这一教学活动过程，使得主客体在互相作用的情况下，向学生传授教学内容，同时引起学生对教学内容进行思考理解、内化巩固和知识建构。教学活动是实施教学内容，实现教学目标的方法，教学方法是影响教师开展教学活动的重要因素。教师讲授、教师操作、教师演示、师生互动（言语分析、实践探讨等）等都属于教学方法的范畴。在微课教学活动中，可以通过多种教学方法相结合的方式传授教学知识。教学方法并非一成不变的，教师可以通过教学活动实践，根据不同教学内容特点，选择不同的教学方法。尤其是在高职院校实行微课教学活动实践前期中，教师要对教学活动进行总结，不断促进教学活动的完善。总之，高校教师在开展微课教学活动时，要结合教学内容选择适合的教学方法。让教学内容的传递更快、更准确，使教学活动的有效性得到最大限度地发挥。

（四）教学工具：交互与多媒体

在教学过程中，教师开展微课教学活动需要借助相应的工具得以实现。教学工作在教学活动中发挥着重要作用，是实现学生与微课相互产生作用的桥梁，只有教学工具这一载体教学活动才能顺利开展，教学内容才能传播。在微课教学中，教学工具有交互工具和多媒体两种。交互工具，是学生在微课学习过程中，实现学生与微课之间进行操作交互和信息交互的辅助手段。如下表所示，交互的类型主要有操作交互、信息交互和概念交互，这些交互类型的表达形式，即交互形式也各有不同。在微课学习中，教学内容多样，其传递的形式随之而产生变化，学生在接收到教学信息时的交互对象也因此不同。通常微课学习的一个完整过程，需要多种交互方式的结合。其中，多媒体工具在交互过程中也发挥着重要作用。多媒体是学生学习过程时接收教学内容的信息呈现工具，通过多媒体工具的辅助来实现教学内容的展示、教师教学的表达。同时，通过多媒体工具实现学生学习时与教学资源之间进行操作交互和信息交互。微课中的教学课件、教学视频、教学动画、教学图像等都属于高职教育微课教学中的多媒体资源，在进行微课学习时，学生需要通过多媒体工具来接收这些多媒体资源传递的教学信息。通过这些教学工具的作用，学生才能接收到微课教学内容传递的信息，继而对微课教学内容进行认知、理解和吸收内化。表 3-1 为微课的交互类型与形式。

表 3-1　微课的交互类型与形式

类型	形式	直接交互对象
概念交互	引发认识冲突的画面	学生与多媒体信息
	引发认识冲突的言语	
	提问性的言语	
信息交互	叙述性的画面	
	叙述性的言语	
操作交互	人机交互工具	学生与交互界面

在高职微课教学实践中，教学目标、教学内容、教学活动、交互工具、多媒体工具这 5 个要素相互联系、相互影响和作用。教师则通过对这五大组成要素进行合理设置和组合形成一套完整的，具有一定结构化程度的教学数字课程资源。

第二节　微课在高等数学教学中模式的创新与发展

一、高等数学与微课

现在是信息发展传播速度更快的微时代，以短小精炼作为文化传播特征，传播的内容更具冲击力和震撼力。人们恍然发现，原来传播交流信息乃至进行情感沟通，仅仅通过百余字就完全可以实现。对于接受者而言，消化信息的时间非常有限，信息内容和数量却异常丰富，这就要求信息生产者提供具有高黏度，冲击力巨大、可以在极短时间内吸引受众并提高受众阅读兴趣的内容。顺应时代，微课应运而生。微课，是指运用信息技术按照认知规律，呈现碎片化学习内容、过程及扩展素材的结构化数字资源。微课的核心组成内容是课堂教学短视频与教学主题相关的教学设计、素材课件、教学反思、练习测试、学生反馈、教师点评等辅助性教学资源，它们以一定的组织关系和呈现方式共同营造了方便舒适的学习小环境。

微课是在传统的基础上继承和发展起来的一种新型教学资源。将微课融入高等数学教学学习中也是线上线下混合式教学模式的一种，现如今微课已经在高等数学的教学中大显身手。微课既有别于传统的教学方式，又可以看作是传统教学模式的一种继承和发展。它具有以下几个特点：第一，教学时间较短，通常不超过 20 分钟，文科一般不超过 10 分钟，理科不超过 20 分钟；第二，内容少而精湛，微课目标明确，重点讲解一个小问题或者知识点（教学重点、难点、类型题等）；第三，制作方法简单，可以用摄像机直接录制讲解，也可以用录屏软件结合 PPT；第四，交互性强，学生利用手机、电脑、iPad 等移动工具在观看视频时可以随时发表感想，给出反馈，教师也可以根据反馈进行调整。

二、基于 BOPPPS 教学模式下高等数学微课设计与创新

（一）BOPPPS 教学模式简述

BOPPPS 教学模式初期是用于教师技能培训，后期因其操作方便且学习方式简洁明了被普遍应用在教师教学设计中。此教学模式分为 6 个有序的教学环节，依次为：导言（Bridge-in）——问题情境创设、目标（Outcome）——多维目标提升、前测（Pretest）——内容脉络的发展、参与式学习（Participation）——新内容的发掘、后测（Post-test）——例题练习及总结（Summary）。

BOPPPS 教学模式的独特优势可与高等数学教学有效结合。

（1）BOPPPS 教学模式的教学时长一般控制在 15 分钟以内，正与我国学生上课注意力集中所用时间相近，是一种优质的微课模式。

（2）高等数学课程是以章节形式呈现的，每个章节都如同一个大的模块，每个大模块中所涉及的知识点又可看作是小的独立模块。此种课程模式为该课程能够实行 BOPPPS 微课教学奠定了良好的基础。

（3）BOPPPS 教学模式突出参与式学习的重要性，改变以往教师灌输式输出，学生被迫式接收的教学模式，强调了学生在课堂学习中的主要地位。

（4）该模式的反馈和检测环节，更能够让教师或学生及时地发现问题并解决问题。因此，我们可将该教学模式应用于高等数学的教学中以实现优质的教学。

在基于 BOPPPS 教学模式进行高等数学课程的微课教学时，我们首先需了解该教学模式是否适用于所有的知识点，如：某概念、某定义、某定理、某性质、某计算等，或者这种模式在哪种知识点中使用才能更好地体现出它的价值。其次，须考虑如何将 BOPPPS 教学模式应用于课堂中，即如何高效分配传统课堂的 45 分钟。最后，根据实践再重新审度该模式在本校教学中的意义以及学生是否更乐意接受这种模式。

（二）基于 BOPPPS 教学模式下的高等数学微课设计策略

BOPPPS 教学模式是一种高效率的微课教学模式。将 BOPPPS 教学模式应用于高等数学微课教学的教学理念是为了：

（1）提升学生在教学中的地位，改变填鸭式的教育，由逼迫式学习转变为乐意式学习。

（2）注重知识的认知过程，打破学生对以往数学是枯燥无味的认知，激发学生的创造力和探索欲，开放学生的思维模式。

（3）实现双向互动、双向反馈，提高教学质量。

本部分以“导数的概念”为例，进一步来阐述基于 BOPPPS 教学模式下高等数学微课的设计策略。大纲中要求导数的概念讲解需 2 个课时，即传统教学时长的 2 倍。在此，我们给出 45 分钟所需授课内容以及授课方式。

1. 第 1 模块教学

本模块（时长 15 分钟左右）以案例为引入，通过启发法、演示法与探究法并举的多元教学方法，创建思维递进课堂循序渐进型微课教学，根据学生课堂表现及时掌握学生动态，同时做好各个环节的工作。

（1）导言——问题情境创设（约 5 分钟）

以问题驱动式循序渐进由浅入深式激活旧知识即温故。

第 1 步，结合图像（几何学）（如图 3–2）给出变速直线运动的速度问题（力学）的例子，让学生自己动手算质点在 $[t_0, t_0+\Delta t]$ 时间内的平均速度（平均变化率）。

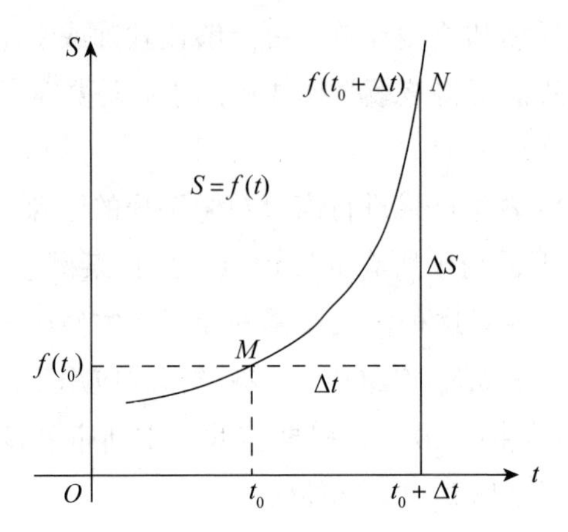

图 3–2　变速直线运动 $s=f(t)$ 图例

第 2 步，教师提问一个点的变化率（即瞬时变化率）如何算，即求该质点在 t_0 时的瞬时速度（瞬时变化率）。（学生自己发掘平均变化率与瞬时变化率间连续与区别）。

思路：① 平均变化率与瞬时变化率在已知条件上的区别：平均变化率是已知 2 个点，瞬时变化率已知 1 个点。② 如何让瞬时变化率向平均变化率靠拢，根据已知函数再确定一个点：在自变量 t_0 处有增量 Δt 可得点 $(t_0+\Delta t, f(t_0+\Delta t))$。③ 2 个点又如何变成 1 个点：减小自变量的该变量 Δt，使用平均速度来逼近瞬时速度即转化为求极限。

第 3 步，学生写出在 t_0 时瞬时速度，并用图像研究所求平均速度及瞬时速度相应直线 MN 的变化情况。

（2）目标——多媒体展示（约 1 分钟）

基础知识目标：通过以上导言的引入，学生需要掌握瞬时变化率的求法以及由图像得出平均变化率和瞬时变化率的几何意义。进而掌握某点处的导数的定义、几何意义，学会利用导数定义求导。

技能目标：激活旧知识，学会知识迁移及整合，做到所学为所用。例如，在本题中学会由两点间的平均变化率引入反向思维思考一点的瞬时变化率的求法，学会类比、类推、极限思维能力。

情感目标：教师从简单实际问题出发，激发学生的自我思考能力、对问题的探索欲望，提高学生学习兴趣。

（3）前测——内容脉络的发展（约 1 分钟）

学生在本节课之前已掌握平均变化率和函数极限知识点，为了引出本节课要讲的函数在某点处导数的定义，以多媒体教学形式展示函数 $s=f(t)$ 在点 t_0 时变化率（瞬时变化率）公式以及函数图像中直线 MN 的变化情况。

（4）参与式学习——新内容的发掘（约 4 分钟）

学生自主构建知识，以问答式为主进行新内容的发掘。

教师引导：函数 $s=f(t)$ 在点 t_0 时变化率（瞬时变化率）为 $s=f(t)$ 在点 t_0 处的导数。请总结数学中函数 $y=f(x)$ 在点 x_0 处的导数的几何意义？

学生答：函数 $y=f(x)$ 在点 x_0 处的导数的几何意义为点 x_0 处切线的斜率。

教师问：是否能求出该切线的方程，如何求？

学生答：该切线过点 $\left(x_0,f\left(x_0\right)\right)$ 且斜率为点 x_0 处的导数，由点斜式可写出点 x_0 处切线的方程。即 $y-f\left(x_0\right)=f'\left(x_0\right)\left(x-x_0\right)$。

教师问：点 x_0 处的法线方程呢？

学生答：该法线方程多点 $\left(x_0,f\left(x_0\right)\right)$ 且斜率为 $-\dfrac{1}{f'\left(x_0\right)}$，由点斜式可写出点 x_0 处法线方程。

在进行该环节的每个步骤的同时，教师根据学生有效的回答做出相应知识点的总结。可将知识点以 PPT 形式或其他形式展示给学生。让学生对该知识能够有系统性的了解。

（5）后测——例题练习（约 3 分钟）

由理论性学习转为实践性学习加强本节学习内容。

① 设 $f(x)=C$（C 为常数），求 $f'(0)$。

② 求曲线 $y=\mathrm{e}^x$ 在点（0，1）处的切线方程与法线方程。

（6）总结（约 2 分钟）

利用多媒体总结本模块知识点，强调极限思想的重要性。

2. 第 2 模块教学

此模块（时长约 15 分钟）同样应用 BOPPPS 微课教学模式，通过观察导数的定义为导入，得出导数的实质也是极限。接着温故知新，以问答形式依据极限中自变量趋于某个固定值时的方式得出单侧导数，进而依据单侧极限与极限的关系得出单侧导数与导数的关系。在后测环节中以分段函数为主进行练习。最后，总结本模块知识点以及学生掌握度。

在以后教学中可以采用 BOPPPS 微课教学模式改良传统上课模式。在不会影响教学大纲完成教学目标的前提下，可以将教学内容分块学习，每模块都由 BOPPPS 教学模式的 6 个环节构成。这种具有条理性的教学策略能够促使学生自主建立结构化的思考思维，更加注重从已知到未知的认知过程。

3. BOPPPS 教学模式的效果与总结

相对于以往的上课模式，应用 BOPPPS 模式教学更加活跃了课堂学习氛围。学生主动性更强，在教学中更具有成效的是以案例为导言的 BOPPPS 教学，更能激起学生的探索欲望，调动了学生学习兴趣，减少学生对高等数学学习的恐惧感以及厌倦心理。

BOPPPS 教学模式在应用中也存在着一些缺点。现阶段我国国内上课班级中人数较多甚至超过新国标，在教学过程中很难把控教学环节的进程。学生学习水平参差不齐，理解力、表达力、抽象思维能力等不尽相同，这些因素或多或少都会影响原汁原味的 BOPPPS 教学模式的使用。所以在应用 BOPPPS 教学模式时，可结合本学校的教学特点以及已有的教学经验形成一个具有特色的 BOPPPS 教学模式。

综上所讲，BOPPPS 教学模式是一种符合我国当前教学改革背景下的一种相对有效并且实用性较强的微课教学模式。此模式可以有效调动微课教学设计的吸引力，提高学生的参与意识，由传统的以教师"教"为中心的灌输式的课堂教学方式转变为以学生为主积极主动的探索式学习，进而达到学生自我构建新的高等数学学习模式。

三、微课在高等数学教学中的创新与发展

毫无疑问，微课本身既是教学内涵创新的产物，同时也是教学模式创新的结果。创新教学不是一个空洞的事物，其是适应某个社会具体条件下，为达到某一教学目标或课程实施的标准，而形成的思路更新、途径更广、目标

达成更简单的教学举措。因此，微课这一教学形式的运用中，通过微视频来展现某一教学重点，并使其更好地符合学生的知识基础与认知规律，以让学生在通过对微视频的观看中理解知识点，建构知识体系，形成新的能力，这对于高等数学教学来说尤为重要。同时，微课的运用，还可以增强学生的学习，如合作定微能力等。在数学教学的创新思路中，微课可以促进学生的思维能力生长，可以促进学生思维品质的提升。由于高等数学的抽象性，又由于微课的形象性，因此后者可以以更合理的形式呈现前者，从而让学生在高等数学的学习中减少困难，增强信心。

（一）以学科为中心，构建高等数学微课课程

在高等数学教学过程中，教师必须要深入领会数学教学目标与任务，能够以高等数学课程内容为依据进行章节和单元的分割练习，设计出具有本章节重难点知识的专题结构，确保各专题结构间具有缜密的逻辑关系，能够确保章节内容相互衔接，构建科学完善的课程体系。数学专题之间应当根据提出问题、分析问题、解决问题这一结构进行形成循序渐进的逻辑关系，确保专题之间能够进行相互设备与互动。教师在讲解微分中值定理，可以将章节知识根据体系与结构划分为不同的专题。并且在教学过程中可以设立定理函数$f(x)$进行定理论证，通过定理的定义带动另一个定理的论证与学习，能够以逐一推进的形式使学生逐步掌握各章节知识点，有助于降低学生的学习难度，提高学生的思维逻辑水平。

（二）以课程单元为基础，设计微课视频

要想有效发挥高等数学教学的微课优势，教师必须要制作好微课视频，在视频制作过程中应当充分重视自身的引导作用，通过问题引导鼓励学生进行视频与内容学习。教师根据学生的视频反馈，有效弥补视频设计中存在的不足之处，优化并改善内容缺陷。微课视频设计应当以各单元知识为中心构建专题视频内容，确保每一章节知识点能够对应一节微课视频，有效应用高等数学教学资源，切实提高教学效率。例如：教师在$f(x)$函数讲解时，如果根据传统的教学观念，教师会进行机械师讲解，虽然教师的口头讲解能够满足数学语言简短精悍的要求，但是却不利于学生进行理解和思考，导致学生对于数学概念与解题思路琢磨不清，难以认知$f(x)$中的具体关系。教师

便可以应用微课视频，通过表述几何图形为学生提供直观丰富的数学资源，学生在观看演练的视频图像中，学生便能够进行轻松的知识学习。

（三）加强师生互动，在微课中合作交谈

微课视频的播放形式主要是教师在课堂上播放，引导学生进行观摩与探讨，通过视频穿插弥补教师讲解的不足之处，教师也可以将微课视频放置在学习平台上，引导学生在课后进行自主学习。例如教师讲解极限理论，是为了进一步深化学生对于相关公式的理解，可以在微课视频中添加与其他领域相关的案例进行讲解。微课教学过程中能够实现师生互动交谈，师生之间的角色也发生了改变，教师成为课堂教学活动的组织者以及学生自主学习道路上的领路人，而学生由被动式学习转化为主动式学习，教师也由知识灌输转向为之时引导学生才逐步有数学学习兴趣与活力，教师也能够缓解沉重的教学压力，能够将教学重心放在激发学生的数学学习兴趣上，学生进行独立思考与探究，师生关系更加融洽。

（四）课后运用微课学习

微课的运用不仅可以在课堂上，也可以在课后。其实这也是微课的一大优点，在我们的教学实践中，让学生在课后通过互联网在电脑终端或者移动终端上观看微课，收到了很好的效果，尤其是借助于一些微课平台，让学生的学习更具集中性，更具互动性，学生可以在对微课的观看中更好地实现思路共享。此过程中，QQ 与微信等聊天终端也可以发挥文字、语言、图片的交流作用。从学生的角度来看，利用微课进行学习，可以让学生变得轻松—至少没有课堂上的那种紧张严肃的气氛以及形成的压力。总的来说，微课运用具有这样的几个特点：一是教师精心设计的微课中，往往都有激趣、形象的成分，这样学生的学习动机容易激发；二是微课可以让学生学习的时间与空间得到拓展，从时间角度来说，只要学生有空就可以观看微课进行学习，从空间上来说，不仅在教室内，在教室外也可以学习，不仅在学校内，在学校外也可以学习，甚至在吃饭时、睡觉前都可以学习；三是微课的可重复观看性，保证了不同层次的学生都可以对学习内容进行数次的加工，这种重复是其他学习资源所无法比拟的；四是教师与学生的互动也可以基于微课来进行，同时也不局限于课堂教学，即使是面对多个学生，也可以通过微课平台

的互动功能，或者是聊天终端的群功能来实现。总的来说，微课虽小，其实却具有大数据的思路，可以利于教师把握学生群体的学习现状，从而为提高教学效果服务。

第三节 微课在高等数学教学中的应用分析

一、微课在高等数学中的应用原则

高等数学微课教学模式相对传统的教学模式更为复杂，不仅是对教师的教学能力和水平提出了更高的要求，对教学活动的规范也有了更多需遵循的原则。这主要是受高职微课资源应用和开发的复杂性和丰富性影响，也是由教育教学行业的专业性所决定的。总的来说，微课在高等数学教学中的原则主要包括：简洁性、生动性、整体性、发展性、效用性、反馈性等原则。

（一）简洁性原则

这一原则是针对微课教学内容而言，它要求高校教师在微课课程教学中注重教学内容的简短精悍。高等数学微课教学主要是以微型教学视频为传播载体，通常以简洁明了的教学视频呈现教学内容，以最短的教学时间集中表达最重要的教学知识点，因而将微课引入高等数学课堂应该遵循简洁性原则。在教学时间上，微课教学视频的时间通常控制在10分钟以内，时间较短。相较于传统教学方式，微课教学的表达时间十分有限，教师需要在10分钟以内充分展现教学要点，但这不意味着教学内容可以"偷工减料"，反而对教师的教学设计能力、教学内容的把握分析能力等提出了更高的要求。由于学生是通过观看教学视频后再进行知识点学习，因而教师在进行微课制作之初就保证教学内容简洁，且主题突出。教学效果上，微课教学的重要特点就是在短时间内提高学生学习自主能动性，提高其学习兴趣。如果内容烦琐，就失去其简短的效用。一旦教学视频内容冗长，主题不集中、重点不突出，学生的学习兴趣将大大降低，微课教学的效果也将大打折扣。因而，微课教学的简洁性原则就要求教师在开展微课教学活动时要围绕一个主题或某个概念进行，而且要直接、不绕弯子，时间控制在10分钟以内，主题越突出、语言越简洁其效果就越明显。在讲课时要用简洁的语言引导学生发散思维，增强学生的思考力，提高其自主能动性。

（二）整体性原则

微课的整体性原则是针对高等数学微课资源之间的关系来讲的，它要求教师以整体的眼光来思考和利用高职微课资源。在教学资源上，微课是一种新型的教学资源，它以微教学视频为主要内容，同时以丰富的与教学主题相关的资料包为辅助资料。微课教学视频是围绕某个特定教学主题（如教学难点、考点、易错点等）展开的教学内容，而教学辅助资料也是与这个统一的教学主题相关的教学资料。简而言之，微课与其辅助资料需保持教学主题的统一性，在教学内容的连贯上保持整体性。例如，在关于学科史相关知识的微课制作时，教师可以将学科发展历程制作成一个教学主题内容，将发展历程的重点事迹介绍制作成辅助资源，学生在了解了主要发展历程之后，则可以深入了解相关时期的具体内容。坚持微课资源的主题统一性原则，师生在选择和利用教学资源时能更便捷。尤其是学生在学习中遇到了相关难题时，可以自己观看或下载微课资源进行解答，实现自主式学习。在教学活动实践上，每一次微课教学的全过程都要符合整体性原则。这要求微课教学设计、微课课堂教学、微课师生互动、微课教学评价等微课教学活动的完整过程都集中围绕这个教学主题展开，并保持活动的整体性与连贯性。如此一来，学生通过一次完整的微课教学可以对这个教学主题的相关内容有全面、详细的学习和了解，这样才能促进微课教学的顺利实施与教学效率的提升。

（三）生动性原则

高等数学微课教学的重要特点就是提高学生的学习积极性，微课教学在要求简洁明了的同时，还要求生动精美。在教学内容上，微课教学要求言简意赅，即教学主题清晰、教学结构流畅、情节完整，从内容引入、高潮到结论都要具体、生动。在微课教学中的坚持生动性原则，教师可以通过采取多种教学方式相融合的方式开展微课教学。例如，在讲授某个教学知识点时，通过将这个教学内容与实际例子相结合，在讲述例子的过程中渗透教学内容，这样更易于学生理解，一个合适的案例对教师授课还会起到事半功倍的效果。在课堂教学上，教师讲课不仅要语言简洁，还要生动形象。通过创造悬念精心梳理问题并对其层层递进巧妙设计，利用提问的形式激发学生的好奇心理，在此基础上循序渐进逐层解析，使学生了解与所讲主题相关的内容。通过总结使学生对主题有更深刻的印象并利用课下时间查找其在学习微课过程中需要发散思维的问题，使其主动学习。在教学设计上，微课教学讲究重生动精美。教学视频是微课教学的主要传播途径，教师的语言表达是教师表达内容的呈现方式。不能忽视的是，教学视频兼具声画传播、文字传播等多种特点，教师可以通过丰富教学视频的表现形式提升微课教学的生动性。从课程背景音乐、画面和文字方面要做到音乐动听、画面美观、布局合理、文字精练、结构紧凑。而且在选择音乐的过程中，尽量选取与所讲述的主题相关的、使学生在轻松愉快的氛围中集中注意力获取某个主题的知识。

（四）发展性原则

微课教学的发展性原则针对的是微课教学活动的全过程，教师在开展微课教学活动时需以发展的眼光进行设计开发，以发展的要求和目标实施教学。在教学设计上，教师在微课制作、课堂教学、课后习题、微课资源等环节进行设计时，需要综合学生学习的整体水平，教学内容的难点和重点，教学内容的表现形式，以及教学资源包的配置等。在课堂教学阶段，则需要合理分析学生视频学习的反馈，合理设置课堂互动环节及互动内容，多种教学影响因素进行合理设计。例如，在进行微课制作时，需要考虑学生学习的整体水平，教学内容的难点和重点，教学内容的表现形式，以及教学资源包的配置等；在课堂教学阶段，则需要合理分析学生视频学习的反馈，合理设置课堂互动环节及互动内容，把控好课堂教学节奏等；同时，要重视教学反馈和评价，通过师生互动平台与学生展开互动交流，实时了解学生的学习动态等。在教学反思上，教师在微课实施的各个阶段，开展微课教学活动的全过程，以及微课课程教学的整体活动等，进行合理分析与反思并总结经验。例如，教师可以通过师生交流、教师与教师互动交流等多方面的交流，或是将微课视频发送至网络平台，通过互动探讨进行优缺点分析。除了交流探讨，教师还需要不断开发微课教学资源，在新的实践中获取经验，通过多种方法的对比分析，得出某个知识点的最佳效果方案等。正确的教学反思可以帮助教师查漏补缺，提升微课教学的质量，进而促进微课教学的发展。

二、微课在高等数学中视频演示的应用

微课之所以能够被广大师生所接受，主要原因是让教师教学变得更为轻松，学生从中学得也更为快乐。由于学生对传统课堂教学当中的灌输式的教学方式已经适应，难以激发学习情绪，所以教师在具体的数学课堂微课教学设计当中，可与生活实际相结合，创造一些具有趣味性且多样化的教学情境，激发学生对课堂知识的好奇心及兴趣，进而调动学生内心的强大求知欲。我们认为，高等数学教学的一个有效途径，就是将教学内容与学生的实际结合起来，例如，在讲极限理论的时候，可以结合生活实例来设计引入的情境，并判断以何种方式予以呈现。而以微课形式呈现这一内容的时候，需要思考的另一个问题就是时间的控制。又比如说，在引用割圆术来让学生理解正边形的周长与圆的周长的关系，教师可以利用画图软件画图的具体过程制作一个微视频，在其中体现增加内接正多边形的方式来实现“割圆”，这是一个动画呈现的过程，也是一个动态的、连续的过程，学生在这个过程中可以建立清晰的从正多边形到圆的变化过程，从而体会从量变到质变的过程，并在此过程中理解两者的统一。

此时，教师作为研究者可以对传统教学与微课教学进行比较，而比较的结果则是：在传统的教学中，教师通过板书的形式展现教学内容，学生所获得的是断开的、碎片式的教学内容，极有可能出现前面学后面忘的情形。而利用微课进行教学，可以充分发挥学生好奇心所起到的教学驱动的作用，学生的学习态度因而可以更加积极，从而产生较强的学习驱动力。尤其是在上面的例子中，当学生在微课中体会到量变引发质变的过程时，学生可以体验到古人就已经发现的极限思想，而教师则可以将这种思路在现代生活中的应用进行进一步强化。比如说教师可以另外再举一个今天生活中的复利计算的例子，让学生认识到利息计算的次数越多（越频繁），那所得到的利息就越多，为什么会这样呢？就是因为这个过程中，计息周期虽然短，但却是指数复变关系。在这个案例中，如果用微课来呈现教学内容，让本息及增加量在图表中呈现，在微课中以可重复观看的形式呈现，事实证明学生在此过程中能够满足自身的学习需求，对极限思想的理解就会更加深刻，而这种知识上的收获与学习方法上的收获，可以为后面更复杂的高等数学的学习奠定更加坚实的基础。

三、微课在高等数学复习指导中的应用

高等数学的复习课堂虽然不同于此前学生所经历的复习那样高强度、大压力，但也具有完善学生知识结构，提升学生数学学习能力的作用。传统数学复习中，复习指导往往都是以课为单位的，45分钟的时间中，真正起到复习作用的时间可能不到60%。而如果用微课来解决这个问题，效率就可以大幅提升。因为微课时间只有8分钟左右，学生在复习过程中可以短时聚焦、重点化解学习困惑，且这样的短时间、快节奏的学习方式，可以吸引几乎所有的学生参与到复习中来。微课以其形式短小、内容精悍的方式，可以有效提炼数学知识中的难点，可以为学生的知识网络建构提供关键的节点知识以及理解，而且这种知识经由学生的重复观看后所理解的牢固程度又远远超越普通的教师讲授，其复习指导效果更佳。

这就意味着由于微课的运用，即使是不同基础的学生，也不会因为各自所出现的学习难点的不同而在复习过程中有所差别，因为微课本身就是针对难点而设计的，不同学生可以选择不同的难点去重复观看，以让自己感觉薄弱的那个知识点变得更加牢固。高等数学的学习中，这样的难点对于不同学生来说确实不同程度地存在着，“因材施教”的教学原则如果说在传统的教学环境中难以实现的话，那在微课的支持之下，学生的不同的学习需要可以很好地得到满足。而尤其是在复习课堂上，微课的运用更加可以让学生根据自己的需要选择学习内容不同的微课。因为复习课意味着初步的知识网络其实已经在学生的思维中若隐若现，复习的作用就是让这个知识网络变得更加清晰，更加牢固，当学生能够根据自己的需要去选择不同的微课以弥补自己的弱点时，这就是微课作为教学素材效用的最大体现。进一步的研究表明，微课在复习课中，所起到的指导作用要比普通的教师讲授高出30%以上，这样的提升幅度对于高职数学教学来说，还是非常可观的。

四、微课在高等数学教学中的应用价值分析

（一）从教的角度来看微课的价值

1. 微课在课堂的层次化与结构化方面有着积极的作用

这种作用显而易见是宏观视角的，高职学校的数学课堂受传统因素的

制约，存在着较为明显的结构不明显、层次不鲜明的缺陷，这使得学生在学习的时候缺少阶梯感，显得有些模糊。而微课引入高职院校高等数学课堂之后，学生学习所期待的层次感与结构性就体现出来了，比如说由于数学课时不多的原因，传统数学学习中学生的一个数学知识的建构，可能会跨越几个周次的时间，而有了微课之后，就可以在课堂上增加容量，然后一部分知识由学生在课后通过微课来消化，只要提供的微课体现出知识的层次性，那学生学习的层次性也就体现出来了。尤其是考虑到高职院校学生的自主建构知识的能力，我们还尝试在课堂上提供核心数学概念，而将其他外围知识交由学生自己去学习建构，也收到了较好的效果。

2. 微课可以让数学知识由抽象变得形象

高等数学的抽象性人所共知，如何让高等数学知识变得形象，历来就是高校数学教学研究的重点对象。微课是以短视频为核心的，教学短视频的制作一定是以图像作为主要呈现形式的——纯粹文字的微课基本上起不到促进学生学习的作用。反之，借助于几何画板、Flash 等软件，可以制作一些动画，并使其成为微课中数学知识呈现的主要方式，那学生在构建新的数学知识的时候，就会结合自己已经习惯了的形象思维的方式去认识一个新的数学知识是如何生成的，哪怕是最为抽象的微分与积分的运算过程，也可以设计成动画加画外音的形式，在视频中给学生强调重点或者提醒易错的地方，通过带有卡通性质的提醒，也能让学生在莞尔一笑的同时记住重点，并对难点易错点保持警惕。反观传统课堂上，这样的情形只能通过教师在课堂上加强语气，或在板书上用色笔标注的方式完成，这个效果显然不太好。

3. 微课可以助推高职院校数学教学模式的优化

教学模式影响学生的学习过程，对于高度抽象的高等数学而言，教学方式尤为重要，笔者在运用了微课之后，一个重要的收获就是可以利用微课的特点，去给学生的学习提供多样化、多元化的学习方式，这原本也是符合这个年龄阶段学生获取知识多元化的需要的。高职院校的学生通常不再需要关注移动终端对其影响，因此利用移动终端来拓宽微课的运用空间，延伸微课的运用长度，也是数学教师的自然选择。当这种交互环境真正成为现实时，微课作用的发挥就非常充分了。

（二）从学的角度来看微课的价值

1. 能够化解高等数学学习中的畏难心理

高等数学难学常常是学生的第一反应，显然这是一种畏难情绪，其属非智力因素，但对高等数学学习效果影响巨大。笔者在教学中强化与学生联系的一个重要目的，就是了解把握学生的高等数学学习心理。事实证明，高等数学知识借助于微课出现在学生的面前时，微课的形象性特征可以化解高等数学知识自身的抽象性。更有意思的是，在学生完成了微课知识的内化之后，往往还能够提出更有价值的建议，这为微课的制作改进提供了学情基础。

2. 能够引导学生进行有效的知识建构

高等数学的逻辑性、体系性非常强，而微课的出现则可以让这种逻辑性体现得更充分，学生在构建知识之间的体系时也更为顺利。例如曲率是高等数学中的基本概念之一，对其理解可完全借助于“导数的应用”来实现，而这就需要制成一个微课，有教师借助于“椭圆内孔打磨砂轮的选取”，在微课中呈现了不同直径的砂轮，以求提供一个形象的思维情境，然后在此基础上引入导数的应用问题。在此问题解决的过程中，学生面对的是形象的问题，用到的是抽象的数学知识，这种以用促学的微课，使得学生对导数知识的理解更为深刻，而此知识的认知结构也在微课所呈现的问题及其解决中得到了有效建构。

3. 能够激发学生的求知欲和学习兴致

一般来说，微课教学有助于激发学生的求知欲。微课教学是立足于学生认知水平最近发展区内，作为知识传授的新平台，使学生由习惯性的被动接受者转身为主动探索者，进而充分体会到自主学习与合作探究学习的乐趣，品尝到学习成果，从而对数学课堂学习产生浓烈兴趣。教师则成为学生学习中的指导者和促进者，有更多的时间与学生互动，实时答疑解惑，帮助其更好地学习、掌握数学学习中的重难点知识。微课作为一根坚实的纽带，可以让高等数学知识教与学的过程中联系得更为紧密。而这恰恰是传统高等数学教学所不具有的优势，如上所提到的，在师生之间基于微课的教学联系进行得较为紧密之后，还可以借助于学生的智慧，进一步完善微课的制作，以为下一轮的高效循环提供基础。

（三）从评的角度来看微课的价值

1. 实施高等数学微课评优是推进高校教育教学供给侧改革的必然

微课在高校数学课堂上的应用，不能只看作是现代信息技术在课堂中的技术性引入，更应当从教学改革的角度来看待这一事物。目前，教育界越来越多普遍组织开展了不同层次、不同类别、不同主题的微课大赛、优秀微课作品评比等活动。如果说教育供给侧改革还只是一个概念的话，那么开展微课评优就是助推教育供给侧改革"落地"的重要抓手。因为从高校数学教学中的微课设计上来看，微课设计者原本就要认真研究学生的知识基础，研究学生的学习特点，预设学生在微课观看以促进学习过程中可能出现的问题，并提前对问题作出解答。通过以评促行这样的设计，有利于形成根据学生学习的实际需要提供有针对性学习资源的教学自觉。

经济领域的供给侧改革是为了提升全要素生产率，而高校教育教学供给侧改革的基本思路，则是更广泛地将能够促进学生学习的资源利用起来，这里显然需要一种整合思路，而这个整合是需要理念引领的，也是需要技术支撑的，理念引领的关键在于通过开展微课评优构建某一方面或领域能够促进学生学习的有效共同体，且能够将共同体内的资源进行有效整合，且整合的产物要能够向学生有效地提供。要做到这些，显然只有基于现代信息技术的微课设计与评选才能很好地吻合教育教学供给侧改革发展的需要。从这个角度讲，实施高等数学微课教学，是推进高校教育教学供给侧改革的必然选择。

但是需要看到的是，微课的出现并不完全是供给侧改革思路的产物，事实上在供给侧改革理论提出之前，微课就已经成为高校教学研究的一个重点，尤其是在数学学科的教学中，教学者早就意识到数学内容的抽象性影响了学生的学习兴趣与效果，早就思考如何从学生有效学习的角度进一步改进学习，而在信息技术的支撑之下，很多抽象的数学知识或规律可以用形象的形式进行演绎，而互联网的普及以及手持终端的使用，又使得学生普遍通过网络来获得知识成为可能。因此，微课的出现确实很好地响应了教育教学供给侧改革的需要，两者呈现出良好的互相促进的关系。

2. 引入"互联网+"理念在评课基础上共享高等数学微课大数据

微课无疑是信息技术支撑的产物，教师在设计好微课之后，学生如何运用这一学习资源促进自身对抽象的数学知识的理解，这是网络发挥作用的重要机会。同样，在当前的经济领域，“互联网 +”成为一个热门概念。事实上，“互联网 +”原本是一个先进理念，其“+”的含义就体现在原有互联网“互联互通”的基础上，实现其“增值”。那么，在教育领域，“互联网 +”能够如何为教育增值呢?

笔者这里重点思考的是，微课本身作为现代信息技术发展的产物，其在“互联网 +”的思维之下能够怎样更好地发挥其服务于学生学习的功能。这里，笔者重点从微课设计的理念提升与实践改进角度进行了思考。由于微课不只是教师个体作出的努力，而是一个小组或一个团队智慧的结晶，因此基于某一共同关注的内容进行微课的设计与改进，就是微课设计的重要思路。

当前，高校数学教学还秉承着传统的评课思路，其目的在于能够共享教学智慧，共析教学中出现的问题。而此处，就可以发挥“互联网 +”的思维，通过对学生学习过程中的反应的收集与分析可以一一具体地开发相关的软件，或者针对微课设计一些反馈题，让学生进行选择，或者结合关键词对学生的学习反应进行分析，这样就可以更科学地掌握学生在学习中遇到的问题，这就是大数据处理思路。这些问题在评课过程中由数学组内全体人员的分析鉴定之后，就可以获得一手的资料，从而为后面的微课设计提供更为有益的参考。

3. 以微课受众认可度拓展创新高等数学教学业绩广域评估手段

高校的高等数学教学重在培养学生的数学思维，而数学思维能力的培养，肯定来源于数学课上与课后学生的具体学习过程。在此过程中，微课发挥着重要的作用，就只从学生的角度来看，也可以发现作为微课受众的主体之一——学生，也是微课研究的一个重点对象。如我们可以结合学生对微课的认可度，来作为对高校数学教学业绩广域评估的手段。

具体地说，基于微课进行的高等数学教学业绩的评估，具有动态特征、实时特征，学生在微课运用中生成的感觉可以第一时间通过具体的测试手段并借助于互联网得到统计与分析，由于学习方式的特殊性，学生在学习过程中的真实反应可以得到准确的采集，而采集与分析的结果亦可成为教学业绩评估的重要依据。相对于传统的教学业绩评估的手段来说，基于微课的这一评价手段更具开放性，通常也更为准确，因此作为一种广域评估手段，是适切的。

第四章 “互联网 +”背景下慕课在高等数学教学中的应用分析

第一节　慕课基本简述

信息技术的发展以及互联网的普及，为人们的工作、学习、生活逐渐网络化，提供了技术层面的支持。在在线教学方面，信息技术的发展以及互联网的普及对大规模学习者突破地域的限制来获取更多的教育资源，以及为他们之间的讨论交流提供了大大的便利。斯坦福大学的计算机学家Daphne Koller认为技术进步使课程制作的成本降低，让在线授课这种教育方式变得更容易、更便宜，也使得以前不切实际的设想变成现实。

一、概念界定

（一）慕课

慕课是MOOC的音译，即“大规模开放在线课程”。从慕课的字面意思来看，“M”代表着Massive，即大规模，表示课程种类多样，受众人数广，不受年龄、学科、地域的限制，任何人在任何地方都可以成为慕课的学习者，并且对学习者的人数没有限制，少则几百人多则十几万人；“O”表示Open，即开放性，慕课平台所提供的资源是免费共享开放的，慕课的学习者来自世界各地，学习者可以相互交流讨论；“O”代表Online，即在线教学，慕课课程均采用线上教学的模式来完成的，慕课不仅提供了教学课件、课堂作业、教学视频、还设计了课程学分、分组讨论、证书颁发等学习环节，使教与学联系得更加紧密；“C”代表“Course”，即慕课课程，它是以学生为中心，学习者自主学习，自主选择课程、自选学习形式，通过学习者的兴趣和主动性来提高课程教学的质量和效率。

慕课主要分为两种类型，一种是基于关联主义的课程被称为cMOOC。cMOOC慕课与传统的网络课程有所不同，它更注重学习者过程的交互性，不仅需要为学习者提供线上学习资料，而且需要学习者共同协作完成学习任务。

cMOOC的另一个特点是自主组织的上课模式，方式更加灵活多样。第二种慕课类型是以行为主义为基础的xMOOC，与cMOOC相比，xMOOC更加侧重于教学过程与知识传播。

（二）教学质量

在商品经济时代中，质量被定义为价值，各类商品价值取决于商品质量，同样用等质的商品可以换取等量的东西；在工业社会中，质量是产品的规格；在社会服务中，质量被定义为满足客户服务的期望标准，高质量的服务换取高消费的回报；在科学研究中，质量是事物的本质性所在，是研究事物本身的属性。通常，人们习惯将学生成绩的高低等同于教学质量的高低，采取这种方法来衡量教学质量有失妥当。研究人员表明，教学质量是教学活动与教学效果的直接反映，教学活动与教学效果可以形成正相关的概念，对教学质量产生影响。

（三）慕课教学质量

通过查阅慕课质量相关文献可知，关于慕课教学质量的概念目前学界没有统一的标准，根据对慕课质量的认识，结合慕课教学概念，可以把慕课教学质量概括为：教学质量是衡量教学的方式，而慕课教学质量是运用质量评估的理论与方法，将在线教学课程完成率、师生互动、慕课教师授课水平等因素进行质量评估，评估的标准是以慕课教学质量评价表为基准，获取教学质量评价的结果。慕课教学质量是慕课课程、课程管理、学习支持、教学设计等因素的评估标准，其高低是慕课指标体系决定的。

（四）慕课质量保障

关于慕课质量保障的定义，查阅慕课相关文献可知，目前学界很少涉及慕课质量保障方面，该研究领域仍是处于空白，在概念上尚未形成统一的标准。慕课质量是慕课教学发展的生命线，提升慕课质量有利于构建合理的慕课教学质量保障体系，有利于提升我国高校慕课教学质量。根据相关文献以及人们对慕课质量的认识，结合慕课教学的概念，可以把慕课质量保障概括为：慕课教学以质量为中心，课程的输入输出环节完全以学习者的需求为准则，结合线上学习和线下讨论，内部学习条件和外部学习条件，运用互联网技术和网络教学管理评价手段，来调整慕课教学内部因素运行机制，提升慕课学习过程的合理性和高效性，保障慕课教学质量。

二、慕课的发展历程

慕课起源于 2002 年麻省理工学院向社会公开的一批网络课程，人们可以通过网络免费地学习这些课程。随着网络课程不断增多，更多的学习者加入了在线课程的学习当中，逐步兴起了开放课程运动，OCW 运动促使越来越多的高校和教育机构加入了这场由网络课程中形成更大的开放教育资源运动。到了 2008 年，由阿萨巴斯卡大学两位研究员开设了“关联主义和知识链接”课程，并有众多学生选修了这门课程。其后，美国两位学者吉姆格鲁姆和迈克尔史密斯也发布了自己开设的慕课课程。2011 年，斯坦福大学将其开设的三门免费课程发布到网络上，引来了世界各地超过十万学习者注册这门课程。初步的尝试得到了学习者的广泛参与和认可，一些著名高校的研究人员创办了为学习者提供多渠道、高质量、便捷性的慕课平台—— Coursera。Coursera 是由达芙妮・科勒先生和吴恩达先生共同创办的一家营利性的慕课平台，它的宗旨是与世界顶尖大学合作，为世界各地的学习者提供优质的网络课程。

随着慕课的学习者越来越多，学习热情更加高涨，更多高校的教学工作者愿意把自己讲授的课程免费发布到网络上。如斯坦福大学前教授塞巴斯蒂安・特龙开设的《人工智能导论》吸引了来自世界各地 190 个国家和 160 万学习者的注册课程。此次课程的注册数量创造了慕课平台的最高纪录。学习者关注此次课程这也让塞巴斯蒂安・特龙教授看到了慕课的发展前景，于是他放弃了斯坦福大学的终身职位，与两位同事共同创办了营利性质的慕课平台—— Udacity。2012 年，由哈佛大学与麻省理工学院两所顶级高校共投入 6000 万美元创立非营利的慕课平台—— edX，创建此平台的目的是配合高校的日常教学工作，提高教学质量，推广在线教育模式，为学习者提供免费和多样化的学习途径。慕课平台的建设与发展，掀起了世界各地的学习者慕课学习的热潮，部分高校之间的教学资源亦可充分利用，慕课进入快速发展的时期。慕课学习者不断增多，大规模开放在线课程引起整个教育界的轰动，尤其是高等教育界。2012 年，哈佛大学、麻省理工学院、斯坦福大学等世界各大著名高校掀起了一股慕课学习风暴，一时间慕课成为热门词汇。这其中涌现出来慕课学习平台的“三驾马车”，像 Coursera、Udacity、edx 学习者在此平台上即可获取高质量、免费性课程。由于慕课没有门户限制，只要有网络所有课程均可以在网上随时相互学习，慕课突破地理位置和时间限制等因素的制约，大部分课程受到人们的追捧。如表 4-1 所示。

表 4-1　慕课三大主流平台简介

	翻转课堂	Coursera	edX
创立时间	2012 年 2 月	2012 年 4 月	2012 年 5 月
创建者	巴斯蒂安·特龙（Sebastian Thrun）、埃文斯（David Evans）	吴恩达（Andrew Ng）、科勒（Daphne Koller）	麻省理工学院（MIT）、哈佛大学（Harvard University）
平台名称	勇敢之城	课程时代	教育在线
合作高校	斯坦福大学、圣荷西州立大学、佐治亚理工学院等	斯坦福大学、普林斯顿大学、密歇根大学、夕法尼亚大学、耶鲁大学等	哈佛大学、麻省理工学院、康奈尔大学、加州大学伯克利分校、得克萨斯大学等
性质	营利	营利	非营利
国家	美国	美国	美国
课程模式	与教师和高校合作	与高校合作	与高校合作
互动形式	线上授课与线下讨论相结合	线上授课与线下讨论相结合	线上讨论
教学模式	翻转课堂	视频授课、线上测试	视频授课、网页插入式测试
评估方式	软件检测	软件测验、学生互评	软件测验
结业证书	结业证书	结业证书	结业证书

三、慕课的特征

（一）大规模

大规模是慕课的特征之一，主要体现在以下三个方面。一是大规模参与；二是大规模交互；三是大规模数据。大规模参与是慕课表现形式，它与传统课堂教学有很大的差异，其在线教学不受物理空间与地理位置的限制，在一间教室里可以面向世界各地所有的学习者，受众群体广泛。大规模交互主要体现在课程学习上，当学习者达到一定规模的时候，学习者仍然可以在平台上自由讨论、交换想法、互相批改作业等等。这种形式能够真正利用慕课大规模交互的特征，对学习效率起到促进和提升作用。大规模数据主要是慕课提供高质量学习课程的同时，在平台上生成海量的学习数据，平台则利用大数据对学习者的学习记录进行数据分析，发现课程的特征与规律，利用这些数据来支持学生的课程学习，动态地调整慕课学习策略。

（二）开放性

开放性是慕课的特征之一，主要包括以下三个方面：一是学习过程开放性；二是学习环境开放性；三是信息交互开放性。学习过程开放性是指慕课在授课之前，平台将关于本次课程的相关信息发布给学习者提前预习；在慕课授课之中，学习者可以在平台上随时参与讨论和交流；课程学习结束后，学习者若有问题可以线上或者线下与教师探讨。学习环境开放性是指任何人在任何时间任何地点可以免费参与慕课的网络课程，无任何的门槛限制条件，学习环境和学习氛围相对开放。这不仅能够为学习者提供丰富的学习资源、课程资料、在线答疑等学习环节，还能为学习者提供在线支持服务、学习体验、交互性社区等一系列开放性的支持学习服务。信息交互开放性是指学习者和教学者与外界保持信息联络，将最新科学前沿内容形成慕课授课体系供平台使用，学习者即可通过慕课获取信息。

（三）个性化

个性化是指慕课注重自主能动性，充分利用网络交互性实现慕课个性化学习方式，主要体现在三个方面：一是个性化选择；二是个性化服务；三是个性化学习。个性化选择是学习者自主选择学习内容和授课教师，学习者可以根据自己的兴趣爱好来选择慕课，在学习过程中利用自身知识来回答课上布置的问题，也可以参与讨论回答问题。在课程学习结束后，在规定的时间内提交作业以及参与课外讨论。个性化服务是慕课平台根据学习者的课程学习纪录、课程主题偏好、个人学习行为等方面进行大数据分析和整合，然后向学习者推荐其可能感兴趣的内容，支持学习者参与更多的课程学习。同时平台鼓励学习者按照需求制定合理的学习方案，平台也可以根据学习者学习行为、学习时间、考试成绩等一系列的数据记录形成评价结果反馈给慕课教学者。教师将利用数据反馈的结果动态了解学习者目前的状况，也帮助其改善教学效果和改进教学质量。个性化学习是慕课平台给予学习者特定的教学内容和教学方法，学习者在参与课程学习的同时需要参与小组协作讨论共同完成课程任务，包括师生交流、课堂作业、期末测试等，学习者不仅要完成自身的学习任务还需要积极参加课程活动。

四、慕课的分类

慕课是以大规模网络交互式开放性课程为基础，向世界范围内的学习者传递在线课程内容，它与传统网络课程相比理念更加先进，受众群体更加广泛。它的授课方式是以学生为中心，不仅为学习者提供丰富高质量的学习资源同时，还为学习者提供网络交互性社区，使学习者可以通过线上与线下学习的方式，与世界各地的学习者进行交流，提升学习兴趣以达到课程效果。慕课的发展只有短暂几年时间，从理论到实践不同的意识形态驱使着慕课提供不同课程组织形式，慕课在发展中逐步探索出不同的教学模式，因此关于慕课的分类也有不同的方法。目前学界认可的分类方式是莱恩的慕课分类法。他认为慕课课程主要包括社交网络、课程内容、学习任务三种形式。根据三种形式的设计可以将慕课划分为三种类型：基于社交网络的慕课、基于学习任务的慕课和基于课程内容的慕课。

（一）社交网络慕课

社交网络慕课是起源于 2008 年，也是慕课刚刚起步发展的阶段，它是以联通主义理论为基础的自组织的课程形式，它更加侧重于课程内容的传播、慕课评价方式以及课程在社会交往中知识的建构，此类划分方法是以联通主义为基础，称之为 cMOOC，其代表性的项目是 PLTENK。

（二）学习任务慕课

基于学习任务的慕课是以建构主义理论和讲授主义理论为基础，以课程自组织为形式，更加侧重于组织形式、课程内容以及知识学习。学习任务的慕课很难用传统的评估方式评价结果，它是以内容动态形式的模式代表着 tMOOC。典型项目是 DS106 和 POT cert。

（三）课程内容慕课

课程慕课是以行为主义学习理论为基础，它的课程形式更加侧重于他组织的形式，在传统的课程中进行获取资源的授课模式，其内容跟 cMOOC 类似，是动态形成的。课程内容慕课的评价模式是以机器的评价方式来完成的，比较有代表性的慕课平台是 edX；Coursera；Udacity。这三种慕课形式既具有相同性也具有差异性，其中 cMOOC 与 xMOOC 在教学理念上有很大差异，主要是 cMOOC 的模型主要是以创造性、自主性与能动性的学习模式为基础，而 xMOOC 的模型主要是运用视频、互动、实验等传统的学习模式和学习方法为基础。如表 4–2 所示。

表 4–2 莱恩慕课分类

	社交网络慕课	学习任务慕课	课程内容慕课
种类	cMOOC	tMOOC	xMOOC
时间	2008 年	2012 年	2011 年
理论基础	联通主义理论	建构主义理论	行为主义理论
个性特征	在社交中建构知识	能同时完成多任务的资源获取	传统授课之中获取内容
评估标准	传统评价方式	传统评价方式	机器评价
课程组织	自组织形式	自组织形式	其他组织形式
典型项目	PLTENK	DS106；POT cert	edX；Coursera；Udacity

五、慕课加血与传统课堂教学差异

慕课是大规模网络开放课程的一种教学模式，它与各个高校通力合作，通过开展网络视频教学的方式将课程发布到网络上供学员学习，学习者可以通过慕课平台免费学习任何一门慕课课程。慕课打破了传统课堂教学模式，有效整合了教育资源，实现了知识共享。慕课教学模式与传统的课堂教学有较大差异，具体表现在受众群体差异性、教学形式差异性、学习模式差异性三个方面。

（一）受众群体差异性

慕课教学与传统课堂教学有较大差异性，受众群体是其重要方面。传统高校的课程教学有固定的教学内容、教学目标以及教学地点，学习者参与课程学习主要通过面对面的方式。但由于时间、空间等客观因素限制课堂教学，学习者数量有限，且受众群体面较窄，不能满足所有人学习。而慕课不受人数、空间、受众群体等因素的限制，学习者根据需求自由选择在线课程，每一门在线课程的学习人数不受限制。

（二）教学形式异性

慕课教学与传统课堂教学在教学形式上的差异主要表现在以下两个方面：一是分层教学，二是线上与线下授课方式。分层教学是根据学生现有的知识能力水平，对不同层次的学习者按照实际情况进行教学。这种教学形式是根据学习者的个性差异和学习需求，对学习者因材施教，更加具有针对性。传统的课堂教学无法照顾到不同知识水平的学习者，且更加注重完成教学任务和学习成绩等因素，因而与慕课教学形式有较大差异性。线上与线下的授课方式是慕课特有的教学方式，学习者通过线上学习、线下讨论、网络交互、互批作业等形式完成课堂任务，使得慕课教学更加具有灵活性，弥补了单一化在线学习的形式。不同的教学形式表明了传统课堂教学与慕课教学显著差异性。

（三）学习模式差异性

慕课教学是以学习者为中心的学习模式，它与传统的课堂学习模式具有较大差异性，慕课的学习模式更加注重培养学生的自主性、灵活性、积极性，学生可以相互合作共同完成课程教学任务。传统课堂学习模式是以教师为中心，教师将本次课程的知识传授给学生，学生则是被动的学习知识。教师是知识的传播者，学生是知识的接收者，学生获得知识的多少取决于教师在课堂中传授内容的多少。慕课学习模式将教师的教和学生的学两种形式很好地结合，学生可以自由参与课堂讨论，教师与学生之间有良好的互动，学生主动接受知识成为课程的主人。两种教学模式的差异，如表 4-3 所示。

表 4-3　传统课程教学与慕课教学模式对比

	传统课堂教学模式	慕课教学模式
上课模式	授课—作业—考试	录制—学习课程—在线作业—互评—反馈
讲解方法	课堂讲解	在线授课
串联知识点	教师传授	学生构建
学习目标	由教师制定	由学习者按学习时间制定
互动情况	线上或者线下	慕课平台
同步性	教师控制	学习者自由选择时间
能力培养	单学科	跨学科
学习资源	教师制定	众多学习者分享、贡献
学习过程	跟随教师完成预设课程	自行掌握学习进度
教师地位	灌输知识	引导学习
考核形势	课堂考试	在线测试

第二节　慕课在高等数学教学中模式的创新与发展

一、慕课在高等数学教学中传播模式的创新

（一）慕课在高等数学教学中知识传播模式的构建

1. 慕课知识传播要素划分

（1）5W 模式下的知识传播基本要素

传播要素是基本传播过程的构成要素，传播要素的划分，将复杂的传播过程进行层级性简化与分解，要素间的相互作用关系及流程构成了传播模式，决定了传播活动的最终形式，体现传播规律。科学地掌握传播要素间的相互作用关系与整体传播规律，才能最终为更好地进行传播提供科学依据。

依照 5W 模式对进行知识传播过程分解，可以将知识传播过程中的 5 要

素界定为：传播主体——教师、传播内容——知识内容、传播渠道——慕课平台、传播对象——学习者、传播效果，如图 4–1 所示：这些传播要素构成了完整的知识传播生态系统。教师通过平台将知识传播给学习者，形成知识传播效果，效果反馈到教师，再形成对知识传播过程的改造。

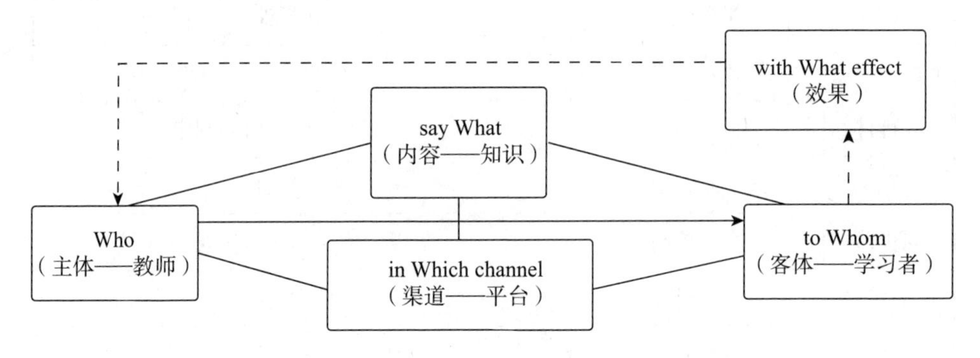

图 4–1　高等教育知识传播 5W 模式图

（2）慕课知识传播要素的三层次

由于高等数学教学中慕课知识传播内容的特殊性，即知识本身的高深性、专门性，慕课知识传播围绕着高深知识进行架构，形成了具有特色的知识传播要素，这类传播既不同于大众传播中宽泛的知识流动，也不同于专业领域的窄众传播，因此，为了在研究中进一步体现出慕课知识传播模式的特殊属性，按照高等教育知识传播的特点，将上述 5 要素进一步划分为 3 个层次：

第一，高深知识使得传受双方直接对应。与大众传播不同，高深专门知识传播不是发散的，而是集中目的的传播，以知识为纽带，传受双方在传播链条中直接对应并形成互动关系，围绕知识进行传播活动的参与，形成一组教师与学习者的主客体对应关系。

第二，在知识传播过程中，传播内容与渠道密不可分。渠道具有知识意义，学科知识特点主宰着传播渠道的选择与应用。传播渠道不单单是传播内容的承载者，更渗透到知识的内容组织与表达方式中。因此，依照“媒介即信息”理论，慕课传播渠道与传播内容形成一组对应关系。

第三，在整个传播模式中，传播效果是最终，也是最重要的要素。传播效果指有意识的传播活动对传播客体行为产生的有效结果，在狭义上指受传者接收信息后在情感、态度、知识、行为等方面发生的变化；广义上指传播行为引起的客观结果，包括对他人和社会产生的广泛影响。传播效果包含认知层面、心理态度层面和行动层面。一方面传播模式的最终指向即为传播效果，任何传播活动，包括慕课知识传播，最终必然达成一定的效果。另一方面，各要素相互作用关系最终促成传播效果，传播效果的反馈也作用于整体的知识传播模式，其调整、优化都应起到提升效果的作用。因此传播效果虽与其他传播模式中的其他传播要素并列，但其研究价值及分量较重，在传播学中构成了极为重要的“效果研究”分支。

2. 高等数学教学中知识传播模式的变革

（1）“教师中心线性传播”的传统知识传播模式

在传统高等数学教学中，知识传播是以教师作为中心，自上而下的线性传播模式。如图 4–2 所示：教师作为传播主体，对所掌握的知识内容进行整理，再将知识作为传播内容，通过教室作为传播媒介进行传播，学生作为受众，接受教师的知识传播，并通过课堂表现，回答问题、完成作业、测验、考试等形式进行传播效果的反馈。教师在知识传播的过程中，会根据个人的教学与科研，对知识进行创造性的发展；学生通过教师的讲授与指导，掌握知识，并通过思考讨论，对知识也会形成一定的发展；而教室的现有条件，限制了教师的教学手段选择与使用，也决定了学生的学习环境与方式。

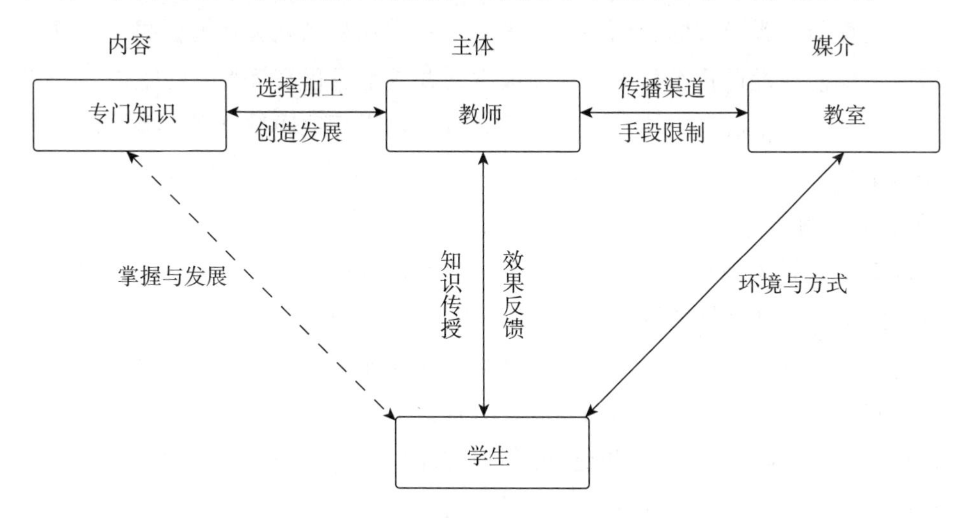

图 4–2　传统高等教育知识传播模式

在这种传播模式中，我们可以看到，教师作为传播主体，具有绝对的优势。首先，教师决定着知识的呈现内容，通过个人对知识的掌握、挑选、塑造和组织，教师将知识构成知识体系作为传播内容；其次，教师决定着传播媒介的使用，是否使用多媒体，是否使用视频及案例，语言符号与非语言符号的比例分配等等，均由教师在传播之前进行选择和确定；再次，在知识传播过程中，由教师作为单一主体对学生进行知识内容的传播；最后，教师主导着反馈模式，对传播效果产生影响，例如是否听取学生的意见和讨论，是否点评作业，是否关注学生的课堂表现等。而作为受众的学生，在线性模式的知识传播中，参与度较低，无论是对传播主体、传播内容还是传播媒介，都缺乏主动的选择机制。学生对于学习内容，也主要依赖于教师在课堂的讲授，缺乏直接主动学习的资源与环境；在传播效果中，受众可以给予直接的反馈，但这种反馈也要受到传播主体的各种限制。如果学校缺乏课程的网络评估机制，教师也不在课堂中设置课程反馈环节，学生可能就会放弃对课程的意见反馈。

（2）"师生互动资源开放"的远程知识传播模式

脱离于固定场所的在线教育，始于远程教育。美国的远程教育开始于19世纪末期，最初是邮寄纸质版课程相关材料及联系资料，之后应用音频文件，依赖美国公共广播协会的广播媒介进行拓展。随着视频技术发展与网络服务器的应用，视频录制课程成为主要的远程教育载体，伴随潜在学习者数量的增加与远程教育的内涵不断扩大，这一模式复制到国际远程高等教育领域，也促使一批远程教育大学逐渐成立，并成为远程高等教育的主体。1969年英国公开大学成立，不仅提供院校教育，还广泛地通过电视广播提供与现场教学平行的课程。1972年加拿大远程教育大学成立，并迅速确立了地位。1997年美国西部州长大学作为完全的虚拟大学得以建立，堪称慕课前时代在线高等教育的典范。法国的巴黎第六大学自2006年开始数字化教学，在医学院中广泛开展视频课程。美国纽约大学、法国里昂大学也采用这一方式对传统院校教育进行补充，多家学校的计算机科学也采用这一方式。

在我国，依赖媒介技术的发展、教育技术的成熟，在线远程教育经历了跨越式发展的阶段。从20世纪60年代初北京、上海等电视大学的建立，到邓小平亲自批准成立的中央广播电视大学、再到《面向21世纪教育振兴行动计划》中的"现代远程教育工程"，我国的现代远程教育发展规模不断扩大，在学人数大幅激增。但传统在线远程教育的定位，在整个教育体系中，倾斜于成人继续教育层面，人才培养集中在成人专升本、成人高起本等层次。其面向的生源、投入的师资、组织的教学资源，产生的学位认证等，整体层次较低，与真正的高等教育无法相比较，也无法对当时的高等教育知识传播产生促进作用。因此从知识传播的视角看，以往的在线教育，由于知识传播对象不同，不能认为是慕课的前身，虽然后期我国精品视频课程也结合了网络远程教育形式，在知识内容上和授课对象上，向传统高等教育体系靠近，但没有改变原有的单向性为主的知识传播模式，如图 4–3 所示：

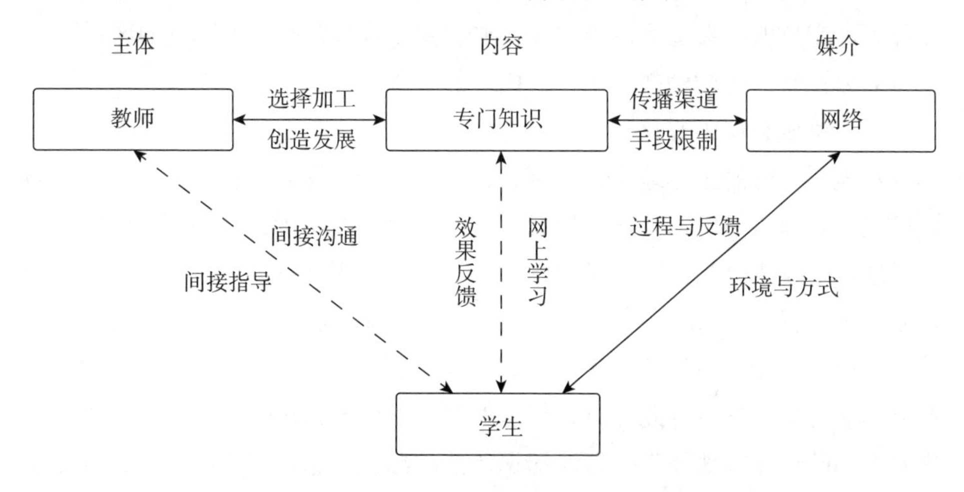

图 4–3 远程高等教育知识传播模式

在高等数学知识传播模式中，教师通过对专门知识的加工选择，通过网络方式进行知识传播，使用了部分的视频手段、互动等网络功能，但网络仍然是作为一种传播媒介存在，没有影响到内容的传播方式，这一时期的教学视频，往往是课堂场景的录制再现，从视觉上、时长上，都与高等数学教学课堂基本一致。但网络作为知识传播媒介，使得学生的学习过程、学习习惯能够得到统计分析，为教师反馈了较为客观的学习数据，学生通过网络学习专门知识，也通过网络的开放区域进行讨论与留言反馈，反映学习效果。网络学习环境的开放，也使得学生与教师之间的关系由直接面对面转换为间接联系，学生与教师在网络中可以实现延时互动，教师也可以通过网络实现对学生的指导，甚至组织现场的线上交流。

一些教育资源的开放，已经具备了鲜明的网络化和课程资源共享的特色，免费、公开、共享，在课程组织、网络推广、网络学习支持服务等方面都进行了重要的探索，并且在全球舆论上，得到了知识共享、知识分享与传播、人道主义价值等多方面的正面评价，为慕课的出现与发展奠定了探索路径与舆论需求，对传播媒介的改变，受众参与的改变都积累了丰富的实践经验，但鉴于课程组织流程化的缺失，这些传播的范围相对有限，并未在整体上构建起完整的与传统高等教育知识传播活动的模式。本文研究的“慕课”为“大规模在线开放课程”之意，其知识传播的特点、内涵及本质使慕课区别于以往的网络课程，显现出独特的知识传播价值。高等数学教学在慕课模式下，所学的课程、课堂教学、学生学习过程、学生的学习体验、师生互动过程等被完整地、系统地在线实现，与远程高等教育产生了本质的区别。

3. 慕课在高等数学教学中传播模式的特点

（1）学生地位中心化

首先，教师的主体地位发生翻转，变主导为引导，以受众为中心设计教学过程。教师考虑虚拟受众的层级、学习能力学习基础，并根据知识特点将知识进行单元式分割：在拍摄视频的过程中，使用丰富的表达形式和媒介语言来重构知识，面对镜头，增加表情、动作等非语言符号的使用等等。这些教学手段的采用，其主旨就是为了满足受众的学习需求，并增强用户黏度，吸引受众持续学习。由此可见，传统教育中，位于知识传播末端的学生，在慕课中，已经虚拟地介入了慕课知识传播的源头，忽视学生需求和喜好的慕课，将无法生存。

其次，讨论区的开放，也将学生的学习效果置于中心地位进行强化。与传统高等数学教学中反馈不同，学生在讨论区可以随时进行交流、分享，你甚至可以暂停视频，到讨论区去提问刚才视频中你没有听懂的部分，并及时得到解答，这使得学生作为受众，可以部分地控制知识传播流程，学生参与的所有资料被作为课程资料得以保存，可以浏览、下载、订阅，伴随着课程的进行和成长，可以预见，随着未来大数据的应用，个性化的学习服务将逐步得到提供，从而强化学生的中心地位。

第三，学生意见领袖的作用得以彰显。在传统的高等数学教学中，教师作为知识传播的主体，具有强有力的权威效应，在“沉默的大多数”效应下，学生中也很难树立典型的意见领袖，但在慕课中，通过大量的讨论、交流、在线研讨会，那些积极的、富有知识的学生，很容易成为课程中的意见领袖，代替教师指导其他学习者的学习甚至组织起线下的学习小组，树立个人权威。

（2）网络平台场景化

加拿大著名传播学家，思想家麦克卢汉曾经提出“媒介即信息”的观点，认为媒介不仅仅是承载信息内容的工具，其载体与内容是不可分割的。认知心理学中的沉浸理论也在发展过程中逐渐由挑战与技巧要素，关注到环境的创设，并成为与虚拟学习环境设计的理论指导。在慕课知识传播模式中，其网络平台不再是单一的形式载体，而是构成了学习的场景。

场景是对空间的描述，在媒介艺术等专业传播形态中，场景是构成剧目叙事的重要单元；在日常生活中，是进一步泛化的情境描述；在网络媒体视域下，广义的场景被定义为同时涵盖基于空间和基于行为与心理的环境氛围。因此在慕课知识传播的模式中，场景可以视为基于网络平台学习空间与学习行为及心理的虚拟环境氛围。这种场景使得学习过程成为学习者在虚拟学习环境下的一场沉浸式、参与式的体验，而不再是屏幕背后的旁观者。随着互联网技术的爆发式增长，借助虚拟现实等技术的成熟与应用，场景将进一步有效补充传统教育内容模式脱离场景的缺点，将知识置于应用环境进行整体化对应与传播。网络平台在教育领域中，由消极的辅助者转换为积极的参与者，慕课在线平台不仅仅是传播媒介，而是整体的传播环境，其即时性、交互性、开放性的特点，保障了慕课的正常运行，也渗透到慕课知识传播的各个环节中：慕课平台的网络属性影响了知识内容的生产与组织方式，考虑到网络的碎片化、及时性与互动性，知识内容进行了单元化的重构与短视频呈现，知识通过在线环境进行传递、增长，为平台提供持续的内容供应；受众通过在线环境进行学习和分享、反馈，实现与其他传播要素之间的互动，平台对学生的使用过程进行管理、服务与评价，并分析学生的需求与偏好，提供持续性的个性化服务；教师与平台合作并互相支撑，教师通过在线环境进行教学、审阅、答疑和接受反馈，并通过平台的使用得到学习反馈，进行学习数据分析，教师组织的教学内容与环节，也支撑平台的内容与服务供应。

而与此相对，此前的大部分网络视频公开课，就存在较为严重的割裂知识内容与知识媒介的问题，虽然使用了视频录制，也放在网络平台中，但其内容本身还是基于传统课堂的场地移植，属于课堂教学的情景再现，对于受众而言，区别只在于是通过课堂观看还是网络观看，这对于当前的网络使用而言，显然过于初级和简单，也无法营造整体的场景来吸引受众。随着移动互联网络的推进与发展，基于移动网络的慕课也逐渐进入市场，Coursera、edX、中国大学 MOOC、网易云课堂等纷纷推出客户端，北京大学、清华大学等高校推出慕课微信公众平台，进一步推进慕课学习的移动场景创建。

（3）学习方式交互化

第一，交互链条短化。如学生与知识之间的互动，可以通过学生对资料的提前查阅，开放讨论，补充信息等得到实现，在传统高等教育中，则需要学生反馈给教师，由教师根据反馈信息对知识进行再造。因此慕课的交互式在高等数学教学中，缩短了互动链条，提高了传播效率，也使得传播效果在第一时间得到反馈，并迅速进入新的传播循环过程。

第二，交互链条丰富。在传统的高等教育中，传播 5 要素之间的互动往往是单向的，不可逆的，也是存在界限的。例如在传播媒介的选择中，教师必须根据课程特点和现有条件来选择合适的媒介，而学生只能接受这一媒介形式，无法根据个人喜好进行选择，在慕课知识传播模式中，可以看到任意两个传播要素之间，都可以产生交互，仍以媒介为例，学生可以根据自己的特点和条件，来选择学习媒介，如邮件、wiki、博客、RSS 订阅、社交网站、客户端等等。

第三，交互方式拓展。慕课使得线上线下都能够实现有效联动，学习小组的建立、异地资源贡献、基于媒介平台的社交延展等，都延伸了课程的互动方式。因此，慕课的知识传播是一种交互性极强的传播，无论在交互的形式还是内容方面，都较传统高等教育的知识传播模式有很大突破。

第四，交互效果可测。学习者行为通过慕课平台的交互路径积累为海量学习数据，使得学习过程、学习习惯、学习效果数据化、客观化，具有可测性，能够为慕课效果研究提供数据实证，使得效果研究范式发生改变，从小规模主观调查转为大数据客观分析。

（二）慕课在高等数学教学中传播模式渠道的多样化

Coursera、edx 和 Udacity 是慕课平台中的三大巨头，不仅在时间上占据了先机优势，也在内容质量和规模上形成了全球范围内的影响，这三家平台的不同定位，差异化的发展渠道，在制度与营利模式上的尝试，都推动了慕课的发展与成熟。

1. Coursera 发展模式

斯坦福大学两位计算机系教授吴恩达和达芙妮·科勒（Daphne Koler）于 2011 年底建立了 Coursera，它是一个营利性的慕课运营机构。其中有很多行业合作伙伴参与合作，提供超过 3100 门课程，提供包括英语、汉语、法语、西班牙语等 16 种语言。它是目前开放课程数量最多、规模最大、覆盖面最广的慕课平台。

该平台学生注册课程后，可以选择免费学习与登记学习，这两种学习方式对学习者而音，在课程内容上没有差别，但是登记学习需要缴纳一定的费用，并参加考核与教师评卷，成绩合格后将获得课程证书。证书类型包括学习证明书、签名认证和专项课程证书等不同类型，其中学习证明书免费提供，只要课程总分超过最低分数要求就可以颁发。而签名认证则需要付费，专项课程证书包括系列课程的学习认证，登记学习的学生在答题后需要经过摄像头拍照确认本人，并需要在入门级课程、中级课程、进阶三个阶段都获得签名认证，才可以申请获得此类证书。

在合作模式上，Coursera 提供技术开发与支持，课程设计由合作高校独立完成。Coursera 与合作大学之间保持平等互惠的合作的关系，实现平台共享与收益均分，合作不具有排他性，大学也可以与其他平台开展合作。

在需求管理方面，Coursera 通过不断地追踪其用户在线学习的过程，收集了大量的学习数据，进一步对在线教育背景下学生的真正需求进行分析，根据自己的研究成果对平台课程实现需求管理。同时，Coursera 还推出精准服务“特征追踪”与“微专业”来满足核心用户的需求。

在服务绩效管理方面，Coursera 依据内部的大数据分析，定位低绩效的课程，并分析其低绩效的原因。在外部环境方面，依据官方论坛的用户反馈以及社交网络（如 Facebook）上的课程评价来改进或淘汰一般或较差的课程，从而提升服务绩效。

这些运营方式，以及充分体现出互联网企业的用户思维，其内容的精准分析与用户的精准服务，推动了 Coursera 的长效发展。

2. edX 发展模式

edX 于 2012 年 5 月由麻省理工和哈佛大学各投资 3000 万美元一同创建，为非营利性的慕课平台，旨在“建立世界顶尖高校联合共享的教育平台”“向世界各地的每一个人提供世界一流的教育”，其口号是让人们“从世界最好的大学学习课程”。edX的前身为麻省理工OCW的延伸与超越，OCW在资源上进行了开放，但没有后期更新与互动。之后，在慕课兴起的背景下，edX应运而生。目前该平台课程也已经覆盖20多个学科门类，课程长度一般都超过了Coursera平台的课程，基本在10～12周。

edX采用开源软件的形式，使用AGPL（Affero General Public License）许可证，任何对慕课感兴趣的大学或机构，都可以自行托管该平台，或者帮助改进增加edX的功能。这一开放系统的核心是edx-platform，其中包括LMS（学习管理系统）和用于创建课程的Studio工具，以及其他如用于课件制作工具、机器学习工具、识别工具、部署工具、系统扩展接口、执行工具等。利用现有的技术架构，各高校可以根据自身需求，进行开发环境部署、平台汉化与主题安装，创建独有的在线教学平台。

3. Udacity发展模式

Udacity由斯坦福大学教授塞巴斯蒂安·特隆创建。Udacity在选择教师时注重的是教师们的教学水平，反而对学术研究能力并没有很高的要求。因此Udacity的课程并不是都是教师设计，还有部分是与微软、谷歌等公司合作共同推出，高度的参与性、交互性是Udacity的课程的主要特色。该平台主要提供问题解决型课程包括科学、技术、工程、计算机和数学领域，近年来，心理、商业、设计类课程也被纳入其中，但主要仍是围绕硅谷技术前沿，课程主题内容相对集中，也更加专业。

Udacity对课程的时间没有特定的规划，没有明确的开课日期、完成日期和教学计划，学习的时间、节奏等，学员都可以根据自身的情况进行选择，课程评价由教师或计算机完成。课程设计既包括微视频授课、讨论、反馈、作业、考试等环节，又包括了激发学习者兴趣的问题。视频简短至1～2分钟，一般都包含交互性问题，学习者在观看一段学习视频后，屏幕将弹出相关测试问题，答对后才转入下一段视频，视频可以反复观看，问题也可以多次回答。设计者强调学习过程要避免填鸭式的讲课方式，让学习者接收到问题和测验，主动探求。

（三）新型慕课平台的多样化发展路径

除上述三大主要慕课平台之外，世界各地也快速涌现出多个慕课新平台。这些平台在本土化特色、专业内容上都进行了不同的拓展尝试，但一些国家的平台由于语言限制，相对而言规模较小，且普及速度较慢，还存在较大发展空间。

Stanford Online 是斯坦福大学的官方在线课程平台，推出斯坦福大学设计的课程，包括计算机类课程、量子力学教育、数学课程、医学教育等不同专题，一些课程采用灵活制，由学生自行选择和制定学习进度。其另一商业课程平台为 NovoED，主要为专业性较强的商科课程和创业课程，平台有专门从事设计、维护课程的工作团队，强调学生之间的互动学习。NovoED 有两类主要的课程来源——高校提供的大学课程和专业组织的授权内容，课程提供英文字幕，按照课程内容制定费用政策，有免费和付费两类。学生注册 NovoED 并选择课程后，首先选择是否进行学习分组。分组会依据学生个人的意愿进行，对于没有自己选择小组的学生则会通过机器自动划分，划分标准依据学生提交的个人资料，考虑学生的兴趣，通过专业算法进行排列组合。学生必须通过小组分工在截止时间前完成课程“项目”要求，学习者的个人主页会显示项目进度。课程结束时，采用同伴互评制度，每个小组的学生都需要给同组的其他同学“打扮”并写评价，这个分数会被纳入总成绩。完成课程的学生会获得一张学校或组织认证的证书，但证书仅是学习成绩的证明，NovoED 上的课程项目记录也可作为学习体验、学习实践、学习经历的一部分，并且是一种团队协作能力的证明。

FutureLearn 创办于 2012 年 12 月，由英国公开大学推出，课程资源由伦敦大学、爱丁堡大学等英国 12 所优秀大学联合制作，课程有英文字幕，并提供字幕的 PDF 文档可供下载。国内的上海交通大学、复旦大学和上海外国语大学已经加盟该平台。公司首席执行官西蒙・尼尔森曾经在英国广播公司 BBC 工作多年，在数字技术应用、数字教育开发等事务方面有丰富的经验，平台除了与世界知名大学合作，还与英国文化委员会、大英图书馆、大英博物馆建立了合作关系，共享内容与专业技术。在美国慕课平台占主要份额的市场空间下，FutureLearn 试图形成自己的特色，以适应移动媒介的设备使用。一是在用户设计体验方面，注重对手机端的操作，简单便捷及趣味性成为主要诉求；二是在内容上，希望学习者不仅通过视频进行知识内容的学习，而是通过视频、文本、图像等讲故事的互动形式参与到内容生产中；三是在技术上，实现了同屏互动，学习者可以在网页学习内容的旁边进行对话，对话模块与内容模块同屏共显，没有单独的讨论小组，实现同步交流，这与视频网站的弹幕、直播等功能类似，增强了学习者的即时体验感。四是增强学习的社交性交流，学习者可以关注他人，为他人评论点赞或回复他人，也可以在大规模社区中创建小群。

Open2Study 是澳大利亚的最大慕课平台，2013 年 4 月由澳洲开放大学联盟设立，课程丰富，且多为入门型实务类课程，包括艺术与人文、财务金融、行销与广告、商务、健康与医学、自然科学与科技等领域。课程一般为期 4 周，课程完成率可以达到 25%。一些课程没有统一的开课和结课时间，学生可以随时注册并根据个人的节奏来修习课程内容，最终领取证书。平台可以使用 Facebook 账号登录，课程虚拟教室中，可以连进学习者个人页面，兼具社交功能，可以互相关注成为好友，系统会利用账号，找出也在平台学习的联系人，进一步推荐好友。平台的社交媒体化思路还体现在游戏化的徽章制度上，吸引学习者积累积分，收集奖章，查看排序等。平台提供 35 种不同的徽章，完成资料完善、讨论投票、课堂评价等，就可以领取相应的徽章。这种平台设计符合受众的娱乐化和社交化需求，将学习过程置于社交环境，进行共享，使得学习行为具有了知识以外的社交意义。

二、高等数学教学中慕课教学模式与传统教学模式的比较

（一）理论基础的不同

1. 传统教学模式的理论基础

我国传统的教学模式是由夸美纽斯设计和提出，经赫尔巴特的总结和完善，再由苏联的教育家凯洛夫发展再传到我国的。因此传统的教学模式的理论基础为赫尔巴特的 4 段教学法，即明了、联想、系统和方法以及凯洛夫的教学理论。

（1）赫尔巴特 4 段教学法。赫尔巴特虽然受裴斯泰洛齐等人的影响较大，但是他认为将人交由自然去教育是件蠢事情。他认为将人类现有的知识按照儿童身心发展的规律教授给儿童是极好的。赫尔巴特又以心理学为基础，提出了其把教学看作是学生在教师的指导下掌握基本知识和技能，发展学生思维的一种认识客观世界的认知活动。但是这种教学模式过分强调教师在教学活动中的中心位置，而忽略了学生的主体性，因而受到了杜威等教育家的批判。随后其弟子赖因指出，再好的理论如果只是抽象的，那就对教学

起不到任何好的影响。随后他将赫尔巴特的 4 段教学法发展成为五段教学法，即激发学生的学习动机、复习旧课、讲授新课、练习巩固和作业。这种教学法对中国的影响很广泛，以至于现在我国的教学实践还是以此为基础。

（2）凯洛夫的教学理论。凯洛夫以马克思列宁主义为根本、用唯物辩证法与认识论为工具来认识教学过程。他将唯物论的从直观到抽象再到实践这一认识规律应用到教学实践中，并作为教学实践活动的指导思想。他认为只有将知识系统地传授给学生才能使其全面地发展；其次，教学活动不同于其他的认识活动，这其中既包含教师的教，又有学生的学，具有双向性。

凯洛夫认为教学活动就是学生在教师的指导下系统地接受科学文化知识并全面发展个人的思维能力、想象力等各种能力的过程。基于此，凯洛夫确立了教学活动的三中心，即教师中心、课堂中心和教材中心。教学活动的效果如何取决于这三大中心的配合程度。在凯洛夫教学理论中，其格外强调教师的地位和作用。他认为学生只要听教师的指示就够了，学生在保持能动性的基础上只需配合教师的教学活动即可。苏联在一段时间内由于受到了错误思想的影响以至于在教学中放弃使用教材。凯洛夫批判了这一做法，他认为教材是学生学习知识的载体和主要来源。同时，凯洛夫将教学程序划分成了 6 个环节，并且每个环节都有固定的任务或者主题，甚至他还规定了每个环节所要持续的时间。在其理论被介绍到中国之后，我国的教育工作者将其 6 个环节归纳成 5 个步骤：组织教学、复习旧课、讲授新课、巩固新课和布置作业。

凯洛夫将马列主义以及唯物论的理论引进教学环节，这是教学论发展史上的一大创举。但是其教学过程僵化、不注重学生的主体地位，只是将学生作为接受知识的容器、过分地注重教师的作用，引发不和谐的师生关系，这些都是他教学理论中的弊端。

2. 慕课教学模式的理论基础

（1）选择性学习理论。“所谓选择性学习，是指在教师的指导下，学生根据自己的才能选择适合自身发展要求的学习内容、方法和进度等的一种自觉自主的学习方式。”从选择性学习的概念中我们可以看到，这种理论更好的兼顾到了学生的自主发展性和个体差异性，符合现代教学对学生发展的基本要求。

选择性学习是自主的。学生可根据自己的兴趣和爱好选择适合自己的内容进行学习，不受教师或者他人的意愿的影响；同时选择性学习又是灵活的，按照学生自定义步调来学习，从而真正地做到了以为学生为中心，更加尊重学生发展的个体差异性。

（2）掌握学习理论。布卢姆认为，除了极少数智力超群和低能儿童之外，其余的学生在能力和学习动机方面并不存在较大差异。他反对片面的将学习成绩与学习能力画等号的行为。布卢姆和其助手经过长期的实验和研究发现：只要给予学生足够的学习时间和适当的学习条件，几乎所有学生都是可以掌握教师所教授的知识的。因此，教师要为掌握而教，学生为掌握而学。在教学活动开始之初，教师要持有积极向上的学生观，认为一切学生皆能学好，同时又要帮助学生树立可以学好的信心。在单元学习结束后，教师要对学生的学习成果进行诊断性评价，再将结果及时反馈给学生。进行评价的目的不是为了给学生排队，而是要了解学生在学习过程中所出现的问题以便能及时地调整学生的学习行为，将其放在最合适的教学序列中。达到教学目标的学生继续下一阶段的学习中，没有到达目标的学生则要进行补充性学习，个别的学生还会得到个别的辅导。再测合格后，继续学习。其次，布卢姆的掌握学习理论中还加入了心理学有关学习情感对学生成绩影响的理论。心理学相关理论认为，教师过分地关注一小部分成功的学生，会使其他学生感到沮丧，从而产生消极的观念，进而对学习的兴趣下降。掌握学习理论就是要激发学生的学习兴趣及积极性，淡化终结性评价对学生的消极影响，注重形成性评价在学生成长中的作用。

布卢姆的掌握学习理论在不改变班级授课制这种教学组织形式下，将集体教学和个别教学有效地结合在一起。两种教学组织形式交替进行，这样既能顾及主体学生的学习需求，又能根据个别学生的特殊需求而做到因材施教。

布卢姆的掌握教学模式先在美国进行了小范围的试验，在教学实践中取得了不俗的成绩，之后进行了大范围地推广。这种教学模式被证实“能使75% ～ 90% 的学生达到其他教学条件下 25% 的尖子学生的水平。”

（3）程序教学理论。20 世纪 50 年代初，斯金纳发明了程序教学机器，后来又进一步研究了只用程序教材的程序教学。斯金纳认为，学生的学习行为可以由刺激—反应这种强化行为进行来塑造，而强化恰恰就是教学活动中的重要一环。强化学生正确的学习行为，予以表扬和鼓励；消退学生错误的学习行为，但是不鼓励运用惩罚的方式对待学生。从其理论中，我们看到了浓重的行为主义心理学的影子。程序教学采用直线式程序，在学生正确地解答了第一个问题后，再呈现第二步的学习内容；教学内容由易到难，遵循循序渐进的原则；在了解了学生的学习情况和心理特点后，让学生自定义步调来学习。

（二）教学目标的不同

教学目标是一种教学模式所要达到的教学效果，是指教育者通过教学活动期望在学生身上产生什么样的教学效果的一种预测，它是细化的培养目标。教学目标在教学模式中处于中心地位，其他的各个因素都要受其制约，它是一切教学活动的起止点。

由于教学目标是整个教学环境系统中的一个重要组成部分，所以说在制定具体的教学目标时要充分地考虑与平衡其与教学系统中其他要素的关系，如学生的能力起点与水平、教师的专业素质、课程的性质与要求等；同时还要考虑到不同类型学生的学习心理和学习行为习惯以及社会背景等因素。其次，教学目标还要包括某一门具体课程的教学目标、单元学习目标和课时目标。再次，教学目标还具有导向、激励和评价三大功能。

但是有一点需要我们注意的是，教学目标是教师和学生在双方共同预期下制定的目标，是学生的目标同时又是教师的目标。在我国，有些教师误将教学目标错误地等同于教学任务，以至于在实际的教学活动中有些教师就陷入了只关注自己的教，而忽视了学生的学的泥潭之中，这就大大地削弱了学生在教学活动中的主体性。

1. 传统教学模式的教学目标

在传统教学中，每一个教师在新学期或新教程开始时，总怀着这样的预想：大约有三分之一的学生将完全学会所教的知识内容，三分之一的学生将不及格或勉强及格，另外三分之一的学生将学会所教的许多事物，但还算不上是‘好学生’。这一系列预想得到了学校分等的方针与实践的支持。通过分等的程序，学生最后分等与最初的预想相差无几。正是这种预先设定的教学目标压制了教师的教学潜能和热情，更削弱了学生的学习积极性。同时，由于传统的教学模式本身的局限性，它将教学目标过分地限定于系统知识的传授而忽视了学生其他能力的培养与发展。从某种程度上说，单纯地传授知识和技能并没有绝对的不足，但是单一地注重知识的传授这种做法忽视了获取知识时所使用的过程和方法，也忽略了在传授知识的同时对情感态度价值观的培养，这样做的后果无疑就是将知识变成生硬死板的教条，将教学变成"填鸭"。

但是在教学改革的推进以及全面实行素质教育的大背景下，我国现实行三维一体的教学目标，即知识与技能、过程与方法、情感态度与价值观。一维目标：知识与技能指的是构成知识或者一门学科的基础知识和概念，这是某一门学科体系中最基础的环。二维目标：过程是学生在与环境交互之中的体验，方法则是学生学习的基本方法。三维目标：情感态度与价值观是指学生的学习兴趣与态度以及个人价值观的形成。

2. 慕课教学模式的教学目标

在传统的教学模式下，虽然教学目标关注全体学生的发展，但是在实际的教学活动中，却与理想大相径庭。为了满足大多数学生的学习需求，在确定教学目标时往往采取一刀切的做法。其次，由于受到班级容量和诸多客观因素的限制，教师不可能做到面面俱到。同时，教师在教学活动中关注于较少的学优生以及中等层次的学生，忽略了学困生，而这种错误的做法是不可取的。所以说，在传统的教学模式下因为诸多限制因素的作用从而忽略了对学生信息能力的培养，进而使我国学生的信息素养能力发展较慢。虽然慕课教学模式与传统授受式教学模式的教学目标有重叠的部分，但是慕课更加关注的是每一个学生的个体发展以及创新性的培养。教学的最终目的是促进全部学生的发展而不是极少数学生的优秀。所以，在慕课教学模式中，课程是以视频的方式录制的，可以满足学生多次、反复学习的目的，通过这种方式来满足不同学习进度、不同学习层次学生的学习需求，所以说慕课教学模式在知识维度的教学目标是让所有学生都可以掌握所学知识。以慕课这种网络教学模式作为有效地补充，正是现在混合式教学模式所推崇的做法。其次，慕课教学模式不仅关注于每位学生的学习成绩而且更加关注于每位学生的学习过程。课程搭载的学习论坛就是方便学生交流的平台，各种问题都能在平台上得到解答，同时还可以交流各自的学习经验。再次，慕课教学模式下，不仅要让学生理解、学会教师所讲内容，更重要的是让学生通过作业的创新来发展学生的创新能力。每一周的网上课程结束之后，高等数学教师都会布置一道作业问题，虽然作业的题目固定，但是形式开放，为了鼓励学生的作业创新，还在作业的评分细则上加上了“是否新颖有趣想要继续深度学习”一则。

（三）操作程序的不同

1. 传统教学模式的操作程序

（1）组织教学。这一阶段教师要让学生明确学习目标和学习任务。准备向学生呈现新的学习内容从而让学生明确地感知教材并做好接受新知识的准备。教师还要激发学生的学习动机，促进学生的学习兴趣。此阶段就是要让学生做好新观念进入意识中的准备。赫尔巴特称这一阶段为“明了”，也就是静态的专心。

（2）复习旧课。旧的课程为新课程的基础，唤醒与新课程的有关经验，所以说复习旧课就是为了将新旧课程有机地结合在一起而做准备。当新的观念进入到观念团时，与新观念有关的观念或者可以被同化的观念就会被唤醒。教师在这一阶段的任务就是要指出新旧知识之间的区别和联系并积极地调动学生原有意识中的相关观念，加深对新知识的理解的同时让学生完成新旧知识相结合的这一学习心理活动。赫氏称此阶段为动态的专心。

（3）讲授新课。无论是赫尔巴特还是凯洛夫都将此阶段作为教学活动的中心环节。这一阶段教师开始直观地呈现新知识，并在教学中运用讲解法、学生提问法等多种教学手段促进学生对新知识的理解和掌握。为了确保此阶段教学高效、有序地进行，凯洛夫提出了教学活动的三中心。其一，教师中心：凯氏认为教师是影响教学的最核心因素，起着主导整个教学活动过程的作用。他甚至认为整个教学活动和学生学习活动的安排和进行只能依靠教师的力量来完成。而学生必须要听从教师的话语和指示，从而能确保教师主导地位的实现。其二，课堂中心：课堂作为班级学习以及班级管理等一系列工作的固定场所，所以说其作为教学活动的实践基地的作用是不可忽视的。其三，教材中心：教材作为学生知识最重要的来源之一，教材的编写要具有科学性、系统性、连贯性。同时，学生在这一阶段要具有较强的学习能动性，积极地配合教师教学。

（4）巩固新课。在学习完新知识后，为了完善学生的知识体系，教师在此阶段的主要任务就是使之前几个阶段中学生已有的新旧知识的观念与原有的观念团相融合，形成完整的观念体系。教师要运动总结和归纳的方法抽象出知识的一般规律和特征，加深学生的理解。赫氏称这一阶段为静态的审思。

（5）布置作业。这一阶段为学生应用知识解决实际问题的阶段。为了将内化的知识运用到各种实际情况中，学生需要充分调动已形成的观念体系使之与各种情况相结合，从而使新的观念更加具体化。教师在这一阶段的主要工作是布置大量的作业，目的在于提升学生运用知识的能力。这一阶段被赫氏视为动态的审思。

2. 慕课在高等数学教学模式的操作程序

（1）明确教学目标和课程要求。在高等数学课程开始之前，任课教师会在网站上发布课程的时间进程、课程的具体要求以及参考书目等信息。学生需要在开课前仔细阅读这些条款，以便学生根据课程要求合理地安排学习时间，避免因为错过学习时间而引起的不必要的麻烦。

（2）观看课程视频。课程视频以周为单位，即一周一次课程视频，而课程的周数则由教师根据具体的教学进度自行安排。时间为 2 个小时左右的长视频被划分成各有主体、彼此衔接的时长为 10 分钟左右的短视频。在方便学生学习的同时也有助于维持学生的学习动机。同时，还在视频中设置了嵌入式的问题测试，回答正确继续观看视频，反之，则需要重新观看前一部分的视频。这类问答题既有主观题也有客观题，为了确保不使问题过难而打消学生的积极性同时也为检验学生在这一小阶段的学习效果，所以说此类问题不会难的离谱。在观看完全部视频之后，系统会自动默认你已完成此阶段的学习，如果还有哪段视频没有完成学习，系统也会自动提示。如若在考试前依旧没有完成全部课程视频，则取消考试资格。

（3）作业的提交。在周课程结束后，教师会以教学内容为起点，布置开放性的作业。为了着重培养学生的创新应用能力，在契合主体的情况下，并未对作业形式做具体要求，可以是简报、人物介绍、个人主页等，但是无论何种形式都要兼顾作业的严谨性、创新性与可读性，为了不使作业枯燥而影响学生作业成绩，一般此类作业不建议学生提交长篇的论文。由于是网上授课，所以作业提交也要通过网络进行。为了方便后续的同学互评，作业文本需要转换成 PDF 格式的文档。所有作业都是有 deadline（截止日期）的，如果逾期未交，则零分处理。

（4）作业的评判。多人使用同一门慕课来学习会有大量的作业要产生。

但是教师和助教的时间有限，所以，慕课的运营商就采用了同伴互评这一新的作业评判方式。

（四）实现条件的不同

1. 传统教学模式在高等数学中的实现条件

在传统的高等数学教学模式中，教师的主导作用的发挥要大于学生的主体作用。因为在授受式教学模式下，教学目标是让学生在单位时间内高效系统地学习科学文化知识，这就决定了在教学过程中学生始终要受到教师的引导。在这种教学模式下虽然保证了教学进程的顺利进行，却也削弱了学生在学习活动中的主动性和积极性。其次，教师为了实现教学目标，在课前需要制订适合的教学计划，除此之外还要进行大量的课前准备，如备学生、备教材等。除此之外在课堂上还要灵活多变地运用不同的教学方法和教学模式。在实际的教学实践中，教学活动要按照教师的教学计划逐一展开，学生的注意力要高度集中，但是为了照顾大多数学生的发展要求，却不能很好地兼顾每个学生的个性发展。再次，在班级授课制的影响下以及为了保证教学活动的正常进行，课堂教学的时间和场所固定，每个班级有固定的课程表和教室。在阶段学习和学期末，以单向的终结性评价的结果作为学生学习成果的依据，学习成绩的竞争性导致了有些学生出现了厌学等情况。

2. 慕课在高等数学教学中的实现条件

由于慕课教学模式为网络教学模式的一种，而网上课堂的运作程序很复杂，这就决定了影响慕课教学模式实现条件的因素有很多。第一，慕课中的高等数学教学视频为专门录制的课程视频，这就要求教师在维持正常的学校教学活动之余，还要花大量的时间和精力在慕课视频的录制上。教师除了录制高等数学课程视频，还会进行课下交流，线下见面会等活动。这无疑是对教师的体力和能力的一种挑战。所以说在慕课教学模式下就要求教师要有足够的耐心和承负能力。同时，教师还要端正教学态度，虽然网上课堂与实际课堂有轻重之分，但是，在实际的课堂中影响学生的数量毕竟有限，而网上课堂的参与人数是数以万计或者十万计，这却是实际课堂所不能企及的。第二，因为是网上课程，缺乏教师的时时监督，所以说学习的过程就全凭学习者的自觉性。为了解决此问题慕课在教学环节中设置了问题，只有正确回答问题才能继续学习，反之亦然。同时还将交流区内的学生讨论的参入度划入到最终考核成绩内，这就大大地激发了学习者的参与程度。第三，助教的问题也是影响慕课教学模式实现的因素之一。参与慕课的学习者数量之大，这就决定了仅凭任课教师一人的力量来解答所有学生的问题是不太现实的。这时助教就成为任课教师的主要帮手，主要帮助教师解答学习者的诸多问题，发布课程通知等。由于慕课的助教是受聘的在校学生，所以这部分的开销也就加大了慕课教学模式的运营成本。可能有的学校受到资金的制约就会减少助教的数量，这也会对学生的学习造成一定程度的困扰。最后，慕课教学模式作为一种网络教学模式，它最大的特点就是以互联网为依托，这就大大减低了教学对时间和空间的依赖。只要学生有着便捷的网络连接，并用邮箱注册一个学习账号就可以轻松地学习。学习者在开课前仔细阅读教师的课程安排，在固定的时间范围内观看课程视频，完成课堂作业即可，这就大大地加强了学生学习的灵活度，并可以根据自己的时间来安排学习的进程。最终成绩由出勤率以及同学互评的作业构成，同学互评同时也是学生学习的一个重要部分。最重要的是，学习者的学习成绩不具有竞争性，只要达到课程所规定的要求，即可获得结业证或者相应的学分，所以说学习心态相对放松。

（五）评价的不同

1. 传统高等数学教学模式的评价

虽然现有的教学评价模式和方法较多，例如泰勒评价模式、CIPP 评价模式、差别评价模式和回应评价模式等，但是当前在高等数学教学中使用频率最高的还是操作性较强的布卢姆的评价方式，即诊断性评价、形成性评价和终结性评价。

在学期前或者新的教学内容开始之前，教师要对学生进行一次测试，即诊断性评价，评价的目的不是为了将学生按成绩分类，而是要了解学生目前的知识水平和技能水平以便教师更合理地制定教学目标和安排教学进度，这就是我们常说的“摸底考试”。当然，诊断性评价也可以在学习中期进行，目的是诊断学生的学习缺陷。经过一段时间的学习后，往往会进行带有形成性评价性质的期中考试。形成性评价的目的在于发现每一个学生知识的薄弱环节，进而达到帮助学生改进学习行为的作用；同时对于那些全部完成学习任务的学生来说可以增强成功的学习体验，从而进一步强化学习动机。让学生做到有效地学。教师通过形成性评价则可以掌握第一手教学信息，或者明确哪一部分知识学生最容易出错，方便此后补救性教学的开展以及有效地运用教学方式方法，并将不同学习能力的学生放入到最适合的学习序列中。如果个别学生存在较多的问题，则要进行个别辅导。让教师实现有效地教。值得注意的一点是：形成性评价可以多次运用，但是不带有定性评价的性质。最后，在全部学习内容结束后，对学生进行全方位的整体性的评定，即进入到终结性评价阶段。其作用在于考查学生是否达到教学目标的要求或者以何种程度达到教学目标的要求。同时通过终结性评价还可以大范围地摸排学生的不足之处，对于未完全掌握的学生进行针对性教学，通过诊断性评价后，就进入到下一个单元的学习中去。它与形成性评价的区别在于：终结性评价要求给出定论的评价，而形成性评价则不需要。

2. 慕课在高等数学教学模式的评价

慕课教学模式在能容纳成千上万名学生学习的同时，却不得不面对由谁来批改这成千上万份作业的这一现实问题。许多慕课课程的教授除了要录制课程视频、在线回答学生的问题之外，还要兼顾其所在学校的实际教学任务；有些学校则出于经费的考虑并没有招聘很多助教，所以说期望教师和助教来批改这些海量的作业就有点不切实际。Coursera 网站的开发就正好解决了这个问题，慕课在高等数学教学模式中的评价方式，可以使为学生提供加深知识和情感交流的机会，提高学生学习的主动性。也正是这种交流才使学生间的智慧得以碰撞，变知识间的单向流动成为双向沟通。更为重要的是，学生间互评作业的过程中也是一次难得的学习机会，这不仅可以锻炼学生的批判思维，还能提升学生的纠错能力。

第三节　慕课在高等数学教学中的应用分析

一、慕课与高等数学教学融合的优势与应用

（一）慕课与高校数学教学融合的优势

1. 可以培养学生解决实际问题的能力

慕课与高校数学教学融合，要求教师将复杂的理论推导转化成通俗易懂的数学概念，并从中提取出重要的数学方法与数学思想。这样一来，学生的注意力也就集中到了数学方法与数学思想的掌握方面，解决实际问题的能力也就得到了培养。高校数学教学内容涉及高等数学、线性代数、概率论数理统计等内容。这些数学知识体系结构相对复杂，学生学习起来非常吃力。尤其是微积分和空间解析几何的相关知识点非常单一、枯燥，教师教学也没有考虑到不同学生之间的学习差异，教学效率相对偏低。而慕课的应用，不仅会选择具有多年教学经验的优秀教师，还会将枯燥的教学内容以一种形象、生动的方式呈现在学生面前，激发学生参与课堂教学活动的积极性，进而有效培养学生解决数学问题的能力。

2. 可以提高学生的学习效率

慕课教学模式将现代化信息技术与教学过程进行了充分的融合，是网络课程发展到一定阶段的体现。将慕课与高校数学教学进行融合，使得学生参与课程的形式变得非常灵活，所以受到众多大学生的认可与喜爱。而且，绝大多数的大学生已经具备了一定的信息技术应用能力，可以直接通过互联网进行相关课程的学习。慕课与高校数学教学的融合，将课程资源与信息技术进行了有机的结合，实现了大规模在线开放课程的实施。这样一来，学生在学习高校数学知识的时候，就可以直接在线上与教师或者同学进行沟通交流，及时解决自己在学习过程中遇到的困惑与疑问，学习效率可以得到明显的提升。另外，作为一种现代化的教学模式，慕课与高校数学教学的融合，还可以弥补传统灌输式教学模式的缺陷，使教学设计与课堂组织更加贴近学生的学习需求。而这一点，正是提高高校数学课程教学质量的关键。

3. 可以激发学生参与课堂学习的积极性

网络信息技术强大的逻辑性与记忆存储功能，在实际教学活动中发挥不可替代的作用。作为一种全新的课堂教学形式，慕课教学模式的应用也有着网络技术的应用优势，将其应用到高校数学教学中，可以通过知名的教授、名师、专家来开展网络教学，并将当今社会中最新的思想观点进行融合，激发学生参与课堂学习的积极性。另外，慕课与高校数学教学的融合，还可以专门讲解重难点知识，并为学生在课余时间进行自主学习提供便利。这样一来，既可以激发学生参与课堂学习的积极性，又可以提升学生的自主学习能力。

（二）慕课与高等数学教学的融合实践

近几年来，慕课平台，上已经出现了很多与高校数学课堂有关的教学视频，并且还在不断地更新。这些教学视频都是各大高校优秀教师的多年教学研究成果，既可以作为学生的课前预习资料，也可以发挥课后复习或者重难点讲解的补充作用，加深学生对高校数学相关知识点的理解。

1. 慕课与高等数学教学的融合

在高等数学教学中，慕课的应用可以引入与之相关的应用案例，进而激发出学生对高等数学的学习兴趣，引导学生将高等数学的相关知识点应用到实际生活问题的解决当中。在解决生活中实际数学问题的过程中，数学模型的应用发挥着十分重要的作用。所以可以通过简单的“数学模型案例”来让学生感受到数学在实际生活中的广泛应用。

例如，针对“零点定理”的教学，教师就可以向学生提出一个日常生活中常见的例子：一把四脚等长的矩形椅子，是否可以在不平的地面上放平？这一例子在学生的日常生活中非常常见，可以给到学生熟悉感和亲切感，可以作为零点定理教学的切入。但是，由于课堂教学时间十分有限，所以教师可以将与之相关的慕课视频推荐给学生，让学生利用课余时间进行思考和学习。

2. 慕课与线性代数教学的融合

在线性代数教学过程中，慕课的应用可以帮助学生进行相关知识点的梳理和对比。因为高校数学课时的有限，教师在线性代数课堂上，很难空出充足的时间进行相关知识点的梳理和对比。对此，教师就可以根据实际的教学内容，将与之相关的慕课视频推荐给学生。

例如，在完成行列式的计算教学之后，教师就可以将与行列式计算方法有关的慕课视频推荐给学生。这一慕课视频中会对行列式的定义、性质以及常用的三种计算方法进行详细的讲解，并配以案例说明。这样的慕课视频，可以有效加深学生对行列式计算的认识与理解，从而让学生在做题过程中正确地选择计算方法，进行行列式的计算。

3. 慕课与概率论教学的融合

在概率论教学中，涉及大量的微积分知识点，而慕课的应用就可以对相关的微积分知识点进行补充。因为概率论中涉及的微积分过多，要想保证教学效果，就必须要在讲解概率论的时候，进行微积分知识的回顾。但是，受到课堂教学时间的限制，教师很难占用课堂时间进行微积分知识的回顾。在这种情况下，教师就可以将与微积分有关的慕课视频推荐给学生，让学生在课前预习或者在课后复习。

例如，针对"一维连续性随机变量及其概率密度"的教学，教师就可以提前将"无穷区间上的广义积分"慕课视频推荐给学生，然后在讲解"维连续性随机变量"之前，将"二重积分"慕课视频推荐给学生。这样一来，学生就可以提前进行微积分知识的回顾，为更加高效的参与课堂学习活动做准备。

（三）加强慕课与高等数学教学融合的策略

1. 加强慕课网络课程的建设

慕课教学模式的应用，对于网络课程有着较高的依赖。所以，要想加强慕课与高校数学教学的融合，充分发挥慕课在高校数学教学中的优势，就必须要加强慕课网络课程的建设。首先，政府部门要加强慕课网络课程建设的政策扶持、资金扶持以及技术扶持，完善各大高校网络硬件基础设施的配置，为慕课与高校数学教学的融合提供保障。其次，结合高校的教学实际情况，构建多元化的高校数学课程体系，然后在通过互联网技术完善慕课网络课程体系。再次，对本校数学教师进行慕课培训，提升数学教师对于慕课教学模式的应用能力，为高校数学慕课教学效果的提升提供保证。最后，组织慕课教学团队，定期讨论教内容的更新与优化，并将其体现到相关课件的制作当中，提升高校数学慕课教学的先进性与合理性。

2. 高等数学课堂教学方式的创新

要想加强慕课与高等数学教学的融合，充分发挥慕课在高校数学教学中的优势，就必须要创新高校数学课堂教学方式。首先，教师要更新传统的教学理念，加强自身对共享课程的认识与应用，并以此为基础对现有课堂教学方式进行创新。其次，教师要加强与学生之间的沟通与交流，对学生的学习情况与学习需求进行详细的了解，从而优化当前的教学环节，提升课堂教学的针对性。最后，创建一个专门的信息交流与互动平台，加强教师与学生之间的沟通和交流，并吸引国内外的优秀慕课教学资源，并将之整理成具有一定特色的课程体系结构。

3. 重视慕课教学环节的设计

作为一种信息时代下的新兴事物，慕课其实就是对传统教学的创新。要想加强慕课与高校数学教学的融合，充分发挥慕课在高校数学教学中的优势，就必须要重视慕课教学环节的设计。首先，加强慕课课程设置、慕课课程安排等方面的研究与分析，并通过现代化信息技术来保证慕课的顺利实施，提升慕课实施的有效性与系统性。其次，在实际的慕课教学过程中，要始终坚持高校数学教学的核心理念，针对某一个具体的定义，要进行详细而全面的讲解，加强与之相关知识点的设计。将课堂视为诸多数学知识点的为单元，并通过数学知识点之间的相关性来增强课堂教学的连贯性与系统性。最后，将高校数学教学内容分成两部分：第一部分是课上部分，主要是对各种知识点进行详细的讲解；第二部分是课下部分，让学生围绕某一知识点，在在线学习平台上进行自主探究学习，对课堂所学知识点进行巩固与拓展。

4. 给予学生主体性充分的尊重

要想加强慕课与高校数学教学的融合，充分发挥慕课在高等数学教学中的优势，就必须要给予学生主体性充分的尊重。首先，要利用慕课共享性与开放性的优势吸引更多的学生参与到慕课学习活动当中，激发学生对于高校数学的学习热情与激情。其次，加强高校数学课程体系的建设，以高校数学教材为基础，结合慕课教学的特点，加强高校数学教材的研究与分析，并从中提取出适合拓展教学的内容，通过启发式教学来活跃课堂教学氛围。再次，利用因材施教教学理念对学生进行引导，激发学生参与课堂学习活动的积极性与主动性，为提升高校数学课堂教学的有效性提供保证。最后，在教学过程中，教师要时刻关注学生的学习情况。例如，可以根据实际情况适当的增加检测，通过检测来更好地了解学生的学习效果。

二、慕课在高等数学教育中的应用途径分析

（一）慕课在高等数学教学中的应用价值

1. 有利于提升高等数学课堂教学有效性

慕课是一种将现代化技术手段融入课堂教学的方式，慕课的产生以及在教育领域的广泛应用，标志着我国教育网络课程将迎来新的发展里程碑。慕课在高校数学教育中的有效应用，能够进一步丰富课程的教学形式，提高学生对数学知识学习的兴趣与积极性，是一种学生喜闻乐见的教学手段。当代大学生在日常学习和生活中，已经能够熟练运用各种信息技术手段，互联网成为学生学习和生活中不可分割的重要构成，大部分学生已经掌握利用网络进行课程学习的技能。所以高校将慕课应用于高等数学教学过程中，为广大学生打造在线开放课程，以及十分丰富的数学课程资源，学生可以根据自身学习需求自主选择，大大提高了学生的自主学习效率。将慕课应用于高等数学教学过程中，特别是教师在讲解重点和难点知识时，慕课能够将原本抽象化的知识具体化呈现，为师生之间构建了沟通和交流的桥梁。慕课在高等数学教育中的应用，打破了传统课堂教学模式，对高等数学课堂教学进行了很好的组织和规划，所运用的教学方式，更加贴近学生的学习兴趣和需求，有利于提升高等数学学有效性。

2. 有利于培养学生解决实际问题的能力

慕课在高校数学教育中的应用，要求教师将侧重点从复杂的理论推导，逐步转化为通俗易懂的数学概念，并且从抽象化的理论知识中获取数学方法与思想，进而提高学生运用数学知识解决实际问题的能力。高校开展数学教育主要划分为以下课程种类，包括高等数学、数理统计、概率论以及线性代数，这些数学知识的最大相似性则是知识体系较为复杂，学生学习难度较高。且数学枯燥的知识点，教师采用传统教学手段，很难激发学生的学习热情，无法取得理想的教学效果。慕课等线上教学体系，为学生提供了丰富多样的教学资源，其中包括具备丰富教学经验的资深教师，能够将原本枯燥的知识点以更加灵活和有趣的方式呈现给学生，只有学生真正融入课堂参与课堂，才能逐步提高学生的解决实际数学问题能力。

3. 有利于调动学生课堂参与积极性

慕课是一种新型教学模式，将其应用于高等数学教学中，能够充分发挥出互联网强大功能和优势，借助现代网络信息技术手段，能够储存和获取丰富多样的慕课教学资源。现如今，慕课在高等数学教育中的应用，通常是选取较为知名的数学教授或名师，对学生展开网络线上教学，慕课教学资源在精心的组织规划和设计制作时，能够将当前社会热点话题、最新学术研究成果融入课程体系中，有利于更好地激发学生知识探究欲望与课堂参与积极性。慕课还能够针对高等数学的具体知识点进行专门的视频讲解，这样一来，学生可以根据自己没有掌握的重点难点知识，利用课余时间反复观看慕课课程。总而言之，慕课在高等数学教育中的灵活应用，为学生课前预习一下以及课后复习提供了良好的平台，只有学生能够真正掌握知识，才能激发学生探究更深层次知识的欲望，提高学生的数学学习积极性。

（二）慕课在高等数学教育中的应用途径

1. 慕课建设

慕课是一种依托网络课程展开教学的形式，慕课在高校数学教育中的应用学校方面必须予以高度重视，并充分认知慕课在数学教育中应用的价值和优势，并给予有力的政策支持，不断加大资金扶持力度，在高校内建设完善的慕课网络课程。与此同时，高校应加强网络硬件基础设施建设，保证慕课在数学教育中的应用顺利推进。在高等数学课程设置的过程中，应进一步加强慕课教学资源的引进工作，并针对当前现有的数学教学资源不断整合优化，打造高校数学教育一体化网络课程。慕课网络课程的建设过程中，应充分契合数学教育的学科特点，充分发挥现代网络技术的优势。高校可以建设独立的慕课资源库，学生可以根据自身知识学习需求，自主在资源库中检索和下载，保证慕课资源的丰富性与多样性，为学生自主学习数学提供有力的资源保障。慕课的应用需要教师能够灵活运用现代信息技术教学手段，所以高校内部应针对慕课教学，加强数学教师的针对性培训，定期组织多样化的培训活动，鼓励教师积极参与其中，不断强化高校数学教师的慕课应用能力，为慕课在高等数学中的教学效果提供有力保障。此外高校还应针对慕课教学建立数学教学专属团队，主要负责慕课的制作与设计，为慕课教学模式的实践应用提供资源保障。

2. 课前应用

在高等数学教学前，教师应选取 10 分钟左右的慕课作为课前预习，并在慕课视频中融入问题，将视频发布于网络平台中，引导学生进行课前自主学习。学生能够一边学习，一边解决教师技术的问题，还可以利用网络平台与同学和教师展开探讨交流。慕课网络平台中有丰富多样的模块，不同的模块有不同的功能，学生在课前自主学习过程中，可以根据意愿进行多元化选择。例如在定积分的概念与性质教学过程中，课前可以为学生布置以下任务：第一，要求学生自主到慕课网络平台中观看教学视频，了解定积分的概念与性质，对其中难以理解的问题进行标注，并通过交流平台与师生探讨。第二，教室应在视频中设置问答模块，例如定积分的几何意义，定积分的性质和应用，如何用定积分求曲边梯形的面积，学生将这些问题总结归纳得出结论，作为课堂教学中发表的内容。第三，慕课网络平台中的测试环节可以分为基础测试和深化提高两个构成部分，所有学生在完成基础测试之后，可以根据自身自主预习情况完成深化提高测试。第四，根据自身对于定积分的了解，探讨实际生活中所运用的定积分有哪些。利用慕课平台展开数学课前预习，能够培养学生自主学习能力，激发学生知识深入探究欲望，还能够提高课堂教学效率与效果。

3. 课中应用

数学课堂教学过程中应用慕课，教师不再是主导者，应充分发挥学生课堂主体地位，将课堂教学作为检验学生自主学习成效与巩固数学知识的平台。数学教师可以将学生进行合理分组，针对教师慕课平台所提出的问题深入交流探讨，为了保证学生探讨问题的实效性和有效性，教师应实时参与其中，对学生形成正确的引导和点评。探讨结束后小组派出代表进行成果汇报，并由教师进行综合考核评价。首先，明确数学课堂教学的中心主题，以定积分的概念和性质为例。其次，由小组代表成员进行成果展示，并提出存在疑问的问题，由其他小组成员相互补充，教师应在适当时机进行有效的问题引导。最后，教师对本级课堂教学内容进行展示，进一步巩固慕课教学模式的整体效果。高等数学教育中应用慕课打破了传统，以教师为主体的教学体系和模式，重点在于引导学生自主探究问题，培育学生的实践能力与解决问题能力。所以在课堂教学过程中，教师应真正将主体地位归还给学生，教师从课堂主导者转化为课堂教学指引者和辅助者，重新角色定位，要求教师不断提高自身慕课教学模式应用能力，有利于促进学生与教师协同发展。

4. 课后应用

慕课在高等数学课后应用主要是进行知识的实时总结和反馈，在网络平台中进行学习心得和问题的交流探讨，不断拓宽学生的知识面，并且对学生知识掌握情况有综合的考核，便于教师更好的调整慕课教学模式的应用。一方面，教师应通过慕课平台为学生布置课后作业，基于慕课网络平台完成并提交，系统能够自动给出答案，节省了教师批阅作业的时间，同时学生能够第一时间了解自己的作业完成情况，总结错题。由于高等数学课堂教学时间有限，所以如果学生存在难以解决的问题，可以在课后通过慕课网络平台询问教师或自主观看慕课视频进行加深和巩固，这样能够提高学生自主学习能力和课堂教学效率。另一方面，对学生课堂表现进行考核评价，主要包括学生慕课视频观看进度、课堂出勤、课堂表现、课堂测试、课后作业完成以及期末考试成绩，从全方位了解学生数学知识学习状态与掌握情况。

第五章　“互联网 +”背景下翻转课堂在高等数学教学中的应用分析

第一节 翻转课堂基本简述

一、翻转课堂的起源与定义

（一）翻转课堂的起源

19 世纪中期，美国西点军校的 Sylvanus Thayer 将军要求学生在教师开展课堂教学之前，先利用教师发放的学习资料进行自学，然后在课堂教学上组织开展小组协作学习，引导学生进行批判性思考。这种教学形式已然具备了“翻转课堂”的雏形，但并未得到广泛传播。

2000 年，美国迈阿密大学的莫林·拉赫（Maureen Lage），格伦·普拉特（Glenn Platt）和迈克尔·特雷格拉（Michael Treglia）打破了原有教学观念的束缚，积极引入新型授课模式来讲授《经济学入门》这门课程。具体来说，首先他们将教学内容作为主要依据来制作讲解视频，并要求学生借助实验室、家中等地的网络平台浏览这些视频进行学习，并且在课堂上让学生以小组为单位进行作业练习。尽管不曾为此种教学模式提出明确的概念，但从这种教学模式的形式和环节来分析，它初步体现了“翻转课堂”的形态。

随后，Maureen Lage 和 Glenn Platt 分别在《经济学教育》期刊上发表了自己关于“翻转课堂”教学实践的文章。同年，Baker 也在第 11 届大学教学国际会议上（在佛罗里达州杰克逊维尔市召开）提出了自己对“翻转课堂”教学模式的看法。随着诸位学者探索活动的不断深入，“翻转课堂”的概念也变得越来越明确、清晰。

2007 年，Aaron Sams 和 Jon Bergmann（美国林地公园高中）进行了翻转课堂教学实践活动。这两位化学老师由于需要为缺课的学生进行补习，便开始尝试将试题讲解过程录制在屏幕录像软件中，并将其制作成视频发布到网上，以便学生可以随时随地观看、学习。同时，他们试着将这种教学方式引入课堂练习，即先让学生在家利用视频进行学习，然后在上课时写练习题，并根据学生课堂作业的完成情况，及时对学生遇到的疑难进行解答。这种教学模式倍受学生与教师的青睐，为了扩大“翻转课堂”教学模式的影响力，使更多教师理解并采用翻转课堂的教学理念与教学模式，他们决定举办“翻转课堂开放日”。2012 年 1 月 3 日，在林地公园高中举办的翻转课堂开放日吸引了许多教育工作者来访观看，其中最为瞩目的便是两位老师对这一新型教学模式的现场演示，它全面展现了翻转课堂模式的教学情况和学生们的学习状态，促进了翻转课堂教学模式的推广。

无疑，Aaron Sams 和 Jon Bergmann 的努力功不可没，因为他们的实践使翻转课堂成为具有实际意义的教学模式，并得到了大范围的推广，受到了越来越多师生的青睐。但是这并没有促进我国对翻转课堂教学模式的认识和推广应用，直到 OER 运动（Open Educational Resources 开放教育资源运动）的开展。究其缘由，这一教学模式在我国的初步应用始于 OCW 运动（Open Course Ware 开放课件运动），当时涌现了许多高质量的教学资源，如 TED-ED 视频、可汗学院微视频和耶鲁公开课等都提供了珍贵的资源支持，有利于翻转课堂的应用和推广，能够促进高职课堂教学的有序开展和高职教学质量的逐步提升。

2011 年，重庆市聚奎中学相关教学工作者深入探讨了“翻转课堂”教学模式，并试图对它的基本流程和步骤进行总结。终于，经过漫长的实践研究后，该校整理出了翻转课堂模式下的课前“四步”和课中“五环”，也就是说，教师在课前要做好导学案的设计、教学视频的录制、自主学习计划的制订以及个别学生的辅导计划等工作，要在课中达成合作探究目标、释疑拓展任务、巩固计划练习，并引导学生自主纠错，做好课堂教学的反思总结工作。

（二）翻转课堂的定义

“翻转课堂”从起源发展到应用广泛经历了较长时期，关于翻转课堂的定义也在不断完善。翻转课堂，也被称作“反转课堂”或“颠倒课堂”。翻转课堂的定义于 2000 年正式提出，至 2011 年初步形成。对于翻转课堂的定义，不同学者有不同的见解。随着翻转课堂的实践应用越来越广泛，其定义也逐渐明晰。自翻转课堂出现以来，国内外教育家及学者都致力于对其概念作出界定。

1. 国外学者的定义

最早对翻转课堂概念作出界定的是美国经济学家莫林·拉赫和格伦·普

拉特，他们认为将原本在传统课堂教学里开展的教学活动在课外进行就是翻转课堂，反之亦然。他们还指出，通过利用学习技术，尤其是多媒体技术的使用，给学生的学习带来了诸多便利，同时还为学生提供了许多新的学习机会。莫林·拉赫和格伦·普拉特作为经济学者，只是从课堂教学发生的转变简单地对翻转课堂进行了界定，并没有深入地从教学模式的角度对其作出定义。

英特尔全球教育总监 Brian Gonzalez 从翻转课堂带来的作用出发对其作出了定义。他认为，翻转课堂让教师给予学生更多学习空间和自由，将知识传授活动延伸至课堂之外，使得学习者可以选择最适合自己的方式获取知识；翻转课堂让教师可以在课堂上集中答疑解惑，方便学生与教师和同学进行沟通交流，便于开展协作学习，把学生知识内化的过程集中在课堂内进行。此观点阐明了翻转课堂和与传统课堂的区别，但从本质上来看，Brian Gonzalez 的界定，只是单纯介绍了翻转课堂的具体事件，而没有对翻转课堂作为教学模式进行界定。

2011 年 7 月，翻转课堂大会在美国科罗拉多州如期举行，会上讨论了如何对翻转课堂进行恰当的界定。Jonathan Bergmann 协同与会学者从作为教学模式的角度对翻转课堂的概念作出了界定，此次大会关于翻转课堂的研讨具有重要意义，标志着学界对翻转课堂的定义有了实质性的突破。

大会指出，翻转课堂作为一种教学手段，能够促进教学活动的顺利开展，通过翻转课堂模式进行教学，增加了师生互动，实现了教师个性化指导；同时，翻转课堂还创造了一种个性化的教学环境，在这种环境下，学生可以实现自主学习，得到个性化教育，其学习积极性也能得到有效提高，独立思考能力逐渐增强。Jonathan Bergmann 及与会学者强调，翻转课堂是一种混合了直接授课与建构主义学习的教学模式。在翻转课堂教学模式下，教师并非知识的独裁者和灌输者，更非圣人，而是作为学生学习的引路人和指导者，引导、帮助学生做好课前预习、课中练习和课后复习，成为真正意义上学习的主人。总的来说，翻转课堂模式下，学生的主动性和积极性更强，即便是缺课学生也能够通过自主学习跟上教学节奏，自觉做好课前预习，找出疑难点，按时按量完成课中练习，及时进行课后复习，对自身的学习状态和学习情况进行反思，从而对自己的学习规划做出更合理的安排，制定出更科学的学习计划和目标，进而有利于提升整体的教学效率和教学质量。

2. 国内学者的定义

自从翻转课堂教学模式引入中国，国内教育界也掀起了探索翻转课堂教学模式的热潮。关于翻转课堂的定义便有诸多学者对其展开了探讨。

在马秀麟等学者看来，翻转课堂教学模式是对传统教学结构的颠倒安排。换言之，该模式打破了陈旧的教学观念，摒弃了古板的教学方式，改变了传统的教学方法，使得课外时间变成了学生自主学习的时间（以基础概念和知识点等为主的针对性学习），上课时间变成了师生互动的时间（以合作讨论、答疑解惑等为主的知识内化学习），有利于充分发挥学生的主观能动性，激发学生的潜在能力，促进学生全面发展和健康成长。以马秀麟为代表的学者通过分别阐述翻转课堂教学模式中课堂和课外的教学活动对“翻转课堂”做出了明确的定义。

张金磊等学者指出，翻转课堂又称“颠倒课堂”，这种新型模式的“新”主要体现在两个方面，其一是重新定位的师生角色，其二是重新规划的课堂时间。而这两点都是因为翻转课堂颠倒安排了传统的知识传授环节，更有利于促进学生知识内化而“新”的。即翻转课堂转变了传统教学模式下师生角色关系，改变了课堂教学时间与课外学习时间的分配，增加了学生自主学习的时间，有效地实现了学生对所学知识的内化。

钟晓流等学者认为，随着信息化时代的到来，翻转课堂逐渐被引入国内课堂教学，在这种背景环境下，教学资源的主要形式逐渐变成视频，学生能够借此更好地实现自主学习，即通过观看教学视频自主完成课前预习，并通过课堂师生互动环节加强沟通交流和团队协作，从而在师生共同努力下解决重、难点问题，促进学生知识内化。钟晓流等学者做出的定义是在前者的基础上针对翻转课堂教学模式做出的比较全面的定义，揭示了这一教学模式下学习资源（教学视频为主）和学习环境（信息化环境）的突出特征，体现了该模式与其他教学模式的不同之处。

通过以上分析，笔者认为，若要清楚翻转课堂教学模式的定义，我们需要明白它所服务的范围。翻转课堂教学模式主要针对学生对理论知识的学习，并不包括学生在其他方面如体能、美育等的学习。相较传统课堂而言，它的不同之处在于是实现了学生知识传授和知识内化两个时间和空间的逆转。每种教学模式都有其特定的使用条件，翻转课堂教学模式也是如此。它需要借助信息技术手段，完成课前知识的学习；课中需要借助不同的学习活动帮助学生实现知识的内化，知识的内化在课堂中，实现的方式是通过师生、同学之间的协作活动。通过分析，本书以为，翻转课堂教学模式就是指通过信息技术、互联网技术的运用，结合基本的教学技能和教育方法，事先制作好教学视频，供学生在课前完成基本信息的接收与知识的学习，进而在课堂内以师生互动、合作学习的互动交流方式完成答疑解惑，并最终使学生内化和掌握教学知识的过程。翻转课堂教学模式在课外传递基本的教学信息和知识内容，在课内实现对学生的答疑解惑，改变了传统的课内“传道授业”，课外“答疑解惑”的模式，为学生营造了新的学习情境，充分调动了学生学习的自主性和积极性，是一种使学生成为自己学习的主人的新型教学模式。笔者认为翻转课堂教学模式与传统课堂教学模式的主要区别在于翻转课堂教学模式正式借助于教育技术和互动化的课堂活动改变了学生之前的学习环境。

综上所述，翻转课堂是一种新型教学模式，也被称作“反转课堂”或“颠倒课堂”，主要分为课堂前、课堂中两个部分，前者要求教师将教学视频上传至相关管理平台，学生根据视频和有关教材上的教学内容自主进行基础概念、知识点的学习；后者需要师生一起参与才能完成，因为只有通过互动交流与合作探究才可以有效解答学生在自主学习过程中遇到的疑惑，加快学生对知识内化的过程。

传统模式下的教学工作是从教师课堂授课开始，学生做好课堂练习和课后作业结束的，而基于翻转课堂模式的课堂教学时间规划得到了调整，学生获得了更多的主动权，他们可以先通过自主学习熟悉知识点，然后通过课堂互动环节针对性地解决知识点运用和练习题疑难问题。

此外，值得注意的是，随着互联网和计算机的普及，翻转课堂模式的实用性和可行性变得越来越强，也促使我国教育事业得到了迅猛发展，同时使学生对教师的依赖性逐渐变弱，他们不再是单纯的知识接受者，而是自己也能够借助网络获取教育资源和教学素材的自主学习者，因此，教师的角色变成了引导者，其工作任务也有了一定变化，主要表现为以答疑解惑为工作重点。

二、翻转课堂的特点与优势

（一）翻转课堂的主要特点

在教学方式上，翻转课堂教学模式变传统的讲述式教学为互动式教学，在翻转课堂教学模式实施过程中充分融入了互动教学理念，在课前准备时期互动式教学理念就得到体现，教师通过网络互动平台及时掌握学生学习的动态，在互动交流中实现知识的传授。在课堂学习中，教师通过答疑解惑、分组探究、协作学习等方式开展互动教学。

从教学环节来看，翻转课堂完全不同于以往的教学模式，因为它不仅改变了单纯由教师课堂讲授、学生课后练习的陈旧方式，还使教师退回到指引者的位置，强化了学生的自主学习能力和习惯，促进了师生的互动交流与合作探究。

从师生角色来看，翻转课堂使教师由过去的主导者转变为引导者和组织者，学生由过去的被动参与者转变为主动学习者，如此一来，一方面有利于教师清楚地掌握学生的学习情况，从而可以更有针对性地传播知识，另一方面也有利于学生增强学习积极性，合理安排学习时间，科学制定学习计划。

从教学资源来看，传统课堂使用的教学资源较多，主要有多媒体课件、教具、教案、教材和讲义等，而翻转课堂的主要教学资源是微课视频，这种视频时间较短，通常为 10 多分钟；主题较固定，针对性较强；发布简单，观看方便，易于保存、分享。因此，学生可以自行搜索、学习微课视频的内容，并控制观看视频的速度和时间，真正实现自主学习。

从教学环境来看，传统课堂对教学环境的要求较低，配置基本的多媒体设备即可，而翻转课堂对网络设施、设备的要求比较高，同时需要配备完善的学习管理系统，以便教师能够 .上传、存放不同种类的教学资源，开展必要的在线检测，登记好教学进度和学生们的学习情况，并及时加强师生互动交流，促进彼此了解，增进师生关系，促进教学实施和进程。

教学视频短小精炼，针对性强。在没有外在监督的情况下，学生的注意力一般都只能集中十几分钟。针对这一特点，翻转课堂的视频一般都比较短小，从几分钟到十几分钟不等。每个视频都有一个确定的主题，针对某一具体问题展开讲解，不仅具有较强的针对性，还为学生提供了搜索的便利。同时，为了方便不同学生的不同学习进度和要求，提高学生自主学习程度，这些教学视频都设置了暂停、回放等功能，学习者可以根据自己的学习情况和需求自由控制播放进度、选择频段，从而提高学习的效果。

教学信息明确精准，集中性强。在缺少外在的约束和监督的情况下，学生的注意力很容易被一些其他的东西所干扰。为解决这个问题，“翻转课堂”采取了与传统教学录像不同的方式，就是在视频中看不到教师的形象，也没有其他会分散学生注意力的物品。我们只能在视频中看到老师书写教学内容和符号的手，听到老师讲课的声音。所有的教学信息能够集中精准、清晰明确地展现在整个视频屏幕中。不仅可以有效地解决学生在自主学习过程中注意力分散的问题，精准的传递教学信息和内容，还能够缓解学生上课的压力，营造更加轻松的上课环境。正如萨尔曼·可汗所说：“这种方式并不像我站在讲台上为你讲课，它会更让人感到贴心，就像我们同坐在一张桌子前，一起学习，并把内容写在一张纸上。”

教学模式新颖灵活，互动性强。一般的学习过程基本可以分为两个步骤，即信息的传递接收与知识的认同内化。普通的教学模式，是在课堂上通过老师的教授完成信息的传递与接收过程，学生接收信息后，在课堂之外进行知识的内化，将课堂上接收的信息转化为自己的知识。在这个内化的过程中，学生会遇到很多的疑问，并不能通过一己之力完全地吸收和内化所有的知识信息，而老师和同学的答疑又不能及时地完成，所以，学生很容易这个阶段出现挫败感，失去学习的动力，不利于知识的内化与巩固，进而导致学习效果的下降。“翻转课堂”则改变了这一现象。教学信息的传递和接收在课堂外完成，学生通过网络教学视频和在线指导进行自主学习，了解和接受教学内容和信息，再带着疑问回到课堂，通过实时的课堂互动与答疑，完成知识的内化与巩固。“翻转课堂”有利于老师及时地了解学生的学习疑问和困难所在，并能在课堂上给予针对性的回答和辅导。而学生也能够通过与老师、同学的交流在课堂上实现知识的整理和消化。这种新颖灵活的教学模式，不仅能增强学生学习的信心，还能提高老师教学的效果。

教学效果检测便捷，即时性强。检测和考核是测量教师教学效果和学生知识掌握的有效方式。“翻转课堂”可以在课程结束后即进行教学效果的检测。在每个教学视频的最后，老师都会设计若干小问题，即时检测学生对所学知识的掌握和理解情况，帮助学生发现学习的问题，并对自己的学习情况作出基本的认识和判断，引导学生进行自主的思考，并及时地记下自己的问题和疑问。对于学生的问答情况，老师可以进行及时的汇总，通过数据分析和总结，发现教学过程中的重难点，改进教学方法。而学生还可以在学习之后的一段时间内，反复不断地对薄弱知识点进行复习和巩固，而学习系统也会对学生每次学习过后的问答情况进行跟踪，分析和评价学生的学习效果。既有利于学生了解自身的学习情况，也有利于老师做出针对性的教学调整和改进。

（二）翻转课堂的几大优势

翻转课堂模式改变了传统的教学模式。在翻转课堂教学模式中，教师不再像传统的教学模式一样，采用灌输式的教学模式，通过这种教学模式的改变，就需要对教师和学生之间的关系进行重新定位。翻转课堂教学模式的优势主要表现在4个方面：

1. 教师方面

（1）采用翻转课堂教学模式，可以有效增加教师和学生之间的交流，促使教师能够更加深入地了解自己的学生。随着科学技术的不断发展，远程教育的模式也得到快速普及。在这种教育方式下，甚至有些人认为学校会逐渐消亡，而这种论述忽视了传统教学模式的一个重要功能，就是师生之间的交流对于学生的成长意义。

（2）采用翻转课堂教学模式，能够促进教师的职业发展。教师在翻转课堂的教学活动中，可以通过对其他教师教学视频的观看和学习，了解其他教师的教学方式和方法，促进了教师教学之间的交流。借助于先进的互联网技术，让学习其他教师的教学方法成为可能，这是翻转课堂教学模式的一大优势，也是传统教学模式难以达到的效果。

（3）采用翻转课堂教学模式，改变了教师在课堂中的角色。在传统课堂的教学模式下，教师具有绝对的权威和地位，是知识的“灌输者”，是“圣人”；而在翻转课堂的教学模式下，教师成为一个“教练”，一个学习和思考的“引导者”，更多地通过与学生的互动交流和合作学习解决学生学习的困难和问题，引领着学生自主地行进在学习的路上。在翻转课堂教学模式下，教师能够有更多鼓励学生的机会，让学生清楚怎样做才是正确的，从而解决学生的问题和困惑。

2. 课堂教学方面

（1）在翻转课堂教学中，教师时间重新得到分配，教师时间能够更高效地得到利用。在传统的教学模式中，课堂的大部分时间都是教师在教学，而用于师生互动的时间是少之又少，即使有也仅仅局限于课堂的互动环节中。在翻转课堂的教学模式中，教师的教授时间减少了，转而用更多的时间与学生互动交流，对学生的学习进行观察和分析，及时地了解学生的学习情况，改进和调整教学，不断地利用课堂时间引导和帮助学生；学生也在与老师和同学充分、及时地互动交流中解决学习中遇到的困难和疑问，降低学习的挫败感，增强学习的信心。

（2）翻转课堂教学模式让课堂动手操作活动更深入。动手操作是学生学习的一个重要方面，也是促进学生学习的重要方式，在教学课程的学习中表现得最为明显。理论性知识的学习与操作性技能的学习缺一不可，具体的实践和实验操作是巩固和深化理论知识的重要手段，学生可以在实验和具体的实践过程中深入地体会理论知识。翻转课堂教学模式能够给学生的实验操作和具体实践提供实时实地的指导，学生可以实时实地地按照老师的讲解逐步地进行试验操作，深化动手操作活动，提高动手能力。

3. 学生方面

（1）翻转课堂满足了学生的需求。现今社会，网络对学生的生活具有巨大的影响力，已经融入学生生活的各个方面，比如微博、电子书等新媒体，这些教学资源都伴随着学生的成长。虽然当前大部分学校都禁止学生将这些电子设备带入课堂，但是学生却还是会悄悄地把电子产品带进教室。在信息化时代，学生不可避免地要接触这些电子设备，因此学校就要顺应时代的潮流，利用网络资源的优势，服务学校的教学和学生的学习。在翻转课堂教学模式下，学生可以携带自己的电子设备，借助于电子设备开展学习，并实现与教师的交流互动，因此这样的教学课堂更具有活力。

（2）在翻转课堂教学模式下，学生需要对自己的学习负责。在这种教学模式下，教师不再是课堂的唯一主导，学生成为学习的主人。主动地承担起学习的责任，对自己负责、对学习负责，更加积极主动地投入到学习中。在这种教学模式下，学习不再是一种负担，而是一种探索性活动。教师不再控制着学生的学习过程，而是由学生自主掌控自身的学习，但是在这个学习的过程中，教师也要引导学生树立正确的学习观念，真正认识到学习的价值不再是仅仅拿到一定分数和教师的评分。通过开展翻转课堂教学，学生不再是被动地学习和记忆，而是整个学习过程的主人。

（3）采用翻转课堂教学模式，可以帮助学习繁忙以及学习困难的学生。在这种教学模式下，针对那些需要参加学校以及各类竞赛的学生，不用再担心自身的学习，通过在线学习的形式，可以保证不落下学习课程。在高职院校，那些学习困难的学生也是让老师非常担心的。在传统的教学活动中，只有那些学习成绩优异或者性格开朗的学生，才能够引起教师的注意。而对于那些比较沉默或者学习成绩不好的学生，教师就自然难以关注到。在传统课堂教学中，无论学习成绩如何，都处于同一学习环境，教会采用同样的教学方法。这种教学模式对于那些学习能力较强地学生而言，是没有问题的，但是对于接受能力、反应能力、理解能力稍弱的学生来说是不利的。在很多情况下，往往是学生还没有充分理解教学内容的时候，教师就已经讲授到下一个知识点了，这样学生的问题就会积累，以致最后这些学生的学习积极性降低，学习的自信心也越来越低，导致他们不想学习，学习困难的学生通常都是这样产生的，而采用翻转课堂教学模式，就可以给予这些学生弥补的机会，让他们能够及时赶上学习的进度。

（4）采用翻转课堂教学模式，学生能够自主的把握自身的学习进度。在传统课堂教学中，教师通常采用灌输式的教学方法，学生仅仅是一个聆听者。作为教育者，教师通常需要将特定的内容呈现于课堂之上。教师希望学生能够按照一定的学习框架来学习，希望学生能够理解在课堂上学习到的任何知识。即使是最优秀的教师，也不可避免地会遇到仍然有学生跟不上进度或者不理解所学内容的情况。但是在翻转课堂教学模式中，学生就能够控制自身的学习，从而基于自身的学习能力和学习情况，及时地调整自身的学习进度。

（5）采用翻转课堂教学模式，学生可以向其他老师学习。虽然大部分学生都会观看自己教师录制的教学录像，但是如果他们有机会观看其他教师的教学视频，也许就有了更多的启发。位于美国密歇根州的一所高校在全校所有的学科中，都采用了翻转课堂的教学方法，学生不仅能够观看自己教师的教学视频，同时还有机会看到其他教师的教学视频。由于不同的教师，其思维方法不同，对知识的传授方式也不同，因此学生在观看其他教师教学视频的过程中，也许就会有意外的收获。

（6）采用翻转课堂教学模式，同时增加了学生与老师个性化的接触时间。在传统的课堂教学中，教师通常在讲台上讲，而与学生的交流和接触非常少，仅有的互动也仅限于教学过程中的互动环节。但是在翻转课堂教学中，在学生自由讨论的环节，学生可以针对自身的问题及时地向教师请教。这种形式的教学模式增加了师生之间的互动交流，能够让教师更加深入地了解学生的学习情况。

4. 家长方面

采用翻转课堂教学模式，同时也为学生家长了解学生的学习课堂提供了可能。随着时间的推进，大部分家长会逐渐忘记其之前学习过的内容，如果孩子遇到问题的时候，他们往往也无能为力，因此他们也只能依靠在课堂上教师对学生进行解答疑惑。但是在翻转课堂教学模式中，他们可以与孩子一起观看学习视频，更新自身的知识。采用这种交流方式，能够有效增进他们之间的沟通和交流。同时在这种教学模式中，家长能够及时地了解孩子的学习进程，关注孩子的学习表现，更加关注学生所取得的进步。

因此，采用翻转课堂教学模式，可以说是对传统教学模式的继承和发展，克服了传统教学模式的一些弊端和缺点。其在教学模式和检测方法等方面的创新，不仅有利于提高学生的学习激情和效率，促进教师教学方法的改进与调整，还有利于家长及时地了解学生的学习情况，推动各方的互动与交流。既能保证教学效果的实现和提高，还有助于学生的自我实现和发展。

三、翻转课堂的理论基础

（一）掌握学习理论

掌握学习理论是翻转课堂最主要的理论之一，是由本杰明·布卢姆于20世纪六七十年代提出的。该理论的指导思想就是力求大部分学生（95%以上的学生）都能够掌握所接收的认知知识，要求教师在集体授课的前提下尊重学生的个体发展差异，给予学生更多的时间自定格调地消化吸收信息，并辅之以及时经常性的反馈，促进学生学习完成度的达成。在传统的集体授课中，会存在此类局面：三分之一的学生可能会学得很好；三分之一的学生学习尚可；而剩下的一部分学生则听不懂。教师在课堂中的精力和关注点不会停留在听不懂的学生身上，因此就自动“放弃”这部分学生，对于日积月累的学习问题选择“视而不见”“听之任之”，这就导致学生的学习成绩之间的差距越来越大，教师则理所当然地以为学生的学习成绩和学习能力之间是呈正相关的。然而，在布卢姆的研究中，我们可以得到不同的观点。布卢姆认为，学习能力决定着掌握知识花费时间的长短，不能决定学习成绩的高低和优劣，更不能支配学生选择学习内容的难易。由此可以发现，学习时间的充足与否是影响学生学习成绩和认知获取的重要因素。

掌握学习理论的操作程序有二：教学准备部分和教学实施部分。教学准备部分的主要任务就是教师要确定用于掌握学习的学习内容，明确学习目标，设计好每一次掌握学习的学习单元。教学实施部分涉及教学内容的传授、测验的采取、错误的矫正和再次测验的开展。具体实施如下：在传统的班级授课下，制订单元测试单进行形成性测试，针对掌握情况不好的学生，教师要具体问题具体分析，确定重温的学习内容，矫正学生的错误认知，之后再次进行形成性测试，若学生达到了预定的课程标准，就可以不步入下一阶段的学习。需要注意的是，这样一个阶段通常就是一个学期，需要对学生进行总结性测试，用于比较学生在这一时间节点之内的进步情况。

与传统的统一步调学习相比，掌握学习开辟了一条学生自定进度学习的个性化道路，尊重了个体的认知差异。然而，掌握学习并不是完美无瑕的，把掌握的理念应用于实践中也会遇到一些问题。对于差错的矫正并不是一件易事，这就意味着教师要抽时间或者占用一部分课堂时间来完成对于问题的讲解矫正。此外，传统的课堂时间有限，在掌握学习的步调下进行教学会出现时间投入过多，严重影响学习进度和降低学习效率的情况。

依托信息技术的翻转课堂模式为掌握学习理念的贯彻提供了绝好的土壤。翻转课堂利用优质的教学视频来取代传统的教师课堂讲授这一环节，在课外学生可以随时观看教学视频，随时暂停、回放、多次播放视频，这对于有着不同接受能力的学生来讲，简直就是“福音”，彰显了掌握学习理念。学生可以通过线上与同伴交流解决遇到的难题，若是这些问题超越了学生现阶段的认知水平，则可以选择在课堂上借助教师的智慧解决。教师及时地针对不同学生的不同问题进行反馈和指导，实现形成性矫正，真正实现个性化学习。

（二）混合学习理论

20世纪以来，互联网技术和通信技术得到了快速发展，映射在教育领域的变革就是在线学习的出现，即“E-Learning”。随后教育界人士围绕在线学习展开了一场空前的激烈讨论，针对纯技术教育的适用范围进行了反思，最终达成了技术教育应与传统教育相结合，才能最大地发挥技术的优势并且传承传统教育美德的共识。混合学习，顾名思义就是学习方式的混合，即线上和线下的交替使用。混合学习自出现伊始，就获得了各行各业广泛的应用和推崇，对其研究也是不在少数。著名学者德里斯科尔认为混合学习过程是“多种教学技术中的一种”，和面对面教学方式相融合。

混合学习应用愈加广泛，不断衍生出各类适用于不同场景下的模式。2012年，创见组织发表了一篇名为“Classifying K-12 Blended Learning”的报道，里面就针对混合模式问题进行了讨论和修正，将之前确定的六种混合学习模式重新调整为四种，即循环模式、弹性模式、自混合模式、增强虚拟模式，其中循环模式下还增加了子类。循环模式的子类分为就地循环模式、实验室循环模式、翻转课堂模式、个别循环模式。

翻转课堂作为混合学习下的一种具体模式，是结合学校教育的实际情况进行的混合化尝试。翻转课堂就是要实现在线学习和面对面学习的结合，使用互联网来达到延长课堂教学时间的目的，使用课堂来保证落实虚拟环境下学习的质量。国外的斯蒂尔沃特学校就在数学科目上采用了翻转课堂教学，学生在家里观看教学视频，在MOODLE上回答相关问题，在课堂上则进行实践和应用，最终取得了很好的反响。翻转课堂兼具混合学习高效率低成本的特点，有助于实现学习者个性化发展和创新型人才的培养。

（三）建构主义学习理论

建构主义认为，知识不是固定不变的，会随着科学技术的突破和人类认知的丰富而不停推陈出新。虽然人们生活在一个客观的物质世界中，但是人们对这个世界的理解和诠释都是不同的。每个人都有着不同的经验，这种经验包括生活经验和知识经验，所以在此基础上对于特定知识的理解是千差万别的。人们会有着不同的关注点、敏感度和差异的诠释。因此，这就要求学习者的学习过程不是对教师一言堂的被动接受，不是学术和实践的断层和分离，而应该是基于自己的理解去搭建自己的知识体系，在恰当的情境中实现知识的有意义内化。建构主义思想强调尊重学习者的主体地位，认为学生是学习的主体而教师只能为其提供指导、辅助和学习资料。面对新的认知难题，教师要试着设置一定的问题情境，巧妙地将学生带入，最终让学生经过发现探索，获得结论。

翻转课堂在解决传统课堂的头等大任——知识的接收之余，将更多的精力放在知识的内化和有意义建构层面。在课堂上，教师通过组织多种形式的教学活动，包括辩论式、小组合作式、任务驱动式以及探究式等，鼓励学生之间形成团体，每个人担任明确的职责和角色，在合作与竞争之中取得进步。在此期间，不同的学生对于知识会有不同的解释，这就形成不同认知背景的信息在个体之间的传递。对处理认知冲突的处理既实现新的认知体系建构，又能促进学生群体社会性建构。

四、关联主义学习理论

2005 年，加拿大学者乔治·西门思在《A Learning Theory for the Digital Age》一文中提出关联主义学习理论。他认为学习的实质是信息的重新联结，是突破个人学习的边界，将知识作为信息流传播于个体之间的过程。关联主义主张知识之间是依据节点而联结成网的，不同的知识信息网会导致不同决策和认知理解的差异。这样一来就可以感知，新的知识在不断地涌现，学习者区分重要信息和非重要信息的能力就显得格外重要，否则在这样的大数据时代，学生个体是有较大的风险陷入海量信息的漩涡不能自拔的。同时，学习者需要有不断更新知识的意识和思维，新的信息不断涌入导致原有的知识体系重新建构甚至一部分崩塌，需要重新梳理新旧知识。

关联主义学习理论强调学习是不断联结生成的过程，学习者自身就如同知识网络中的一个节点，多个节点的聚合就构成了一张多维度纵横交织、紧密交错得信息网。反向理解，知识网不断反馈新鲜的信息于学习者个体，不断更新个体的知识储备和知识容量。这种双向的信息输入为个体知识的完备和整体认知体系的搭建提供条件。纵观网络发展造成的社会关系结构的变化，不难发现个体信息之间恰似一种电流在联通，彼此之间不断进行重构和建立。简而言之，关联主义理论传递两种观念：关系中学和分布认知。若把知识网络比喻成一张渔网，则信息就如同网上的节点，知识就是连接各个节点之间的线，决定着信息的流通和交换。

翻转课堂应该首先学习借鉴关联主义的“学习者相互联结，分享各自认知和体验，共建优质知识圈”的思想。学习活动早已不是个体的内部活动，现代化的教学通常需要学生在独立思考之后，采取同伴合作的形式来共建认知，随后突破团体的边界，共同汇入班级这个更大范围的空间甚至进入虚拟化的在线学习网络之中。而学习者是促成这一切达成的起点。因此，在实际的教学中，鼓励每个学生敢于表达自己的观点和思考，并且参与到班级人际交流中，是知识流传播的首要条件。简而言之就是，学习活动的发生要做到个体、小组、更大范围的群体的结合，范围从物质空间跨越到网络空间。另外，学习者个体自身作为一个小的信息节点，需要在各种渠道中搜寻自己可用的、对丰富自己认知体系有益的资源。因此教师要试着引导学生学会搜集信息，具备自我学习的能力，同时教师需要为学生的学习提供一系列的辅助资源，包括文本素材或者网络连接，以此来完善学生的知识网络。

五、认知发展阶段理论

认知发展阶段理论是瑞士心理学教授皮亚杰集一生智慧所创，主要依据儿童思维发展的特征与规律将儿童的认知发展划分为 4 个阶段：感知运动阶段（0 ～ 2 岁）、前运算阶段（2 ～ 7 岁）、具体运算阶段（7 ～ 11 岁）、形式运算阶段（11 ～ 15 岁）。处于感知运动阶段的儿童的发展特征主要是慢慢将感觉和动作分化，逐渐从笼统性的反射中走向开始做出一定的调适，明晰主观和客观的区别，萌发思维的意识。前运算阶段的儿童发展的主要特征是使用表象的语言符号来代替周围的事物，但是还不能够代替抽象的概念，思维还受制于具体的表象，同时心理操作还具有鲜明的不可逆性和缺乏守恒性。具体运算阶段的儿童主要做到了思维的可逆性和守恒性，基本达到了运演的水平。此时的儿童思维具备了较多的抽象概念，基本能够将事物进行归类，但是还需要借助具体事物的支持，运算的水平还处于较低级的水平。处于形式运算阶段的儿童逐渐形成了解决问题的逻辑推理能力，运演基本脱离了具体事物的束缚，基本做到了从逻辑上考虑现实的情境以及从命题的角度考虑其可能性。当然，这 4 个阶段的时间划分不具有严谨性，是一种相对模糊的时间节点，在实践中会发现不同的个体之间具体的认知发展的时间是具有相对差异性的。需要注意的是，这 4 个阶段是依照前后顺序而展开的，在儿童的发展过程中不可能存在跳过某个阶段直接进入另一个阶段的情况，因此要尊重儿童思维发展的规律。

认知发展理论给予初中翻转课堂教学一定的启示，即在了解初中阶段学生认知发展特点的基础上，结合翻转课堂的特点和本质，从具体的教学内容、教学形式和教学环节等要素出发，真正做到教学适应学生的发展和教学促进认知的发展。初中这个学段对应的学生群体年纪大约在 12 ～ 15 岁，基本和认知阶段的形式运算阶段相吻合，这就表明这一阶段的教学可以采用抽象性的概念来传递知识，较少借助具体的事物来解释，同时学生已经基本形成解决各种问题的推理逻辑，可以从现实和假设的情境中考虑可能性。翻转课堂是将教师知识传授这一环节转换形式，制作成教学微视频并放置于网络上供学生观看学习，其教学内容是以基本的认知知识为主体的，具有符号性和抽象性的特点，需要学生借助自己的思考来确定原有的图式是否能够同化新的知识并且促进知识量增加，或者原有的知识图式是否需要改变来顺应新的知识来达到认知的平衡，促进认知的质变。因此，需要精心选择和组织教学内容，适应学生的认知发展特点。此外还有一个需要注意的方面就是翻转对学生学习能力有较高的要求，需要学生具备一定的自制力和自控能力，而初中阶段的学生可以在教师的引导下慢慢适应这种学习模式。认知发展理论不仅要求教学要适应认知发展，还要求教学促进学生的认知发展。初中翻转课堂需要教师多创造抽象性或者假设性的情境来发展学生的思维，创设挑战性的问题，使学生逐步发展高级思维。

第二节　翻转课堂在高等数学教学中模式的创新与发展

一、高等数学翻转课堂教学模式的创新

（一）教学改革思路创新

教学改革思路是"奠定一个基础、抓好四个环节、实现两个转变"。即

奠定翻转式教学“以学习者为中心，以学习活动为主，平等参与”基本理念在教学改革中的基础地位；切实抓好课程教学设计、教学资源建设、课堂教学活动、教学评价四个环节；力求实现教学观念由“以教员为中心”向“以学员为中心”转变、培养目标由培养“课程学习合格”向培养“终身学习者”转变。

（二）课程教学设计创新

翻转课堂教学理念下的课程设计研究，主要是指翻转课堂教学实施过程中课程设计领域的研究，课程设计过程主要包括课前资源的准备和发放、安排辅导答疑、收集学员在自主学习时遇到的问题、检查自主学习的效果、根据自主学习的信息反馈安排课堂教学的内容、课堂教学的组织形式以及如何扩展提高等等。

军校学员有其特殊性，比如不能自由使用互联网资源，自主支配的时间相对较少，除了学习任务之外还有政治、军事、体能等方面的训练任务等，因此需要根据军校学员的这些具体情况研究课程设计的方案，使得学员课前自主学习的时间能得到保证，自主学习时能得到一定的辅导答疑，有渠道能够收集学员自主学习时遇到的共性问题，安排自主学习内容时需要考虑不同学员的个体区别，使翻转课堂教学能够真正起到促进学员自主学习能力以及创新能力提高的作用。

1. 教学模型

翻转课堂实现了知识传授和知识内化的颠倒，将传统课堂中的知识传授转移至课前完成，知识内化则由原先课后做作业的活动转移至课堂中的学习活动。《高等数学》课程的翻转课堂教学模型如图 5-1 所示，学员在课前学习时需要借助网络平台，按照老师发布的导学方案观看教学软件，并完成基础习题。在课堂上，教师与学员进行互动教学，通过小组学员汇报、小组协作、师生讨论疑难问题、教学效果反馈、学员独立探索并得到学习成果等模块来完成翻转课堂的互动学习。

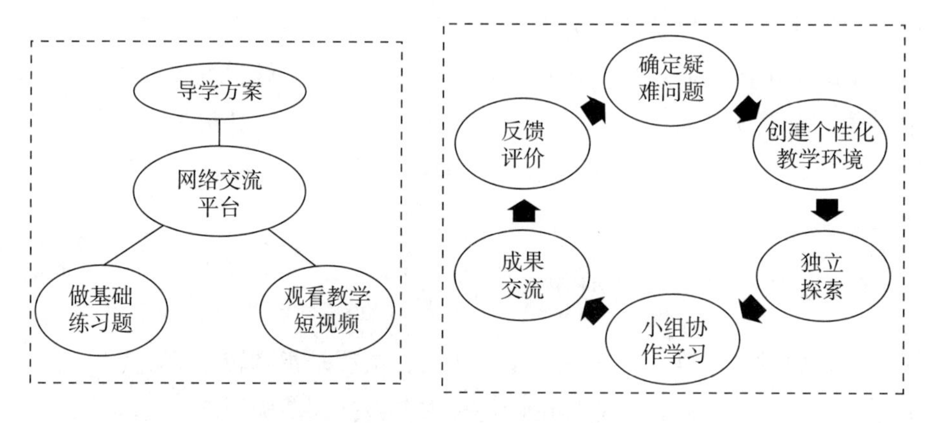

图 5–1 《高等数学》课程的教学模型

2. 教学设计

《高等数学》课程总学时为 180 学时，每周课时为 8 学时，4 学时课前学习，4 学时课堂巩固提高。教学内容涵盖函数极限、连续与间断、微分学、积分学、无穷级数、微分方程等。

在进行翻转课堂教学设计之前，教师首先应该根据以往的教学重点来设计学习指导方案（简称导学方案），该方案需要与教学进度保持一致，分章节来区分知识点的难易程度，具体包括基础知识点、中等难度知识点和提高性知识点，同时，教师还需要准备电子教案、制作多媒体教学课件和教学微视频等。

第一阶段：在上课前一周，教师发布《高等数学》的学习指导方案、学习软件、基础习题等，学员进行自主学习并完成简单的习题作业。学习指导方案要把《高等数学》课程的知识点分为基础性知识点和提高性知识点，明确教学基本要求以及重点难点内容，学员在充分了解自己的学习任务之后，可以灵活安排自己的学习时间，实现个性化学习。

第二阶段：在授课的第一小节，学员分小组进行汇报，包括基本知识点和提高型学习资源，并进行小组之间的互动交流与探讨；在第二小节课堂上，教师对第一小节中的疑难问题进行解答，同时，教师补充讲解一些重点内容和扩展问题，并对各个小组给予及时的点评和辅导。

第三阶段：在课后，学员完成并提交一些综合性问题的作业，教师批阅作业之后反馈给学员。

在翻转课堂的授课过程中，教师应该充分发挥学员学习小组的团队合作意识，让学员尽自己的最大可能获取相关重点知识，使学员的主动学习成为一种习惯，并获得学习的成就感和乐趣。

（三）课堂教学方法的创新

在教学改革中，为了提高学员对知识求真的渴望，促进学员以“问”代“学”模式的转变，即达到翻转课堂的教学效果，课程采取了基于实例和问题的教学理念，同时结合以下三种教学方法开展《高等数学》翻转课堂教学模式的尝试。

（1）PPT 视觉冲击教学，即在教学 PPT 中添加动画或者视频展示，并辅以相关动画或视频内容提问的教学活动。

（2）课堂实物教学，即通过展现实物构造或其运动等形式开展的以“问”为主的教学活动。

（3）分组竞赛对抗教学，即通过教师预设对抗竞赛题目，让学员分组自由组合，开展知识点自主学习的教学活动。

（四）信息资源的配套建设的创新

为了与教学改革相适应，我们制作了《高等数学知识点系统分析自学课件》作为学员自主学习使用的学习软件，这个课件有以下几个特点：

（1）课件不是供教员课堂讲授高等数学使用的，而是供学员通过自主学习掌握高等数学知识使用的。课件的制作体现了提倡学员自主学习知识的教学理念，并为学员创造了自主学习的便利条件。

为此，课件所选题型比较丰富，供自学的项目比较广泛。课件中有对各知识点较详细的辅导、举例和测试；有对单元知识的综合小结、综合举例、综合测试和题型的分类；有对各知识点的自学要求及对基本内容的总复习指导；有对教材上练习题相应知识点的分类及部分习题的解答等。

同时，课件对内容的表述比较完整仔细，尽量符合学员自学知识的认识规律，适合自学的特点，例如，对是非题、填空题、选择题形式的举例或测试题，不只给出答案，更重视说明其理由和得出答案的分析求解过程；对整屏内容强化分行分式的板书化显示，尽可能地营造出一种学员在自学课件时，好似背后有位教师在启发引导逐步讲授知识的感觉，使课件能成为学员自学高等数学的良师益友之一。

（2）课件较为突出和完整的以知识点为核心展开课程内容，这与一些MOOC课程的制作思路较相似。在课件中，对高等数学（上）的教学内容划分成175个知识点，明确了每个知识点的属性（类型、学习要求、在知识体系中的地位、配合的例题、练习及测试题等），且给每个知识点有一个编号，使得该课件能较容易地反映出各知识点间的逻辑联系及指导自学知识点的途径，也为用此课件进行翻转课堂的教法带来方便。此课件的研制，对当前我校在高等数学课程教学中进行翻转课堂的教法改革试点，起到了一定的推动和促进作用。

（3）课件探索了运用系统科学的先进思想方法来研究与学习高等数学知识，将课程内容从整体到局部，再从局部到整体，进行了多层次的组合和优化设计，突出地显示出各知识点间的逻辑关系及各解题步骤间的关联性，从而初步构造出高等数学知识点内在联系的网络，使其更有助于学员对知识的深入理解和思维能力的培养提高。

（4）课件重视贯彻既管教又管学的教学理念，重视在传授知识和培养学习能力的过程中，加强对学员运用

科学学习方法的指导，设法使学员从"学会知识"提升到"会学知识"。除了指导学员运用系统科学的思想方法分析数学内容外，还借用名人的治学名言，介绍学习成功的秘诀。还设置了"知识点基本内容学习效果自评""自学进程记录"及"做测试题的情况记录"等文档，帮助学员及时掌握自主学习的情况，提高自主学习管理能力。每屏内容显示的最末，采用设置掩盖幕的方法，督促和帮助学员对知识的及时巩固记忆等。

（5）课件贯彻教书育人的教学理念，较好地处理育人、提升能力与传授知识的三者关系，探索在学习自然科学知识中，渗透激励学习动力，树立正确的学习目的，学会正确做人的立德育人的方法。例如，本课件中介绍一些相关数学家的学术成就、风格、道德品格和治学态度；收集了历届我校参加全国大学数学竞赛与各类大学数学建模竞赛获奖的学员名单；在一些页面中镶嵌部分军校和地方院校的校训校风及警句名言；特别是探索性地在课件中建立了"海工美、爱海工""在海工学习成长"及"2016级新生军政强化训练掠影"三个相集文档，希望通过引入上述的人文元素有助于刚参军入校的新学员较快地树立爱海工、爱海洋、爱海军的思想，树立正确的学习目标，提高学习兴趣，激发学习的积极性。

二、"翻转课堂"在高等数学教学中的发展

在教学改革期间，我们做了 4 次关于教学改革效果的问卷调查，分别是针对我们制作的自主学习软件与常规课件的使用效果调查和翻转课堂教学模式的接受度问卷调查。前者调查结果如表 5-1。

表 5-1 自主学习软件与常规课件的使用效果对比

	自主学习软件	教师常规课件
优点	内容丰富，题量大而新颖，解答不仅有答案还有详细的步骤，动画步骤更适合学生学习使用，具有很好的启发性	画面简洁，重难点突出，例题典型
缺点	题量庞大但没有按难度分类，对于初次自学的学员不容易分清主次	例题少，分析少，难以拓宽学生的思路，动画设计不具备启发性
受欢迎人数（百分比）	70%	30%

关于两种自学课件使用效果评价的问卷调查结果显示，学员们总体上更满意我们制作的自主学习软件，信息量大能激起学员的好奇心和学习兴趣，学习过程具有启发性，但画面太过复杂且题目难度没有加以区分，初学者使用存在困难。学员们的反馈意见可以很好地指导我们今后对自主学习软件的修改工作。

翻转课堂教学模式的接受度问卷调查主要情况如下：

第一，90% 以上的学员认可翻转课堂教学模式，认为这种模式很新颖，对提高自主学习能力和创新能力有帮助。但也有少部分表示难以适应，更习惯传统的教员讲授模式。

第二，关于自主学习时是愿意完全自学还是需要有教员指导的问题，65% 的学员表示更希望有教员能做指导解答，学员反映即使自主学习软件上列出了每次课的重难点和需要思考的问题，但完全无人指导的自主学习还是很难把握要领，自主学习效果会下降。

第三，关于在自主学习时教员指导的程度问题，有的同学希望教员能指导得更深入一点，有的同学则希望教员只需要抛砖引玉，留出更多时间给

学生思考，把答案留到课堂上再讲解，持这两种相反意见的人数基本各占一半。

调查结果表明绝大部分学员认可这种创新教学模式，认为这种教学模式对提高自主学习能力和创新能大有重要作用，有的学员需要逐步适应这种新模式，从调查结果我们还发现，初中或者高中已经接触过这种教学模式的学员能够比较快、比较好地在这种模式下进行学习，表现出较强的自主学习能力，这也充分说明翻转课堂教学模式对培养学员的自主学习能力效果明显。

此外，在高等数学在全年级的期中和期末两次考试中，改革班的考试平均成绩、合格率及尖子生率都在全年级教学班中名列前茅。

另外，我们在教学改革实施过程中还发现了以下几点效果：

（1）学员通过这种方式能对自己的学习能力有一个认识，部分学员之间形成一种互相竞争的意识，看谁的学习能力强。

（2）能有效培养学员自主学习时的自我管理能力，这种自我管理能力是学员今后能否终生学习的重要保证；比如如何安排好个人自主学习的时间（这个有一定的机动性），如何提高自主学习的效果，以及发现自己学习上的漏洞时如何根据个人情况再学习等。

（3）由于学员手上有了课程每一周的学习提纲，学习提纲上有学习内容和学习这部分内容时需要思考的问题，学员能较好地把握学习的主要内容，并且能在思考教师提出的问题过程中提高思维能力，在教师的扩展引导中发现自己思维中的漏洞，及时纠正学习中的错误。

（4）不同学员的学习能力、学习基础会有不同，创新教学模式有助于让不同层次的学员达到不同的学习效果，自主学习时不同学员的学习进度可以不一样，基础好、学习能力强的学员在完成基本学习内容后可以通过学习软件以及学习辅导书进行更深层次的学习思考，达到更好的学习效果；不同学员对不同知识点的理解快慢也会有所不同，自主学习时不同学员可以根据自己的学习情况对前面的知识进行再次学习，有利于满足不同学员学习的需要，达到较好的学习效果。

第三节　翻转课堂在高等数学教学中的应用分析

一、翻转课堂在高等院校高等数学教学中的应用

（一）翻转课堂在高等院校数学教学中的基本特征

1. 重建学习流程

翻转课堂学习方式中的教学流程是比较特别的，在这种模式下，高等院校（包括高职院校）的高等数学主要包括了以下的两个教学阶段：一是高等院校的高等数学的教师提前告知学生课程的学习安排，要求学生课下通过使用视频学习平台完成部分学习任务；二是高等院校的数学教师将会带领学生在课堂上一起完成作业，作业这项运用知识和检验学习效果的步骤不再由学生独立完成，而是通过学生与学生或者学生与老师之间的交流协作来共同完成，将课上学习知识、课下写作业的学习模式进行重新的构建。

2. 教学信息清晰明确

教室是一个高校学生学习高等数学的重要学习场所，以往的教学模式中，教师是高等学生学习高等数学的主要场所，但是教室中的各项物品及环境恰恰成了部分学生注意力不集中的原因。在翻转课堂中，学生学习新的高等数学知识主要是通过视频学习来完成的，在这个过程中，学生唯一能够注意的事物就是屏幕中的数学符号及数学原理，这些视频中包括了所有高等数学中需要学习的各项知识及原理，这也让高等数学的教学信息变得更加清晰和明确。

3. 教学视频短小精悍

在翻转课堂的教学模式中，高校中需要学习高等数学的学生主要是通过观看教学视频来学习新的高等数学知识。从目前已有的教学视频来看，大部分的教学视频时间都在 20 分钟以内，每一个视频针对的都是某一个具体数学问题的集中讲解，这也恰好解决了部分高校学生在学习高等数学科目过程中注意力不够集中的问题，帮助其在短时间内集中注意力掌握新的高等数学知识。同时，这些教学视频都支持暂停和回放，这些功能也有利于满足不

同学习程度的学生，帮助他们做到自主掌握学习节奏，从而更好地学好高等数学，这些视频的出现在一定程度上帮助学生实现在高等数学科目中的自主学习。

（二）翻转课堂在高等院校高等数学教学中应用的意义

1. 有利于满足高等院校学生在学习高等数学过程中的自主性

高等数学的思维和逻辑性非常强，高校学生大多数在数学学习中都存在困难，因此，在引入翻转课堂的过程中能够有利于让学生自主把握学习新知识的节奏。在翻转课堂中，学生可以掌握学习高等数学的自主性，其主要通过观看视频来学习高等数学的一些公式、定理和基础知识，遇到自己感觉困难的问题时，学生可以通过反复观看视频、暂停查资料等方式来吸收新知识，如果这些问题无法独立解决，还可以将其带到课堂中来，与教师和同学一起讨论。而对于那些简单的问题，学生则可以按照自身的学习和理解程度决定观看教学视频的时长。翻转课堂中特有的分组学习小组讨论及解决问题的模式，能够帮助高校学生提高学习的兴趣和热情，同时也帮助其建立团队协作的意识。教师还可以针对不同学习程度的高等院校学生制定不同的学习目标，让不同阶段的学生都能够通过视频学习平台和课堂学习来实现自身的学习目标，从而开展个性化教学，有利于帮助整体提升高等院校学生在高等数学领域的学习程度。

2. 有利于高等院校学生展示学习成果，体现出评价的公正性

在使用翻转课堂进行教学的过程中，高等数学的教师需要让高等院校学生来分组展示学习成果及问题的解决方案，在这个过程中可以体现出评价的公正性。教师可以在交流互动的过程中准备一些问题，随机抽取学生来回答问题，避免那些在小组中不出力，滥竽充数的行为，然后教师再结合小组给每位成员进行学习的评价。这种教学评价和模式能够有效激励高校学生在高等数学中的学习兴趣，那些理解能力较弱的学生可以通过课下对教学视频的反复学习和观看来掌握高等数学知识，但那些基础好，学习能力强的学生就可以节省下很多时间用于学习其他感兴趣的方面。这种教学模式下，教师可以有更多的时间和机会来与学生进行交流互动，有利于教师更好地认识学生、更公正地评价学生，同时也有利于学生更好地了解自己，体现教学评价的公正性。

（三）翻转课堂在高等院校高等数学教学中的应用策略

1. 高等院校要加强在翻转课堂平台上的资金支持

基于翻转课堂教学模式的特征，高等院校学生需要在课下通过教学视频来学习高等数学科目的部分知识，这就需要使用到教学视频及平台。因此，对于高等院校而言，他们就需要投入一定的资金在翻转课堂平台的建设中来。目前在教育部及其相关部门的支持下，有部分面向高校师生免费开放的教学视频学习平台，但由于翻转课堂发展时间的有限性，这些学习平台的质量不一。因此，对于高等院校而言，其一方面可以投入资金搭建属于本校内部的学习平台，为本校的师生制定更加个性化的学习平台，在这个平台中完善其所需要的各项功能；另一方面，高等院校也可以付费购买国内外优质的视频学平台资源，给高等数学的师生提供更加优质的教学资源。

2. 教师要根据学生的实际情况引入翻转课堂教学模式

数学学科是理性思维和逻辑能力要求较强的学科，对于高等院校的学生而言，他们在数学学科的学习中大多数都比较薄弱，在高等数学的自学方面能力更是不足，因此，高等院校的高等数学教师在引入翻转课堂这一教学模式的时候不能一刀切，而是要根据班上学生学习的实际能力和个性特点使用翻转课堂。高等院校的高等数学教学中，教师可以保留一些课堂讲授的内容，对于那些容易理解和吸收的数学原理及知识，教师可以和学生在课堂上一次性完成学习，这样可以有效节约学生课下的学习时间。但是教师在讲授高等数学知识的过程中，不能完全按照传统教学模式的形式，单一地对知识进行灌输和填充，而是要注意学生的学习和掌握情况，根据学生在课堂上的反映来决定某一内容讲解的具体程度。同时也要注意教学的进度和节奏，考虑到高等院校学生注意力集中的时间，可以在每次讲解十几分钟后安排一个间隔的休息时间，休息时间可以开展小组讨论或者师生讨论，帮助学生维持学习的注意点，提高学习的效果。此外，教师在讲解新知识的时候，可以多使用“最近发展区”的方式，如在教学线性方程组这一内容时，就可以与高中时学生使用的消元法进行联系，先带领学生一起复习消元法，再让学生亲自体验消元法在解决线性方程组中的作用，从而得出解决一般线性方程的方法。

3. 高等院校教师要对翻转课堂使用的教学视频进行筛选

目前随着互联网和信息技术的发展，出现了很多视频在线学习平台，这些平台中都有不同数量和质量的高等数学的教学资料，但不同平台都是有很多教师上传视频的，这也就导致了这些视频质量的不稳定性。因此，对于高等院校学生而言，若是观看了质量不高的教学视频，不仅学习效果受到影响，也会浪费自身的时间。高等院校的教师要关注本校学生使用的学习平台，同时也要对这些教学视频进行筛选，选出适合本校学生使用的各项教学视频及相关资料，在必要时，还要结合学生学习的实际情况，录制并上传一些为本校学生量身定制的教学视频，提高学生在课下自学的学习效率。

4. 加强高等院校高等数学教师对翻转课堂的学习

高等院校要对高等数学的教师开展动员，让其认识到翻转课堂这项新的教学方式在高等数学教学中的积极作用，让教师更加积极地学习和掌握这种教学模式。同时，高等院校也要安排人员对高等数学的教师开展一定的培训，帮助他们更好地掌握那些在线学习平台的使用方式，从而更好地帮助教师开展教学工作。翻转课堂作为一种新型的教学模式，高等院校的教师在使用这一方式之前，要对这一教学方式开展深入的了解和学习，充分掌握翻转课堂教学的重点，可以通过资料库等查询相关学者的理论研究，分析相关教师在高等数学中使用翻转课堂的教学案例，从而更好地掌握翻转课堂的教学精髓，更好地将其运用到高等院校的高等数学教学中去。此外，高等院校的高等数学教师还要重视同校园内外的同行进行沟通和交流，共同探究和完善翻转课堂的应用模式，从而帮助自身不断提高自身的教学质量。

二、翻转课堂在高等数学教学中的应用：概念探究，意义构建

（一）《导数的概念》教学内容概述

微积分在高等数学中占有一个非常重要的地位，而其中导数的概念显得尤为重要，导数是高等数学的重要根基，学好导数的概念对本章节及以后的学习将会打下坚实的基础。在以往的教学中笔者和同事都是按部就班主要教学以讲授为主，导数的概念较为抽象，学生理解相对有点难，课堂效果不是很好，导数的概念这一节内容又比较多，课时又比较紧张的情况下，老师既不能因材施教，又不能有充足的时间去照顾那些基础比较差，学习积极性不是很高的学生。这些学生在没有完全掌握导数概念下，去学习后续内容，将会很吃力，长此以往就会对高等数学产生厌学，上课不听讲，打瞌睡，玩手

机现象常会在课堂中发生。因此，为了改变目前的教学现状，充分调动学生的主观能动性和学习兴趣，就要改变以往的教学方式，笔者和同事在自己所在的学校，尝试一种新的教学方式，他们互相合作，设计和开发教学视频，以及教学方案，在2019级工程造价的1班里实行了翻转课堂实验。

（二）教学设计实施过程

实验的对象为某机电职业技术学院经济与信息管理系工程造价1班的50名学生，根据翻转课堂中的课前、课上展开教学案例的实施。具体设计实施过程见表5-2：

表5-2 课前设计

<table>
<tr><td>实践对象</td><td colspan="2">某机电职业技术学院经济与信息管理系工程造价1班的50名学生</td></tr>
<tr><td rowspan="2">实践教材</td><td>主编</td><td>李自勇</td></tr>
<tr><td>出版社</td><td>兰州大学出版社</td></tr>
<tr><td>实践实践</td><td colspan="2">总共4课时</td></tr>
<tr><td>课前内容分析</td><td colspan="2">教师对“导数的概念”这一节进行教材分析，并根据课程标准及学生的学情，确定本节教学目标和教学重难点。
* 教学目标
1. 知识目标
（1）使学生通过探索运动物体平均速度和瞬时速度的学习，体会函数在 x_0 点附近的平均变化率的极限就是函数在该点的瞬时变化率，并由此得出导数的概念。
（2）通过导数概念的构建，使学生体会极限思想，为将来学习极限概念积累学习经验。
（3）掌握利用求函数在某点的平均变化率的极限实现求函数导数的基本步骤。
（4）根据求导三步骤掌握几个基本初等函数的导数公式。
（5）根据导数的几何意义求函数在 x_0 处的切线方程和法线方程。
2. 情感目标
（1）感受导数在解决实际问题中的作用，体会导数思想的作用与价值。
（2）通过导数概念形成的系列探究活动，进一步认识合作学习的意义，增强学生的合作交流意识与能力。
（3）通过引入奥运会跳水夺金实例，渗透爱国教育，激发学生的爱国热情。
* 教学重难点：
1. 导数的概念。
2. 利用函数的求导三步骤求初等函数的导数。
3. 导数的几何意义。</td></tr>
</table>

续 表

<table>
<tr>
<td>教学视频资料主要内容及设计意图</td>
<td>
1. 导入
微分学是微积分的重要组成部分，它的基本概念是导数和微分，导数是反映函数相对于自变量变化快慢程度的概念，即变化率，如运动学中物体的运动速度，从这节课开始，我们将学习导数。
2. 创设情景
问题 1：求变速直线运动的瞬时速度
物体作变速直线运动，其位移随着时间的变化为 $s=s(t)$，那么物体在 $t=t_0$ 时的瞬时速度 $v(t_0)$ 是多少？
分析：我们取从时刻 $t=t_0$ 到 $t=t_0+\Delta t$ 时，物体在 Δt 这段时间内所发生的位移为
$$\Delta s=s(t_0+\Delta t)-s(t_0)$$
则物体在这段时间内的平均速度为
$$\bar{v}=\frac{\Delta s}{\Delta t}=\frac{s(t_0+\Delta t)-s(t_0)}{\Delta t}$$
在匀速运动中，这个比值是常数，但在变速运动中，它不仅与 t_0 有关，也与 Δt 有关。显然，当 $|\Delta t|$ 很小时 $\bar{v}=\frac{\Delta s}{\Delta t}$ 与 t_0 时刻的瞬时速度 $v(t_0)$ 近似相等且 $|\Delta t|$ 越小，近似程度越高，因此，当 $\Delta t\to 0$ 如果平均速度 $v=\frac{\Delta s}{\Delta t}$ 的极限存在，那么，这个极限值就是物体在时刻 t_0 的瞬时速度，即
$$v(t_0)=\lim_{\Delta t\to 0}\bar{v}=\lim_{\Delta t\to 0}\frac{\Delta s}{\Delta t}=\frac{s(t_0+\Delta t)-s(t_0)}{\Delta t}$$
问题 2：平面曲线的切线的斜率
已知曲线方程 $y=f(x)$，求过曲线上的点 $p_0=(x_0,y_0)$ 处的切线斜率。分析：在曲线方程 $y=f(x)$ 上取邻近于点 p_0 的点 $p(x_0+\Delta x,y_0+\Delta y)$，
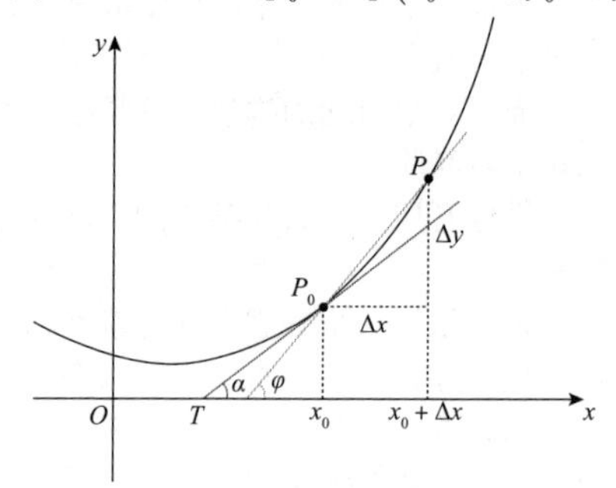

图 5-2　平面曲线的切线斜率图
则割线 PP_0 的倾角为 φ，则割线的斜率为
$$\tan\varphi=\frac{\Delta y}{\Delta x}=\frac{f(x_0+\Delta x)-f(x_0)}{\Delta x}$$
请同学们认真思考，当 Δx 趋近于 0 时，函数的增量 Δy 也趋近于 0（利用几何画板，动态给学生演示割线逐渐变成切线），这时割线斜率的极限就是过点 P_0 切线的斜率，即
$$k=\tan\alpha=\lim_{\Delta x\to 0}\tan\varphi=\lim_{\Delta x\to 0}\frac{\Delta y}{\Delta x}=\lim_{\Delta x\to 0}\frac{f(x_0+\Delta x)-f(x_0)}{\Delta x}$$
</td>
</tr>
</table>

续　表

教学视频资料主要内容及设计意图	设计意图： 上面两个引例虽然具体含义不同，但在数学结构上具有相同的形式，它们解题的思路是完全相同的，都是通过极限的思想来得出的结果，笔者根据学习数学的心理发展规律，用新旧知识间的联系，用同学们熟知的知识得出今天要学习的导数的定义，也是根据这种解题思路而来的。 3. 引出正文 * 导数的定义： 设函数$y=f(x)$在点x_0的某邻域内有定义，当自变量x在x_0增量Δx（$\Delta x\neq 0$，$x_0+\Delta x$仍在该邻域内）时， 则相应的函数有增量$\Delta y=f\left(x_0+\Delta x\right)-f\left(x_0\right)$，若极限 $\lim\limits_{\Delta x\to 0}\dfrac{\Delta y}{\Delta x}=\lim\limits_{\Delta x\to 0}\dfrac{f\left(x_0+\Delta x\right)-f\left(x_0\right)}{\Delta x}$ 存在，则称此极限值为函数$y=f(x)$在点x_0处的导数，并称函数$y=f(x)$在点x_0处可导，记作（四种记法）： $y'=f'\left(x_0\right)$　$y'=y'\big\|_{x=x_0}$　$y'=\dfrac{\mathrm{d}y}{\mathrm{d}x}\bigg\|_{x=x_0}$　$y'=\dfrac{\mathrm{d}f}{\mathrm{d}x}\bigg\|_{x=x_0}$ * 左右导数 我们在第一章学习了极限有左极限右极限，而函数在x_0点处的导数是用极限来定义的，自然也就有左导数和右导数之分： 左导数$f'_-\left(x_0\right)=\lim\limits_{\Delta x\to 0^-}\dfrac{\Delta y}{\Delta x}=\lim\limits_{\Delta x\to 0^-}\dfrac{f\left(x_0+\Delta x\right)-f\left(x_0\right)}{\Delta x}$ 右导数$f'_+\left(x_0\right)=\lim\limits_{\Delta x\to 0^+}\dfrac{\Delta y}{\Delta x}=\lim\limits_{\Delta x\to 0^+}\dfrac{f\left(x_0+\Delta x\right)-f\left(x_0\right)}{\Delta x}$ $f'(x)$　，　y'，　$\dfrac{\mathrm{d}y}{\mathrm{d}x},\dfrac{\mathrm{d}f}{\mathrm{d}x}$ * 导函数的定义 设函数$y=f(x)$在区间I上可导，则对于每一个$x\in I$，都有$y=f(x)$一个导数值$y'=f'(x)$与之对应，这样就得到了一个定义在I上的函数，并称为函数$y=f(x)$的导函数，简称导数，记作 $f'(x)$，　y'，　$\dfrac{\mathrm{d}y}{\mathrm{d}x},\dfrac{\mathrm{d}f}{\mathrm{d}x}$ 设计意图： 笔者把函数在某点的导数概念和导函数概念及左右导数的概念放在一起做成 ppt 既是让他们掌握这三个概念又让学生感受他们之间有什么区别与联系。 * 求导三步骤： 同学们我们把上述导数的定义进行整理可以分为三步去记，这样不仅简化了定义容易掌握，我们还可以得出求函数导数分为三个步骤去求： （1）求增量：$\Delta y=f\left(x_0+\Delta x\right)-f\left(x_0\right)$

续　表

教学视频资料主要内容及设计意图	（2）求比值：$\frac{\Delta y}{\Delta x}=\frac{f\left(x_0+\Delta x\right)-f\left(x_0\right)}{\Delta x}$ （3）求极限：$\lim\limits_{\Delta x\to 0}\frac{\Delta y}{\Delta x}=\lim\limits_{\Delta x\to 0}\frac{f\left(x_0+\Delta x\right)-f\left(x_0\right)}{\Delta x}$ 同学们学完导数的三步骤之后我们就要做一些相应的练习，用三步骤去求一些函数的导数，例如求常函数 $y=c$，幂函数$y=x^n$，三角函数$y=\sin x, y=\cos x$,对函数$y=\log_a^x$的导数（这些例题老师都作成 ppt 一步一步个同学们演示）。 本节同学们牢记的导数公式： $c'=0\quad \left(x^n\right)'=nx^{n-1}$ $(\sin x)'=\cos x,(\cos x)'=-\sin x$ $\left(\log_a^x\right)'=\frac{1}{x\ln a}$特别地，当 a=e 时，$(\ln x)'=\frac{1}{x}$ 设计意图： 同学们刚学完导数的定义和求导三步骤，为了加强印象，就要做题巩固，并且最后得出的结论我们要把它牢牢记住，作为导数公式，以后做题时直接拿来用。 * 导数的几何意义： 同学们由前面的问题 2 我们可知，函数$y=f(x)$在点 x_0 处的导数$f'\left(x_0\right)$等于曲线在点 x_0 处的切线斜率，即$k=\tan\alpha=f'\left(x_0\right)$，其中$\alpha$为切线的倾角，这就是导数的几何意义。 设计意图： 让学生参与曲线的切的逼近发现过程，初步体会曲线的切线的逼近定义；初步感知数学定义的严谨性和几何意义的直观性；让学生利用已学的导数的定义，推出导数的几何意义，让学生分享发现的快乐。
学生活动	根据教学目标和教学重点教师上传视频资料，并让学生围绕以下几个问题进行学习，并搞清楚。 1. 导数的定义 2. 导数有几种记法 3. 求导的三步骤是什么 4. 左右导数的定义 5. 函数在某点可导的充要条件 6. 根据三步骤可求出幂函数、常函数、余弦函数，正弦函数、对数函数的导数公式，并要求记住 7. 导数的几何意义是什么 8. 可导与连续的关系 每个学生根据自身的情况，带着上面这些问题，认真观看教学视频进行学习，并及时做出总结，自己哪些问题还没有搞清楚，需要上课和老师同学们进行交流讨论。

续　表

课前反馈	学生通过课前的学习，总结和整理出问题，通过 qq 或微信等手段反馈给老师，以及老师根据以往的经验，预想到学生可能出现的问题，老师整理出以下几条问题，让学生，上课讨论。 1. 导数定义的理解 2. 函数$y=f(x)$与导函数$y'=f'(x)$定义域相同吗？ 3. 函数在一点处的导数，导函数，导数三个概念的联系与区别 4. 导数的几何意义

表 5-3　课中设计

教学实施过程	
同学们已经在课前学习了导数概念这一节，现在我们针对同学们提出的问题进行讨论	
1. 导数的概念，求函数在某点的导数的方法	教师活动播放 ppt，利用 flash 动画，给同学演示。 $f'(x_0)=\lim\limits_{\Delta x\to 0}\frac{\Delta y}{\Delta x}=\lim\limits_{\Delta x\to 0}\frac{f(x_0+\Delta x)-f(x_0)}{\Delta x}$ 学生 1：导数的概念关键是求函数的增量 Δy 和函数的增量与自变量的增量比值的极限。 教师：这位同学说得很好，导数的概念看起来很复杂，但是当你搞清楚、理出来思路，就比较简单了，同学们可以把导数的概念分成三步去理解和记，第一步会出来思路，就比较简单了，同学们可以把导数的概念分成三步去理解和记，第一步会求函数在 x_0 的增量。第二步正确求函数的增量与自变量增量的比值，第三步利用极限求出这点的导数。下面学生们讨论下求函数在 x_0 处的导数除我给定的这个公式，我们还可以变化一下，如果把$\Delta x\to 0$换成$x\to x_0$时，则函数在 x_0 处的导数又可以写出什么呢？ （老师把全班同学分成 5 组，分组讨论，然后每组选出一个代表回答） 学生 2：我们小组经过讨论，得出如下结果 $f'(x_0)=\lim\limits_{x\to x_0}\frac{\Delta y}{\Delta x}=\lim\limits_{x\to x_0}\frac{f(x)-f(x_0)}{x-x_0}$ 教师：这个小组回答得非常棒，因为$\Delta x=x-x_0$ 当$\Delta x\to 0$即$x\to x_0$ 则$\Delta y=f(x)-f(x_0)$ 即$f'(x_0)=\lim\limits_{x\to x_0}\frac{\Delta y}{\Delta x}=\lim\limits_{x\to x_0}\frac{f(x)-f(x_0)}{x-x_0}$ 教学总结：导数的概念分三步去理解，求函数在某点的导数有两种方法，他们之间都是有联系的，可以互换。

续 表

2. 导函数的定义域和函数的定义域是否相同	教师：接下来我们继续讨论，学习了导函数之后，导函数和原函数的义域相同吗？ 学生 3：经过我们小组讨论，我们认为导函数的定义域和函数的定义域是相同的，我们在高中已经接触过导数，比如$y=x^3$的定义域是全体实数，他的导函数$y=3x^2$也是全体实数。 学生 4：经过我们小组讨论，我们认为导函数的定义域和函数的定义域是不相同的，根据老师提供的视频资料我们知道，函数他还存在着不可导点，例如$y=x(x\geqslant 0)$，$y=-x(x<0)$的一个分段函数，求导得到$y=1(x>0)$，$y=-1(x<0)$，在导数定义域里面不能有等于 0，因为在 0 处的导函数左右极限不相等，所以在 x=0 处不可导，所以定义域里面不能有。 教师：这位同学讲解得非常正确，函数他还存在着不可导点，这个不可导点，使得函数的意义，但在导函数中使得导数无意义，像这种不成立的我们只需举个反例就能补充说明问题。比如，$y=\sqrt{x}$的定义域是$x\geqslant 0$，上一位同学根据高中学的说错，是因为在中学阶段所有函数都是定义域和导数定义域一样，但是在高等数学，线性代数当中就要比高中的内容难多了，也比较系统全面。 教学总结：导函数的定义域和函数的定义域是不相同的。
3. 函数在一点处的导数，导函数，导数三个概念的联系与区别	教师：下面我们讨论函数在一点处的导数，导函数，导数三个概念的联系与区别。 学生 5：导数是一个极限值，是一个函数对于定义域中某一点的极限值，当自变量遍历定义域中的所有点，相应地就得到了对应每一个点的导数，这些导数与这些点相对应，也就成了函数关系，即导函数。 学生 6：导函数是一个函数在不同的点的导数构成的函数。导数是一个点的特性，导函数是在整个定义域上的特性。 教师：导数最先定义的是求函数在某一点的导数，导数是导函数上一点的函数值，导函数是在某一连续开区间内处处可导时的任意点的导数，此时因为自变量不定，所以自变量与其在该点的导数之间存在一种函数关系，如：$f'(x_0)$求的是导函数$f'(x)$ 在点 x_0 处的导数，当 x 不定时，$f'(x)$ 称为在点 x 处的导函数，简称导数。 教学总结：导数是导函数上一点的函数值，导函数是在某一连续开区间内处处可导时的任意点的导数，求函数在某一点的导数，我们只需求出它的导函数，然后把导函数当中的 x 用这点代替，求出他的值，求出的这个值就是我们要求的这一点的导数值。

续　表

4. 导数的几何意义	教师：播放幻灯片，实物投影多媒体手段，增大教学容量与直观性。 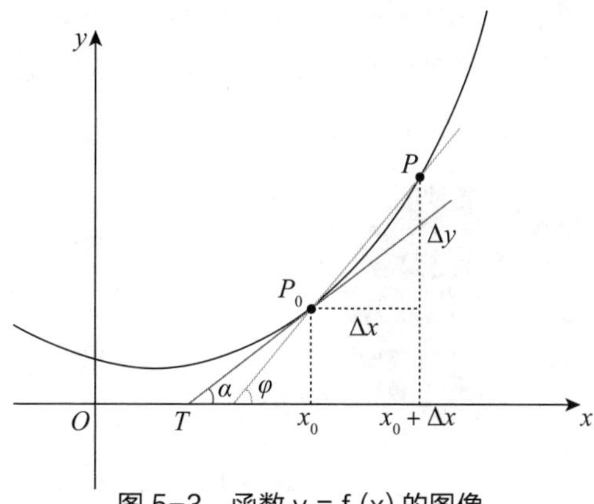 图 5-3　函数 y = f (x) 的图像 教师：观察图 5-3 函数 $y=f(x)$ 的图像，平均变化率$\frac{\Delta y}{\Delta x}$在图中有什么几何意义？ 学生：平均变化率表示的是割线 AB 的斜率。 教师：是的，平均变化率$\frac{\Delta y}{\Delta x}$的几何意义就是割线的斜率，请看图$P_0$是一定点，当动点 P 沿着曲线 $y=f(x)$ 趋近于点P_0时，观察割线 P_0P 的变化趋势图（多媒体显示【动画】）。 学生：当点 P 沿着曲线 $y=f(x)$ 趋近于点P_0 时，割线 P_0P 趋近于在P_0 处的切线 P_0T。 教师：他说的很对，“当点 P 沿着曲线 $y=f(x)$ 逼近点P_0 时，即$\Delta x\to 0$，割线P_0P趋近于确定的位置，这个确定位置上的直线P_0T称为点P_0 处的切线，割线 P_0P 的斜率 $\frac{\Delta y}{\Delta x}$，当$\Delta x\to 0$时，切线 P_0T 的斜率 k 就是什么？ 学生：$k=\lim\limits_{\Delta x\to 0}\frac{\Delta y}{\Delta x}$。 教师：即 $k=\lim\limits_{\Delta x\to 0}\frac{\Delta y}{\Delta x}=\lim\limits_{\Delta x\to 0}\frac{f(x_0+\Delta x)-f(x_0)}{\Delta x}=f'(x_0)$。至此，请同学们总结，导数$f'(x_0)$有什么几何意义？ 学生：函数 $y=f(x)$ 在点 x_0 处的导数 $f'(x_0)$ 等于曲线在点 x_0 处的切线斜率，即$k=\tan\alpha=f'(x_0)$，其中α为切线的倾角，这就是导数的几何意义。 教学总结：导数的几何意义就是在该点处切线的斜率。其中切线很关键，通过逼近的方法，将割线趋于的确定位置的直线定义为切线（交点可能不唯一），适用于各种曲线。

（三）教学效果分析

通过开学一个多月的时间在工程造价1班实施翻转课堂教学，通过对课堂学生学习的观察和课后与学生的交流，掌握了翻转课堂教学的学生学习状况的相关数据，如图5-4所示。

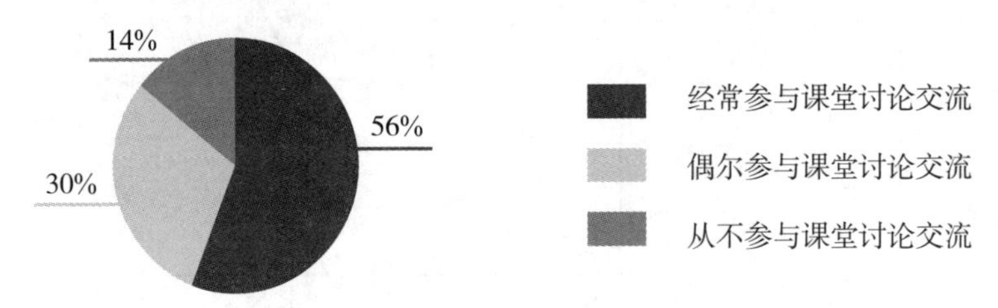

图5-4　翻转课堂上学生学习情况

（1）课堂教学观察分析

根据图5-4可知，86%的学生能够参与课堂讨论交流问题，在教师的引导下掌握本节课的知识点，但是，也存在少数14%的学生基础比较差，自制力不好的学生课前不好好看教师提供的视频资料，导致上课跟不上课堂讨论交流问题的节奏，对学习感到厌烦，注意力不集中，甚至还出现睡觉、聊天、玩手机等现象。但从课堂活动的整体表现来看，还是比较成功的。课上整体教学活动还是比较活跃，同学们积极参加讨论，发表自己的见解，学习氛围浓厚，看来在高职院校高等数学课堂中实施翻转课堂教学，改变了教学环境，给学生一个相对比较宽松的学习环境，激发了学生的自主学习的能动性，充分调动了学习的积极性，使得大多数学生进行自主探究、小组讨论；同时教师根据学生的个别差异，及时地给予帮助，进行个别化指导，甚至有些胆大的学生还能与教师进行分析辩论。

（2）学习内容掌握情况分析

教学效果是好是坏主要看学生对学习内容掌握情况。本次课堂的关键知识点有“导数的概念、求导三步骤，导数的几何意义”。根据这节课的知识点，归纳出一些检测题，检测学生对这节课的掌握情况，同时分析学生对本次课的关键知识点的掌握程度，了解翻转课堂教学实践效果，具体结果见下图5-5，我们可以发现，30%的学生成绩在80分以上，52%的学生成绩在60～80之间，及格率是82%，因此，由图5-4和图5-5可知，翻转课堂教学实践，80%以上的学生和教师的参与度都非常高，通过教师的积极引导和学生的主动参与，不仅让学生熟练地掌握了知识，还锻炼了学生的自学能力。

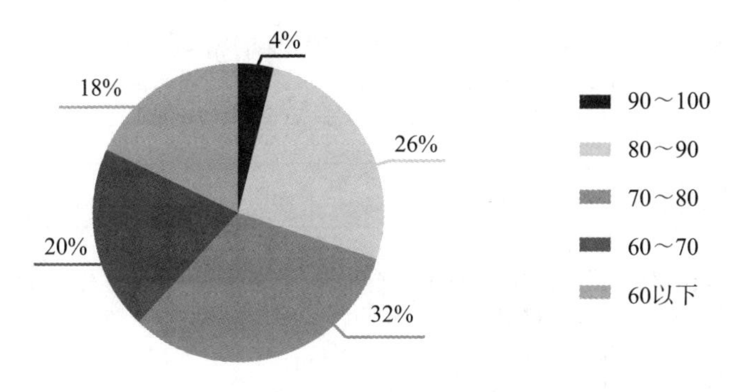

图 5-5 内容掌握情况

三、翻转课堂在高等数学教学中的应用：促进创新，优化设计

（一）《不定积分》教学内容概述

积分运算是微分（导数）运算的逆运算，我们从小学初中学的运算：有加就有减，有乘就有除，有乘方就有开方等等，联想到我们前面学过的微分（导数）运算，它也有逆运算——积分运算，微分（导数）运算的基本问题是研究如何从已知函数求出它的导函数，而积分恰好相反，已知导函数求原来的函数。本部分主要是让学生掌握不定积分与原函数关系；熟练求出简单的不定积分；让学生观察出导数、微分、积分关系；已知函数求出它的导函数及已知导函数求原来的函数。让学生从亲身的感受中动手、动口、动脑，改进学习方法，提高学习能力，倡导学生主动参与学习和同学交流合作，通过自己的讨论交流进行探索和实现问题的解决，用竞赛方式激发学生学习热情。

（二）教学设计实施过程

实验的对象为甘肃机电职业技术学院经济与信息管理系工程造价 1 班的 50 名学生，根据翻转课堂中的课前、课上展开教学案例的实施。具体设计实施过程见表 5-3：

表 5-3 课前

<table>
<tr><td>实践对象</td><td colspan="2">某机电职业技术学院经济与信息管理系工程造价 1 班的 50 名学生</td></tr>
<tr><td rowspan="2">实践教材</td><td>主编</td><td>李自勇</td></tr>
<tr><td>出版社</td><td>兰州大学出版社</td></tr>
<tr><td>实践时间</td><td colspan="2">共 2 课时</td></tr>
<tr><td>课前内容分析</td><td colspan="2">教师对"不定积分"这一节进行教材分析,并根据课程标准及学生的学情,确定本节教学目标和教学重难点。
* 教学目标：
1. 知识目标
（1）理解原函数的概念，了解原函数是否唯一，若不唯一，它们之间有什么联系。
（2）全体原函数的表示形式，能求原函数。掌握不定积概念，能使用不定积分记号，能理解推导这些不定积分公式的依据和过程，能理解导数与积分关系，并掌握以上知识并形成技能。
（3）通过实例使学生认识不定积分，体会引入不定积分的必要性；通过师生观察分析得出原函数和不定积分的概念及导数运算与积分运算互为逆运算关系。
（4）通过学生分组探究进行活动，掌握原函数和不定积分的概念，理解导数运算与积分运算互为逆运算关系，通过做练习，使学生感受到理论与实践的统一。
2. 情感目标
（1）通过不定积分公式的探索及推导过程，培养学生的"合情推理能力""等价转化""演绎归纳"的数学思想方法，以及创新意识。
（2）培养同学们的团结合作的能力，形成共同进步、坦诚交流、互助互学、互相激励，民主、活跃的班风班貌，让学生明白"众志成城"的道理。
（3）培养学生的类比、分析、归纳能力，严谨的思维品质以及在学习过程中培养学生探究的意识。
* 教学重点难点分析
原函数概念、不定积分定义、不定积分基本公式、导数微分积分关系。</td></tr>
</table>

续 表

教学视频资主要内容及设计意图	1. 导入 引导学生回忆，从小学到现在学了哪些运算，得出每种运算都有自己的逆运算，从而微分运算也不例外，有自己的逆运算，即不定积分，从而引出课题 2. 创设情境 问题 1：已知某质点以速度 $v = 3t^2$ 作变速直线运动，求该质点的运动方程。 分析：设该质点的运用方程为 $s(t)$，由于在时刻 t 的瞬时速度为 $v = 3t^2$ 即有 $(t^3)' = 3t^2$， 故有 $s(t) = t^3+C$。 问题 2：已知平面曲线上任一点处的切线斜率为 $cos\ x$，求该曲线方程。 解：设该曲线方程为 $y = f(x)$，由导数的几何意义可知 则有 $k = (\sin x)' = \cos x$ 故有 $y = \sin x + \mathrm{C}$ 3. 引出正文 * 不定积分的概念 定义 1：设函数 $f(x)$ 是定义在区间 (a, b) 内的已知函数，如果存在函数 $F(x)$，使得对于任意的 $x \in (a, b)$，都有 $f'(x) = f(x),\quad x \in (a,b)$ 或 $\mathrm{d}F(x) = f(x)\mathrm{d}x$ 则称 $F(x)$ 是函数 $f(x)$ 在区间 (a, b) 内的一个原函数。 举例说明：$(\sin x)' = \cos x$ $\sin x$ 是 $\cos x$ 的一个原函数 $(\ln x)' = \frac{1}{x}$ $\ln x$ 是 $\frac{1}{x}$ 的一个原函数 定义 2：函数的全体原函数叫作 $f(x)$ 的不定积分，记作：$\int f(x)\mathrm{d}x$ $\int f(x)\mathrm{d}x = F(X) + C$ 注意：“$\int$” 为积分符号，$f(x)\mathrm{d}x$ 为积分表达式，$f(x)$ 为积分函数，x 为积分变量。 设计意图： 让学生理解原函数的概念，了解原函数是否是唯一的，如果不唯一，它们之间有什么联系，掌握全体原函数的表示形式，不定积分概念，能使用不定积分符号，能理解推导这些不定积分公式的依据和过程。

续　表

<table>
<tr><td>教学视频资主要内容及设计意图</td><td>* 不定积分的几何意义
不定积分的几何意义如图 5-6 所示：
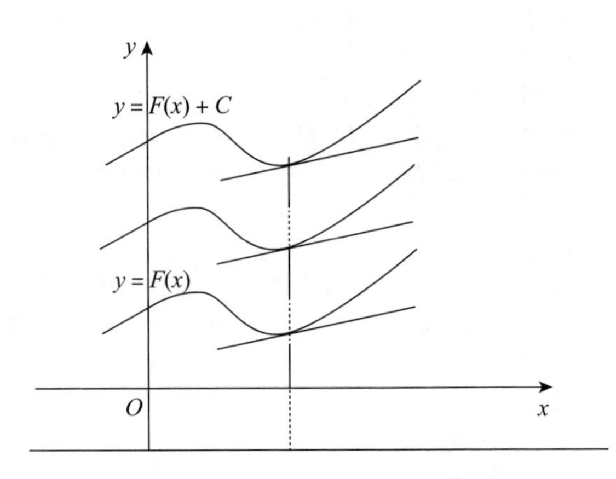

图 5-6　不定积分的几何意义
设 $F(x)$ 是 $f(x)$ 的一个原函数，则 $y=F(X)$ 在平面上表示一条曲线，称它为 $f(x)$ 的一条积分曲线，于是 $f(x)$ 的不定积分表示一簇积分曲线，它们是由 $f(x)$ 的某一条积分曲线沿着 y 轴方向作任意平行移动而产生的所有积分曲线组成的。显然，族中的每一条积分曲线在具有同一横坐标 x 的点处有互相平行的切线，其斜率都等于 $f(x)$。
在求原函数的具体问题中，往往先求出原函数的一般表达式 $y=F(x)+C$，再从中确定一个满足条件 $y(x_0)=y_0$（称为初始条件）的原函数 $y=y(x)$。从几何上讲，就是从积分曲线族中找出一条通过点 (x_0,y_0) 的积分曲线。
设计意图：
让学生结合图像，体会一个函数的原函数并不是唯一的，它们之间有联系，我们把其中一个原函数的图像上下平移就会得到全体原函数的图像。</td></tr>
<tr><td>学生活动</td><td>根据教学目标和教学重点教师上传视频资料，并让学生围绕以下几个问题进行学习，并搞清楚。
1. 什么是原函数
2. 不定积分的定义
3. 一个原函数和全体原函数之间有什么联系
4. 不定积分与导数之间的关系
5. 不定积分的几何意义
每个学生根据自身的情况，带着上面这些问题，认真观看教学视频进行学习，并及时做出总结，自己哪些问题还没有搞清楚，需要上课和老师同学们进行交流讨论。</td></tr>
</table>

续 表

课前反馈	学生通过课前的学习，总结和整理出问题，通过qq或微信等手段反馈给老师，以及老师根据以往的经验，预想到学生可能出现的问题，老师整理出以下几条问题，让学生上课讨论。 1. 一个原函数和全体原函数之间有什么联系 2. 原函数是否唯一，若不唯一，它们之间有什么关系 3. 不定积分的几何意义

表 5-4 课中

教学实施过程	
同学们已经在课前学习了原函数与不定积分这一节， 现在我们针对同学们提出的问题进行讨论	
1. 一个原函数和全体原函数之间有什么联系	教师：一边播放ppt，一边让学生讨论。 引例导入： 引例1：已知某质点以速度 $v=3t^2$ 作变速直线运动，求该质点的运动方程。 解：设该质点的运用方程为 $s(t)$，则有 $s'(t)=3t^2$， 故有 $s(t)=t^3+C$。 引例2：已知平面曲线上任一点处的切线斜率为求该曲线方程。 解：求该曲线方程 $y=F(X)$，则有 $k=F'(X)=\cos x$ 故有 $y=\sin x+C$。 学生：一个原函数和全体原函数之间相差一个常数 C。 教师：这位同学回答得很对，我们求函数的全体原函数，只需求出它的一个原函数，然后在它的后面加上一个常数 C 就变成全体原函数了。 教学总结：一个原函数和全体原函数之间相差一个常数 C，求出它的一个原函数，然后在它的后面加上一个常数 C 就变成全体原函数了。
2. 原函数是否唯一，若不唯一，它们之间有什么关系	教师：组织学生进行讨论，把学生分成5组，每组选个代表回答。 学生：一个函数的原函数不唯一，它有无数个，它们之间相差一个常数。 教师：这个问题每组都回答对了，函数的原函数不唯一，它有无数个，它们之间相差一个任意的常数。 例如：$(\sin x)'=\cos x$，$(\sin x+C)'=\cos x$ 教学总结：原函数并不唯一，任意两原函数之间存在一个常数差 C。

续 表

<table>
<tr>
<td>3. 不定积分的几何意义</td>
<td>教师：一个函数的所有原函数的图像有什么联系？
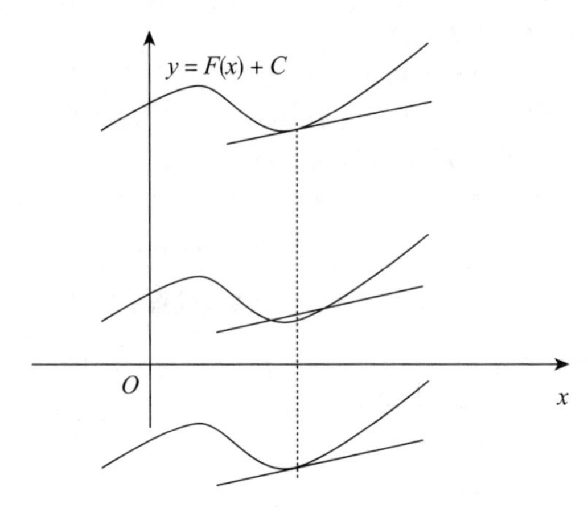

图 5–7　不定积分的几何意义
学生：我们只需画出一个原函数的图像，然后把它上下平移就会得到全体原函数的图像。
教师：这位同学回答得很好，那么我们过同一横坐标 $x=x_0$ 的点分别画这些点的切线，这些切线之间有什么关系？
学生：这些切线互相平行。
教师：对，这些切线互相平行，因为这些切线的斜率都是 $k=f'\left(x_0\right)$，由此我们可以得出导数的几何意义。
教学总结：由于函数 $f(x)$ 的不定积分中含有任意常数 C，因此对于每一个给定的 C，都有一个确定的原函数，在几何上，相应地就有一条确定的曲线，称为 $f(x)$ 的积分曲线。因为 C 可以取任意值，因此不定积分表示 $f(x)$ 的一簇积分曲线，而 $f(x)$ 正是积分曲线的斜率。由于积分曲线簇中的每一条曲线，对应于同一横坐标。
$x=x_0$的点处有相同的斜率 k，所以对应于这些点处，它们的切线互相平行，任意两条曲线的纵坐标之间相差一个常数。所以，积分曲线簇 $y=F(x)+C$ 中每一条曲线都可以由曲线 $y=F(x)$ 沿 y 轴方向上、下移动而得到。</td>
</tr>
</table>

（三）教学效果分析

翻转课堂教学相对于传统教学课堂气氛比较活跃，大多数学生上课都能积极提问发言，师生之间、生生之间交流互动比较好，但是翻转课堂主要是在课前完成知识的学习，这样就明显增加了学生的学习负担，学生需要花费大量的时间投入到课前的学习中。笔者在进行翻转课堂教学中，做了以下调查，58% 的学生认为教师提供的课前学习资料合适，他们能够自己进行学习，28% 的学生认为学习资料较少，剩下 14% 的学生课前根本就没有管。在交流互动方面，86% 的学生在课前有较好的互动学习，极少数学生交流较少，以后注意鼓励学生多进行交流沟通，大家共同讨论解决问题，生成集体智慧。在课堂安排方面，78% 的学生认为课堂活动安排较合理，能充分调动学生的积极性，课堂上大家都比较活跃，能积极参与讨论，课堂上的面对面更有利于学生之间的交流，通过对问题的分析和讨论，能对知识的理解更为深入全面，使学生牢固掌握课程知识。

从上述的调查研究分析来看，在翻转课堂的教学实施中，在课前一定要向学生提供优质的学习资源，使得课前学习任务难度适中，多鼓励学生互动，讨论解决问题，让学生在课前就对基础知识有一定的理解。在课堂的教学中合理安排学习活动，多鼓励学习差、积极性不高的学生积极参加讨论交流。整体来看，大多数学生对翻转课堂教学持有积极的态度，喜欢翻转课堂这种教学模式，他们的学习效率有较大的提高。

第六章 “互联网 +”背景下高等数学教学案例研究

第一节　基于“翻转课堂”的文科高等数学教学设计

一、关于文科高等数学教学研究的综述

（一）文科高等数学的学科特点

文科高等数学作为针对文科类大学生专门开设的一门专业必修课，它的教育意义是深远的，通过教学，可以达到文理渗透，培养学生数学思维的美好愿望，对于同时提高学生的数学素养也是必不可少的。作为一门基础学科，文科高等数学特有的抽象理论性是显而易见的，但是，同时它也在逐步向技术性和应用性的方向发展，与此同时，文科高等数学也正在以数学技术的形式逐步从舞台的幕后走向舞台的前面，各行各业都可以通过数学模型把各种问题归结为数学问题从而得到很好的解决。不得不承认，数学已不仅仅只是自然科学和技术科学的基础，它在人文科学和社会科学领域中也在扮演重要的角色，发挥着越来越大的作用。文科高等数学这一基础学科所蕴含的科学素养是现代社会每一个大学生都应该具备的基本素质，它所展现的数学精神（一般来说数学精神指的是人类在从事日常数学活动中的思维方式、价值取向、行为规范、理想追求等意向性心理的集中表征，主要包括数学理性、求真、创新、合作与独立思考精神）及思想方法是开设这一基础课程的精髓所在，鉴于文科高等数学的学科特点，为了促进大学生的全面发展，各级各类的高等学校普遍认可并强调在文科专业开设高等数学必修课。

（二）文科高等数学的重要性

众所周知，在培养人的理性思维方面，数学能够很好地发挥作用，因为数学除了是科学的基础工具而外，它还是一种十分重要的思维训练方式及抽象的思想文化精神。现代信息社会科学技术不断发展已经使得科学工程技术和人文社会科学的众多领域都离不开数学，例如，在语言、历史、经济和教育等学科中没有数学基础知识作为基本工具就无法真正理解和胜任该类学科的工作，而且，现代社会的发展已经到了越来越依赖数学的程度，报纸、公

众生活都广泛地存在涉及数学知识的各类问题，比如图表、数据统计、市场预测等等都要数学作为基本的工具，因此，作为一个普通的社会人，无时无刻不受到数学的影响和有着应用数学的可能，更何况是从事专门领域工作的文科专业学生及技术人员。

（三）开设文科高等数学的可行性及必要性

文科高等数学的重要性为各级各类学校开设文科高等数学这一课程的可行性奠定了坚实的基础，因而开设该课程的必要性也就不言而喻。第九届国际数学教有大会在 2000 年召开，会上明确了 21 世纪数学教育的理念是：人人需要数学；每个人都应当学习有用的数学；不同的人在数学学习上应该有不同的发展。所以，开设文科高等数学，对于文科生而言，学习必要而实用的数学知识是顺应时代发展，是必要的。现在的文科专业基本上是文理兼收，文科高等数学本着提高学生的数学素养，贴近现代化、应用化、强调培养学生的数学应用能力，开设该课程具有宏观和微观上的可行性，课程的开设符合新世纪时代发展对人才的需求及人才自身发展的进步渴望。图 6-1 是关于文科生学习数学的一项调查数据，从中可以看到在文科生中开设数学课程的必要性和可行性。

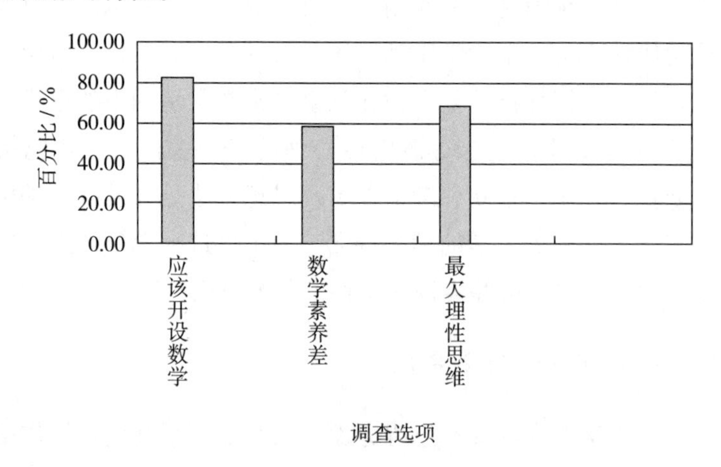

图 6-1　关于文科生学习数学的一项调查数据

从图表看出，超过 8 成的人赞同在文科开设高等数学课程，超过 6 成的人认为文科学生的数学素养差，接近 7 成的人觉得文科专业的学生最欠理想思维。在本研究中，根据对学生的调查问卷进行统计和走访不同学生（包括学习成绩、生源地、入学数学分数、文理科不同）进行分析，得到学生对文科专业开设数学课程的认可程度，见图6-2表格图：

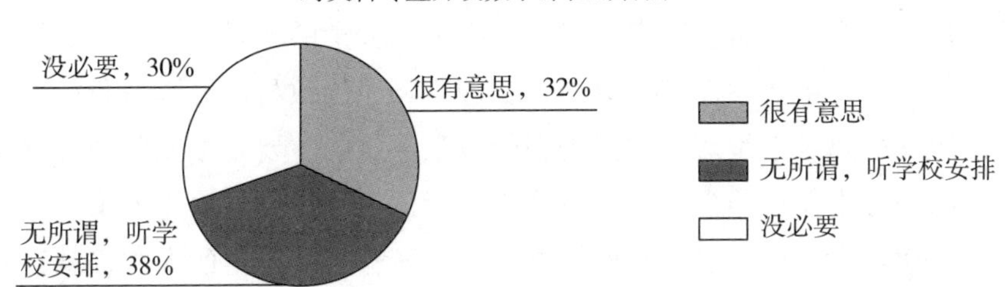

图6-2 对文科专业开设数学课程的看法

此数据再次说明接近七成的学生对课程开设持认可或默认态度。

（四）文科高等数学的教学情况

各级各类的学校都在文科专业开设高等数学这门基础必修课程，通过同学、老师、朋友、自己的学生和在不同院校进修亲身经历等渠道了解到，文科高等数学的课程重要性人人认可。面对文科专业学生开始的文科高等数学必须要解决“教什么”“为什么教”“怎样教”，这同时也是教师在教学中困惑且必须认真思考的问题。简言之，学的人痛苦，教的人迷惑。所以在这个部分，重点将从教师的教、学生的学以及教学内容等方面介绍文科高等数学的教学情况。

1. 文科高等数学教学内容

开设文科高等数学这门课程的每个高校都在本着顺应时代发展的要求，以提高文科学生的数学素养为宗旨。而文科高等数学的教学必然要以教材为载体，因为教材是教学的重要而必须的组成部分，教师的教与学生的学都要依托教材内容来完成，根据收集走访知道，各个学校近年来使用的教材每年都不尽相同，互相之间也不同，甚至可以说是五花八门的。教材内容大多是抽象的理论推导、复杂的数学计算、对于与实际有关的理论应用的实际例子偏少，特别是和文科专业的实际联系更是少得很，与文科学生的专业需求和后继课程学习需求不相匹配。另外，由于课时的限制，即使在压缩教材内容的时候也很难在理论和实践的结合中找到很好的切合点。教学内容陈旧，先进的计算机技术及数学建模思想体现不够，教材中大量的内容与实际生活联系不大，甚至与生活实际脱轨，对于学生的学业或实际问题的解决也没有多大的意义，这也就导致有的学生认为学习高等数学没有什么实际的实用价值，没有必要花时间，耗那么多的精力去学习，认为教学内容对学生创造性的培养价值也不大。有研究者指出，比起美国大学的教材，中国大学的高等数学教材要厚得多，然而有价值的内容却不如美国教材，原因是我们数学教材是按照演绎思维来编写的，而美国的数学教材则主要是按照归纳思维来编写的，归纳思维在培养学生的创造性方面要比演绎思维显得更加重要些。如果说，在教学内容中，没有有效挖掘到教材所蕴含的丰富的人文资源，文科大学生就无法发现高等数学中他们所喜爱的内容，讨厌数学学习也就在所难免了，严谨性让他们觉得该课程呆板，过多的逻辑推理和机械计算会让他们感到高等数学很枯燥。在我国现阶段，可以选择的文科高等数学教材选择范围还很有限，或者是以理工类教材为样本，对其中的一些内容进行精简或降低学习难度。教材编写的套路基本上是按照定义 → 定理 → 证明 → 例题的模式，对文科学生来说，一成不变，缺乏趣味性，枯燥难懂；还有的是那种数学的科普类简介以及数学史的引入，这类教材虽有趣味性，但一本书里如果介绍多个数学分支，每个分支又都只是简单介绍，浅尝辄止，也是不利于学生的培养、应用、掌握的。教材内容中很少考虑文科专业学生思维方式的培养方式、数学知识的结构优化，基本上没有涉及文科生的专业特点，极少将一些应用范围广、有助于学生培养的内容及时补充进来。图 6–3 是学生对教学内容满意度的调查统计图，从系统性知识及教学内容的丰富程度看满意度很低，教学内容很少拓展，照本宣科，枯燥乏味，对于教学内容的现状堪忧。

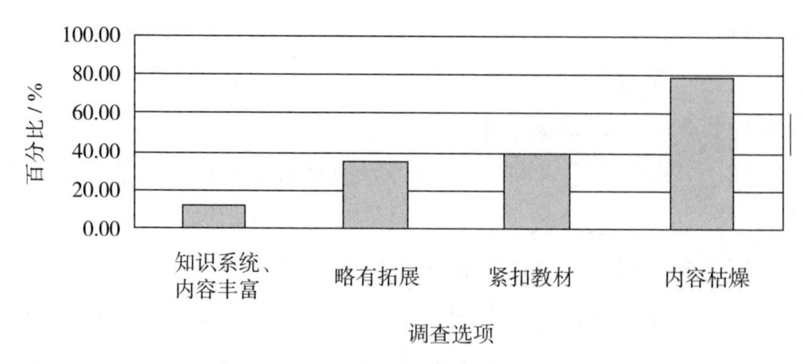

图 6–3　学生对数学内容满意度调查统计图

2. 近年来文科专业学生学习高等数学的情况

针对问题，研究中发放的问卷里面设计的问题涉及学生学习的兴趣、态度、习惯、方式、难易程度等，研究收集的数据表明，这与学生在课后自己所花的时间、对于查阅参考书籍的能力以及课堂听课效果和完成相关作业情况的联系是很大的，有显著的关联。事实上，这些因素都会直接影响学生的学习质量，在对 2019 级和 2020 级的教育心理学专业，旅游专业和房地产管理专业的学生进行统计时发现学生的学习状态如下表（见图 6–4 所示）：

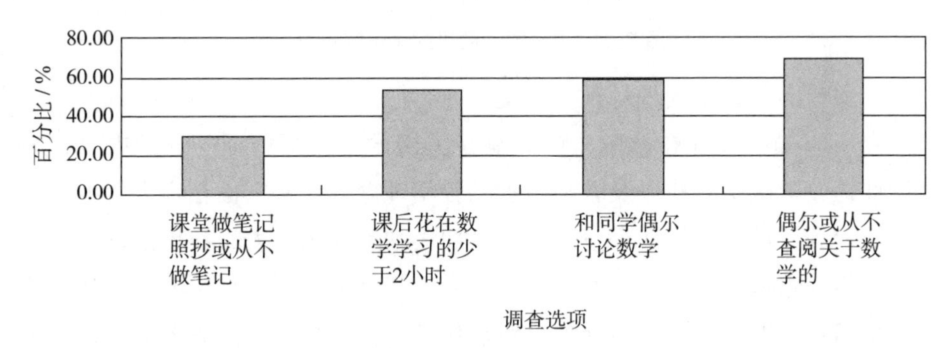

图 6–4　学生的学习状态

研究表明，学生的学习习惯与学生对课程的喜爱程度有很大的联系。有的学生对课程的重要性有明确的积极的认识，但是，由于学习习惯不好的影响，最终放弃学习，带来的自我学习困难分析不明确，归因错误，进而对课程的开设持怀疑态度。见图 6–5 所示。

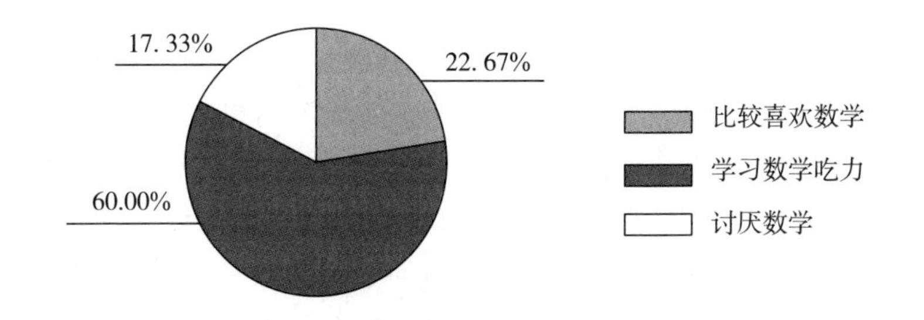

图 6–5　数学学习心里统计图

调查还发现，文科学生对高等数学的学习需要不足主要表现在学习动机不强学习态度不够积极，下图（图 6–6）是在 2019 级和 2020 级的文科学生中进行的数据统计：

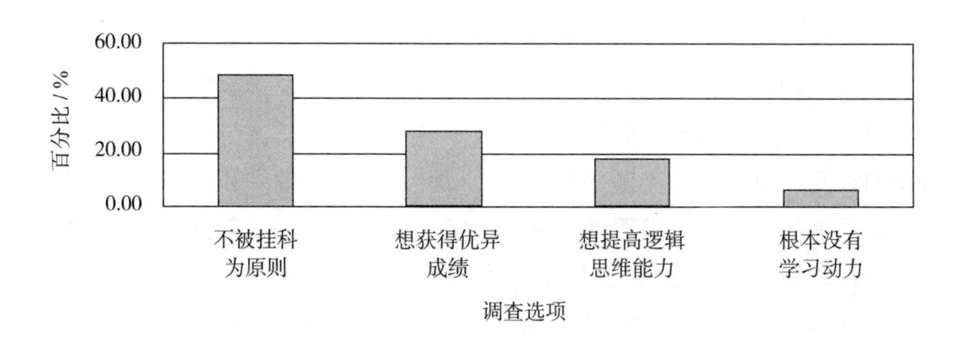

图 6–6 关于学习动机的调查统计表

3. 文科高等数学的教学现状梳理

众所周知，教师在教学中的影响是关键的。教师选择的教学内容，教师设计的教学组织方式以及教师传承的教学理念，这些方面在很大程度上影响着课程的开设。尽管课程改革已经在如火如荼地进行着，我们的许多高校教师，不夸张地说，百分之八、九十的人，仍然采用的是传统的黑板加粉笔的简单模式，即使学校条件允许，对现代教育信息技术依然置若罔闻，甚至是不屑一顾。与此相反的另一个极端则是教师过分依赖多媒体，全部的内容都以 PPT 的形式呈现给学生，现代信息技术反而成了简化课堂教学的工具。教学中极少能把传统的“黑板 + 粉笔”与现代信息技术进行有机的结合。调查还发现，大部分学生都有“提高趣味”“降低难度”的普遍要求。因此，教学研究及教学改革的重点必须放在这些地方。再次，教学方法手段过于简单、乏味，教学组织方式仍然是教师占主角，很难调动学生的学习积极性。另外，文科高等数学的任课教师虽然有丰富的传统教学经验，但是，大多数都是从理工科教师中挑选的，基本上对文科专业的特点了解不够，特别是文科高等数学的教法基本不怎么熟悉，教学很难突出文科重点，内容也大多沿袭在理科数学教学时所用的那些知识，过于注重理论，与文科学生的专业要求联系较少，根本吸引不了文科学生的学习兴趣。在教学实践中，罔顾以“学生为主体、教师为主导”的生本教育理念，却热衷于对深奥的定理和抽象复杂的概念进行讲解，以致学生的学习热情受打击，兴趣降低、最终结果就是教学效果差，难于达到预设的教育教学目标，更有甚者，直接是单纯的理论灌输。很多文科数学任课教师，仍然是在照搬任教于理工科专业教学时的传统方法，还是那种以课堂、教师、书本为中心的理念，教学只是在传播知识，根本没有涉及人文科学素养的培养，也没有考虑文科专业的需求和文科学生的特点，这是在研究中通过整理文献和了解走访知道的在当前文科数学教学中存在的普遍问题。在教学方法和手段上，依然还是沿用理工科的那一套模式，对文科教学的认识也是不足的，主观认为，文科学生数学基础差，上课也不认真听讲，缺乏对文科高等数学的学习兴趣，简单的归因导致在教学中的教学热情不高。事实上，教师对学生的影响是不可低估的，特别是教师的行为、语言以及态度，学生的认知过程，本质上是一种情感体验的过程，学生的心理产生的影响也是影响高等数学课程的教学的。传统的授课方式：老师讲授知识，学生理解内容，及时完成作业，老师定期或者不定期进行课下辅导答疑。随着现代科学技术的不断发展，要培养出更多优秀的应用型人才，必须运用现代化的教学手段及教学理念，把高等数学的教学有机结合于计算机等信息技术是个大趋势。

在问卷调查中，本研究设计了关于学生喜欢老师什么样的教学方式，选项 1 为老师讲，我听；选项 2 是我自己学，老师指导我，选项 3 是无所谓，统计如下图 6–7 所示：

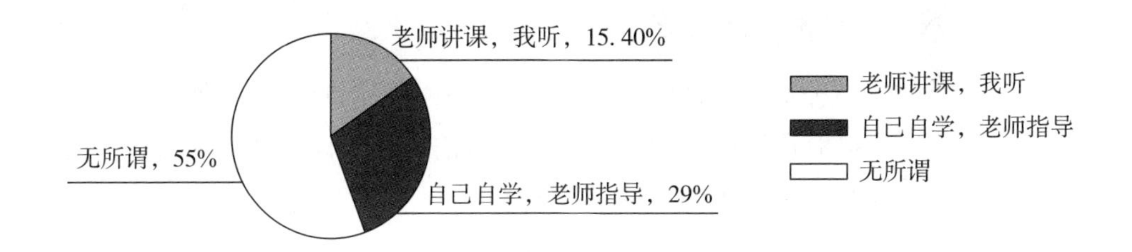

图 6–7 学生对教学模式的选择

相比较而言，学生更倾向于自我能力发展的自主学习模式，因而，在教学模式的喜爱上，有众多选择无所谓的，也就是持中立态度。但是，对于“自己学，老师指导”的比例大于“老师讲课我听课”的比例。

（五）有关文科高等数学的教学改革情况

我们的教育原来是什么样，我们希望通过新课程改革要使教育达到什么样子，我们现在有没有达到，我们还要做什么样的努力才能够达到，这些都是我们在新课程改革的过程中要不断思考的问题。客观地说，既要看到通过新课程改革取得的成就有哪些，最主要的当然是要看到存在的问题在哪里。

文科高等数学的发展是随着社会的发展而发展的，经济建设和社会发展对人才提出了更高的要求，综合素质，全面发展这些词语在各个层面的文字表述中都能看到。文科生“学习数学无用”的传统观念在逐渐发生变化，数学这门工具性基础科学正在与其他学科领域发生不断渗透的良好局面，文科高等数学的学科发展也经历了起初的默默无闻到全面展开再到现在的遭遇发展瓶颈，何锡章（华中科技大学人文学院院长）曾经回忆说自 20 世纪的 80 年代开始，文科专业就已经在开设数学公共课了，当时主要考虑的是，作为理工科院校，文科专业更要强调文理交叉、渗透，更有助于提升学生的综合素质。张恭庆（北京大学数学科学学院教授）也说到，现在更值得人们讨论和关注的应该是怎样提高当代大学生的综合素质，“怎么教文科生数学”的问题，怎样提高他们的学习积极性。当前大学数学教学改革热点问题依然是：在现代信息化背景下，如何开创适合创新型人才培养的大学数学课程的教学模式、有效的教学方法以及合理的考试方式。因此，国际数学教育改革的趋势说明高校文科专业的高等数学教学要贴近现代化、应用化、个性化，更加注重强调学生的数学应用能力。

二、教学设计的相关理论

设计研究是一种带有行动研究性质的研究取向，同时也是一种以开发设计为起点，逐步提取设计原理的研究过程。目前，教学设计学是一门新兴的学科，因而，对教学设计的定义也是多种多样的，研究的范式也各不相同，从中也能看出对教学设计的本质存在不同的看法。在传统教学中，教师注重的是对知识本身（暂且称为显性知识）的讲解，考虑的都是学科知识本身，教学设计的很大部分是知识间的结构，教学的宗旨就是讲清楚知识是什么，以及如何应用，很少考虑知识本身对学生能力的培养，忽略了学生自己通过积极思维活动获取知识的这一能力，从而也就不可能让学生有什么样的创造性思维及能力的发展。新课程标准强调的“知识技能”“过程与方法”“情感、态度、价值观”三维目标的要求，体现的是对学生能力要求和深层次态度情感的形成。对于那些我们称为“潜在的知识”，教材没有明确写出，这就使得以发展能力为目标的教学设计在操作上有困难。尽管教师们都在积极地应用信息技术手段、采用探索性学习的新方法，但许多人都还在局限于从外部的教学形式上的模仿，而如何为学生创设积极、主动学习的机会及氛围、如何依据思维规律为学生成功进行探索创造必要条件等等许多方面，都是缺乏必要的理论和方法的。在本章，研究将依托文科高等数学的知识及教学特点，把翻转课堂这一教学模式的相关教学理念渗透到学生的学习中，结合学习理论进行教学设计，从而形成基于“翻转课堂”教学模式的文科高等数学教学设计的理论系统。一个完整的教学设计应该包含有以下三个方面：学习理论（如何学习）、教学理论（如何确保理想学习的产生）、教学设计规划（如何使用教学理论创造成功的课堂和单元学习）。

（一）什么是教学设计

在阐述教学设计的定义之前，先来简单介绍什么是设计。从教学活动的视角来看，设计可以看作是在活动之前，根据一定的预期的要求，预先对活动所进行的一种安排或者策划，它是目标定向的过程，设计是为了构思和认识某事物，设计的事物有实际效用要把需求信息转换成具体的产品技术说明，设计需要社会互动性，当中包含有问题的理解和解决，是个动态的系统过程。

在给出本研究的教学设计的定义之前，以下是在整理的基础上选取的比较典型的几种对教学设计的定义：

1. 乌美娜的教学设计定义：1994 年，乌美娜在出版的《教学设计》一书中给出的定义是这样描述的：“教学设计是运用系统方法分析教学问题和确定教学目标、建立解决教学问题的策略方案、试行解决方案、评价试行结果和对方案进行修改的过程”。

2. 帕顿的教学设计定义：1989 年，帕顿发表了《什么是教学设计》，书中把教学设计定义成“教学设计是对学业业绩问题的解决措施进行策划的过程”，这个定义注重的是设计学的特点。

3. 何克抗的教学设计定义：在《教学系统设计》一书中，他把教学设计定义成“教学设计主要是运用系统方法，将学习理论与教学理论转换成对教学目标、教学内容、教学方法和教学策略、教学评价等环节进行具体计划、创设教与学的系统过程和程序”。

4. 杨开城给出的定义则是“教学设计是一种保护学习者分析、学习内容分析、学习目标的分析与描述、方案的设计以及对方案进行缺陷分析与改进的操作过程”。

综合以上的阐述，无论是从宏观角度还是微观角度对教学设计进行定义，都无不在把教学设计所涉及的各个方面和要素视为一个系统，所以系统观的重要性是个突出的特征，因而在本研究中倾向于对教学设计进行系统化的定义。教学设计没有最好，只有更好。总之，本研究把教学设计定义为是对教师教什么、学习者学什么和教师怎样教、学习者怎样学的一种操作方案。

2. 教学设计的一般模式

（1）乌美娜有关教学设计的一般模式如下图（见图 6–8 所示）：

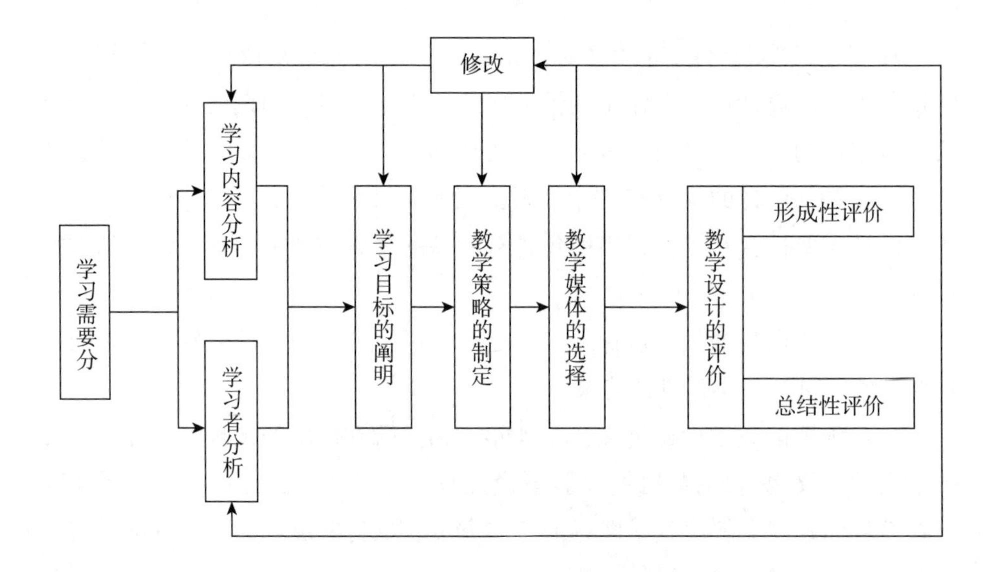

图 6–8　乌美娜有关教学设计

（2）余胜泉等人提出的建构主义教学设计模式明确提出构建学习资源、认知工具和自主学习策略的设计如下图 6–9 所示。

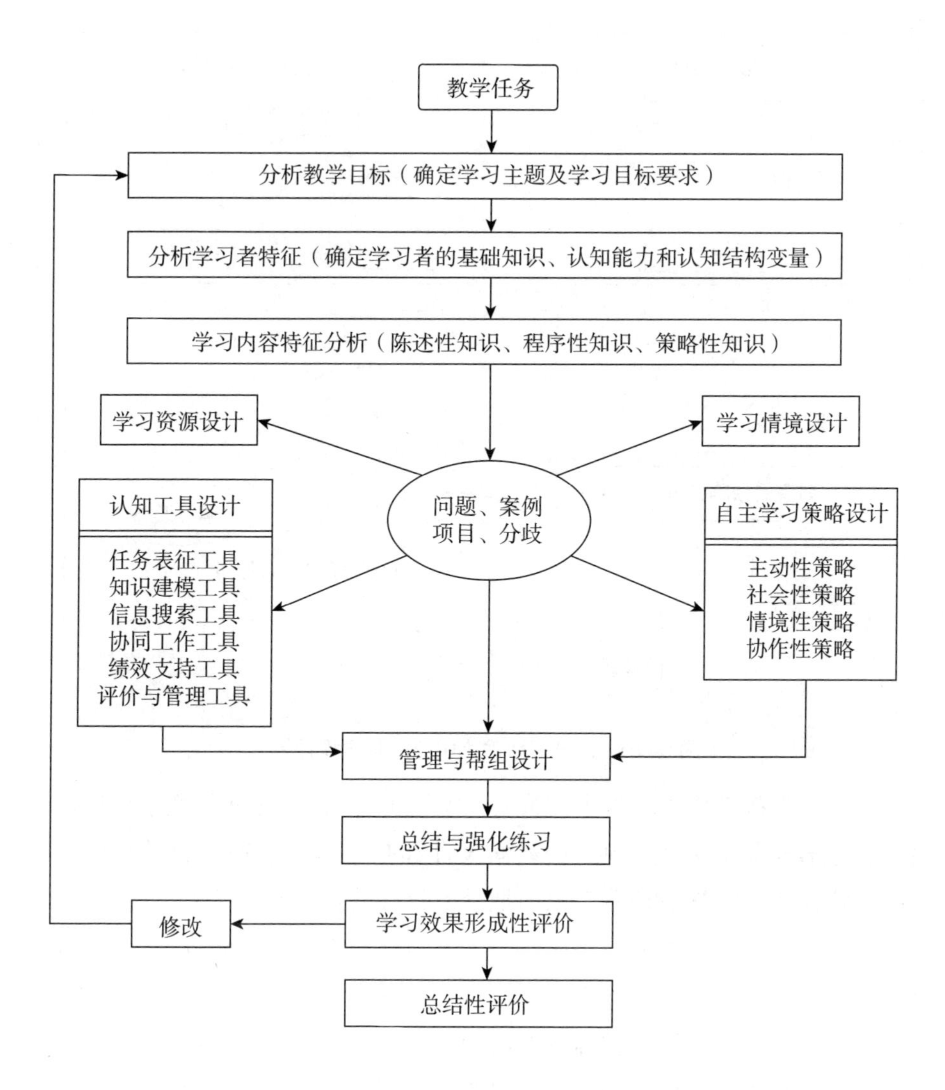

图 6–9　认知工具和自主学习策略的设计图

（3）杨开城提出的以学习活动为中心的教学设计模式见下图 6–10 所示。

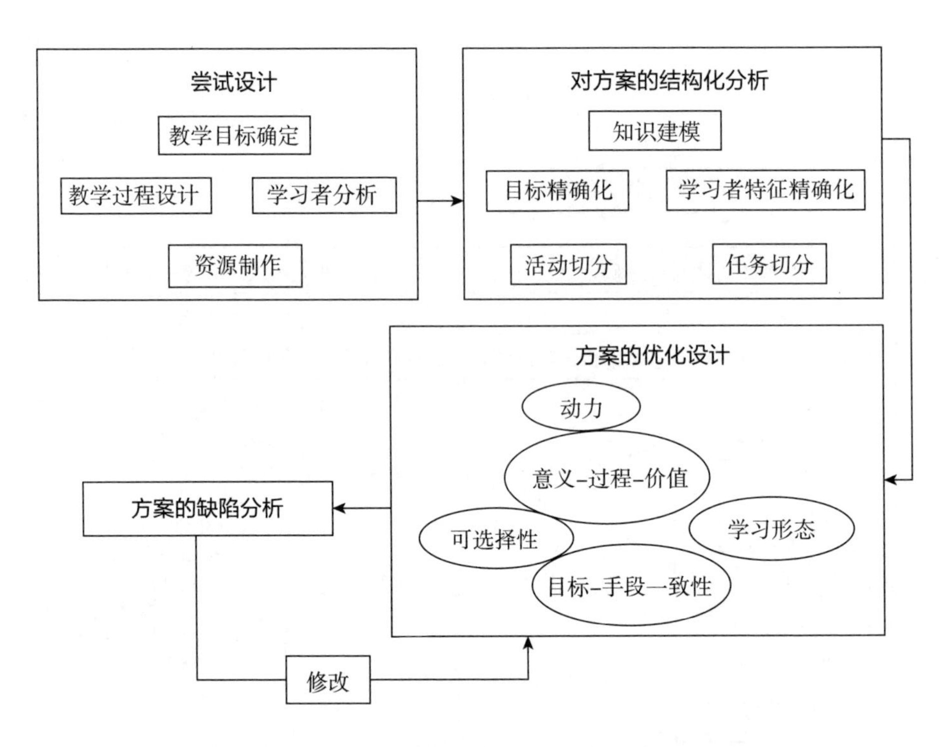

图 6–10 以学习活动为中心的教学设计模式

上述三种教学模式蕴含了在策略 / 模式和学习活动之间的教学设计理念。对于基于教学策略要素 / 模式的教学设计和基于学习活动的教学设计来说，基于策略模式的教学设计研究取向把学习目标的达成归结于教学方法、教学策略、教学组织形式等方面，而基于学习活动的教学设计研究取向把学习活动、学习环境和知识传递作为基本单位。教学设计通俗地说就是实现教学最优化的一种重要措施。是教师备课活动的延伸及重要的工作部分，而教学活动的对象多种多样，可以是一个学习领域、可以是具体的内容也可以是一个确定的课题，这样教学设计就有可能是整体设计、局部设计和单元设计。本研究的主题是依托文科高等数学的教学内容，实施翻转课堂的理念，以实际的教学实证研究方式论证两者的可行性发展，以期解决文科高等数学的教学难题，并改革现有的教学弊端，同时把翻转课堂的教学理念进行实际的教学实证研究，使得翻转课堂能植根于本国的教学土壤，开花结果。所以，在结合实验条件和学生的基本实际情况以及文科高等数学的教学现状的基础上，考虑到翻转课堂的以学生为本，注重培养学生的能力，以学生的协作学习为主的理念，本研究采用的是基于翻转课堂理念的以学生自主建构知识的学习活动教学设计，以翻转课堂的局部知识为例进行实际的教学设计实验，研究选择的地方本科院校，资源相对匮乏，学生的层次参差不齐，学习习惯和学习能力都有一定的限制，要想达到培养人才的综合性目标，进行符合实际的课程育人的教学设计是可行之道。

（二）教学设计的具体任务

在进行任何研究的过程中，都应该清楚、明白问题的主要部分在哪里，然后提要挈领地解决问题，对于教学设计而言，要解决的主要问题有以下三个：

学生通过教学以后必须要学到什么；

应该采取怎样的有效教学才能达到预期目标；

怎样检查及评定想要达到的教学效果。

基于以上的想法，教学设计就必须要认真进行分析、设计工作。当然，分析是设计的前提和基础，有效的设计必须要建立在理性的有效的分析之下。

1. 分析性的任务

① 学习者分析，教学设计是否成功的衡量标准就是所涉及的学习者学习水平是否达到。基于翻转课堂的教学理念指导下的教学设计必须了解学习者的学习准备、认知风格、一般特征、个性特点，年龄特征等，学习者的认知、情感、起点能力等特征对教学中学习的信息加工过程必然会有很大的影响。基于翻转课堂的教学设计注重的是学生的自主知识构建，以学生的能力发展为最终目标，对学习者进行分析的过程是确保实施因材施教的前提。所以，教学设计中必须确定学习者直接的共同特征和个性差异。

② 学习目标分析和描述，学生的天职就是学习，目标的准确分析和清晰描述是整个教学设计的起点和最终的回归点，即是设计的出发点和归宿。布卢姆是第一位把学习目标进行分类的研究者，他认为，学习目标应该包含认知、动作技能、情感态度三大领域的内容。这是从形式上进行的分类，而加涅是从内容上把学习目标分为：言语信息、智慧技能、认知策略、态度和动作技能 5 个方面，本质上前 3 个属于认知领域，布里格斯则通俗地把学习目标描述为“之前想要达到的状况和现在的状况之间的距离”。描述学习目标的方式很多，可以是自然语言，也可以是形式化的表征方式。教学设计中

应该指出学习者在知识、技能、能力和态度等方面的不足，指出拟要解决的问题，在明确学习目标的前提下才能明确教学任务和教学目标。

③ 学习内容分析即领域知识分析，确定领域知识中存在的各种内在逻辑联系，杨开城在所著的书中谈到，从知识观的角度分析，对学习者来说，知识的价值可以有认知价值、发展价值和工具价值之分，比如概念和原理型的知识具有明显的认知价值，而具有认知策略的知识，它的发展价值较明显，对于操作规则类的知识具有工具性的价值，这些联系，在教学设计的分析过程中，是用来确定以什么方式建构知识意义的重要参照。

④ 资源条件分析，随着教育信息化的到来，教学资源具有数据量大，形式多样，获取渠道广，针对性教育性强等等特点，在教学设计的分析阶段，主要要确定能在教学中使用的信息资源、具体媒体、案例等，教会学生获取资源，利用资源，筛选资源等等的能力。

⑤ 缺陷分析，教学是一种多主体的社会复杂系统，教学要促进学生的全面发展。学习任务的完成既是一个学习过程，也是一个确认认可自己的认知过程，教学设计没有最好只有更好。确定教学系统的设计缺陷一般有两种，一是检查方案设计与目标的一致性，做定性分析，检查方案的适应性和动力特征等等；另一个是通过对教学问题分析，分析产生的原因，从而找到方案的缺陷。

2. 设计性的任务

以上已经阐明，分析是设计的前提，设计就要把分析结果作为出发点，按照分析得出结论，包括：已知条件、预期目标的状态，拟出初步的解决方案。其中设计内容就应该包括学习的活动、环境、媒体传递和评价等方面的设计。

① 学习活动的设计应该从以下方面来考虑：学习要完成的任务是什么、要解决的问题有哪些、要学习的主要内容有哪些等。其中活动目标、活动内容、活动方法和活动成果等构成了学习活动的不同设计风格。本研究认为，学习活动的设计应该从教学模式和学习任务两方面进行，因为教学模式是一个框架，它的内容必须是由学习任务来组成。

② 学习环境设计与常说的创设问题情景有相近之处，它的设计主要是为学习活动提供支持作用的，所以必须在学习活动设计的基础上进行，要以学习活动的需要为依据，所以学习环境的设计应该包括学习资源、学习工具、人际交互的设计。

③ 媒体传递设计，这个问题涉及以下方面，例如，哪些知识点适合用哪种媒体来表示、组织方式是什么、向学生传递的合理顺序是什么，哪种类型的练习能取得哪种技能、要让学生掌握应该怎样安排等，集中体现为教学媒体的选择与设计和学习材料的设计。

④ 评价设计，在设计任务中，评价包含两个方面，一是对教学设计过程本身的评价，另一个是对教与学过程的评价，具体操作时要参照教学目标来设计评价工具，同时也要确定评价的组织形式，信息收集和处理的原则、方法以及对评价结果的阐述和信息反馈设计等等，还可以以讨论形式、论文的展示、各种测验、开发的产品等都可以用来评价学生的表现。

3. 具体操作

基于翻转课堂的文科高等数学教学设计研究，是把翻转课堂的教学理念应用于文科高等数学的教学中进行研究，探寻的是翻转课堂施行于文科高等数学教学的可行性价值，所以，教学设计选择的是以学习活动为中心的教学设计模式。因而，分析和设计是重点，实践对比是研究的手段，总结反思评价是关键。

① 学习活动的操作，根据海尼希等人的描述，认为设计者在进行设计时首先应该考虑学习者的一般特征、起点特征和学习风格其中一般特征主要是性别、年龄、工作经验、教育背景及民族等，而起点特征应该包含学习者的起点能力即学习者先前所具有的技能和态度以及学习者的学习准备程度。对于学习风格来说，主要是指学习者完成学习任务及处理信息的特征。学习者分析中还包括对学习材料本身的难度、学习内容对学习者本人的吸引力和兴趣大小程度，先决性信息要求如何，学习者认知发展水平等各种因素，这些都是在进行教学设计的学习活动中重点操作的部分。

② 教学策略的操作，设计是在设计者已经明确了教学问题、所需要解决的问题涉及的教学内容和教学的具体目标的前提下进行的，其目的是设计一种经济有效的教学，产生可靠的结果，从而为不同的学习内容提供最优秀的方法处方。学习是一个积极主动的过程，也是学习者构建新旧知识的意义关系过程，精心设计的教学策略有助于学习者更加积极地在新旧知识之间产生联结。翻转课堂提倡的有意义接受学习决定了教学设计必须考虑到学习者的积极主动建构知识的联结策略。设计的策略必须能激活已有的知识结构，并帮助改变原有知识结构，最终自动对新知识结构进行编码。在此，提出乔

纳森的4种加工策略：记忆、综合、组织和精加工。如果一个学习内容被归为事实性的，则可以运用复诵练习和记忆术；如果是概念性的学习内容，仅仅是为了记住这个概念，则适用于事实性的策略，如果是为了应用概念，则应用促进生成学习的综合策略和组织策略就很有效，综合策略需要学习者举出正反例子，组织策略包括让学生分析要点（例如确定新定义概念的本质属性）、分类及认知地图（确定新旧概念之间是如何互相关联的）；如果是原理与规则性（对概念间的阐述）的学习内容，则有规—例法（一条规则和几个实际例子）和例—规法（先呈现几个实际例子再总结出一条规则）学习的行为表现为回忆和应用（解释规则的结果和预测基于规则作出的推论），所以综合、组织和精加工策略都是原理和规则学习的生成策略。

③ 案例的操作，根据教学实验的需要，选取有典型代表的文科高等数学的部分内容进行设计，按照课前、课中和课后的思路进行设计操作，运用翻转课堂的教学理念，结合对学习者的分析，对教学内容的分析，对学习资源及学习条件的分析，设计可操作的学习活动案例。

④ 评价的操作，评价是用来衡量人们的行为是否达标，对教学设计而言主要是用来改善怎么样教这门课程，鉴定学生的学习是否达到预期的效果。任何专家、设计达人都不可能一次就能设计出完美的教学，都必须进行评价或者是评估，方式一般有形成性评价、总结性评价和验证性评价，形成性评价是给教师或者设计小组成员提供教学方案实施中对达成教学目标所起作用大小的信息，是对教学开发及实施的质量监控，即“我们正在做得如何？”总结性评价是用来测量结课后学生所掌握的主要内容达到学校目标的程度，即“我们已经做得如何？”而验证性评价是在大量的数据收集基础上进行的，比如问卷、面谈、业绩评价、自我评价等，验证性评价尤其看重结果。对于三者的具体操作，可以在教学之前应用形成性评价，在教学过程中应用总结性评价，在教学（一门课程或者教学单元）结束一段时间后采用验证性评价。翻转课堂的教学关注的是学习者本身的发展而不是教学内容本身，所以基于对教学设计的描述是实施教学活动的系统方法的统称，是包括学习理论，信息技术，系统分析理论以及管理理论的新兴学科。在教学情境中，作为实践前沿的教师们，往往是学科问题专家，也是教学设计者，双重的角色往往是困难而又必需的，如何有效计划、开发、评估以及管理教学设计过程，确保学习者取得良好的学习效果是教学设计的初衷及归宿。教学活

动作为设计的基本单位，有效性的评估是必须进行的。一般来说有根据教案分析、教学反映、学生的考试成绩等评价方式。但是，基于翻转课堂的文科高等数学教学设计的评估更适用于模糊综合评判的评估方法，比如课前的准备工作及课前知识的学习安排，课中的知识内化及问题情境的创设，智力开发、能力培养等等。本部分围绕教学设计所涉及的学习理论、教学理论和传播理论等板块进行的分析、设计和评估工作都是指导下一步具体实施设计的理论基础和理论系统。

三、基于“翻转课堂”的文科高等数学教学设计

通常数学教育研究有两个主要目标：纯粹的和应用的，或者说是理论的与实践的。两种范式各有千秋，实践研究的针对性强，理论研究便于迁移。数学教育研究者是该将自己定位为心理学家、社会学家，还是研究纯粹科学的科学家，或是像工程师那样的设计学家？莱仕认为，数学教育更应该是一门设计科学，教学设计应该包含有以下 3 个方面：学习理论（如何学习）、教学理论（如何确保理想学习的产生）、教学设计规划（如何使用教学理论创造成功的课堂和单元学习）。因此，本研究仅以一元函数微积分的极限部分和不定积分两部分知识作为教学设计案例进行设计研究。结合“翻转课堂”教学模式的分析和文科高等数学重要性的分析，本研究将按照学校软硬件条件、学生的生源层次、师资等维度，选择适宜的研究路线，运用教学设计的理论进行教学设计研究。

（一）研究的样本学校介绍

作为西部欠发达地区的地方院校，从结构和内容上来看，地方院校基本保持了以往的风格，远远达不到新课程改革的要求。理论高于实践，知识高于能力，传统教学优于创新教育的思想使得过度地追求其学科的科学性、完整性和独立性而忽视了学生的数学基础，并且在课程内容的安排上，纵向和横向没有达到平衡，从而与学生的切身情况不符合，不利于学生自身的发展，在课程内容上的安排过于繁杂，给教师增加了很多负担，教师需要更多的时间与精力去提高自己的专业知识和能力，这对于教师而言是苦中作乐的事，但是，对于学生就是另当别论了。本研究的样本班级是教育学院的 2019 级心理学本科班学生和 2019 级旅游管理本科班，通过问卷调查统计知道学

生生源地分3块：本地区学生、外地区的学生和省外的学生，生源质量参差不齐，以往的学习习惯，学习风格，使用的教材都不一样，入学后的心理体会也很不一样。这对教学研究的有效施行有一定的影响。所以，在进行研究前，对学生的学习习惯和学习环境进行了调查，当问及学生是否有良好的网络学习条件时，绝大部分的学生都选择是，而在此题的上一题问的是你现在的学习环境是否良好，学生绝大部分选择否，由此答题逻辑分析看出，学生对于良好的网络环境利用是很少很少的，从而才会认为没有好的学习环境。

（二）教材的选择

实验班没有指定教材，在进行实验时给他们提供的教材有来自网络，图书馆，书店等，教材的获取渠道给予辅助和介绍，这是实验对照时采用的干扰措施之一。而对照班并没有要求，依然按照以往的传统教学模式进行，没有做什么干扰措施。

（三）教学实践的测试对比

对于2019旅游本科班的学生，教学依然是统一的大学数学课堂，遵循“定义—定理—证明”满堂灌的教学模式，数学教学就是把数学定义、定理和证明以固定形式串联起来的过程，尽管数学教师也知道数学是以非严格化的过程创立的，但他们还是普遍采用老师讲学生听的这种教学形式。教师按学科发展的逻辑顺序讲知识，而学生则被动地接受教师讲解，对于课本呈现的固定证明格式，基本只是得到证明过程中的程序性思维，而证明中蕴含的结构性思维基本难于领略，知识的获得是有限而被动的，只收获了一小部分的“鱼”而不知道如何“渔”。

对于2019级教育心理学本科班，进行基于“翻转课堂”教学模式的教学设计实验教学，从课前的教学视频学习，到课堂的谈论、探究，始终践行“以学生为中心”的宗旨，教师扮演的只是在关键的地方提供指导和把握大方向的专家角色。在本研究实践结束之后，采用计算题和问答题的两种题型的测试对学生的学习进行测评，从中找出学生在两种课堂教学中的不同收获，对比测试方式还兼顾到文科生和理科生的不同以及学生的入学成绩的不同。另外，发放问卷考查学生对两种教学模式的看法和喜爱程度。

（四）针对文科专业的教学设计原则

根据文理混合班级的学生特点及文科高等数学培养人才的育人目标，结合翻转课堂教学模式的以生为本的教学理念，本研究在进行教学设计案例的开发时，选取并参考了以下的教学设计原则。

1. 直观性原则

就是在教学中要通过学生自己的观察所学的关于事物或教师语言的形象描述，引导学生形成所学事物的清晰表象，丰富他们的感性知识，从而使他们能正确理解书本知识和提高知识的能力。要求教师要选择符合学生的年龄特征和认识水平，教师运用直观的语言进行适当的讲解。

2. 启发性原则

即教师在教学中要承认学生是学习的主体，注意调动学生的主动性，引导学生独立思考，积极探索，自觉掌握科学知识和提高分析问题和解决问题的能力，生动、活泼地学习。要求教师要树立正确的学生观，承认学生的学习主体地位，创设合理的问题情景，调动学生的积极性，同时要发扬民主教学，营造民主和谐的教学气氛，让学生有勇气表达自己独立的见解。

3. 系统性原则（循序渐进原则）

主要指教学内容、教学方法和认知负荷等的安排，由易到难，由简到繁，逐步深化提高，从而使得学生系统地掌握基础知识、技术、技能和科学的方法，要求教学要符合人们认识事物的规律。

4. 思想性与科学性统一的原则

这是教学的方向性问题，要在科学知识的教学过程中结合实际对学生进行思想品德教育，围绕培养德、智、体全面发展，个性独立的社会主义接班人和建设者，同时符合物质和精神的平衡发展的时代需求。教师在教学设计时要保证教学的科学性，发掘教材的思想性，并不断提高自己的专业水平和思想素质。

5. 因材施教原则

指教师从学生的实际出发，使教学的深度、广度、进度适合学生的知识水平和接受能力，考虑学生的个性特点和个性差异，使每个人的才能品行获得最佳的发展。这对于我国现代发展需要的创新型人才培养需求是非常关键的一个教学原则。教师应该针对学生的特长进行有区别的教学，同时，采取有效的措施，让有才能的学生得到充分的发展。

（五）极限部分的教学设计研究

极限部分的学习是大学新生开始文化课程学习之旅的第一道门槛，极限这部分内容不仅是高等数学与初等数学的分水岭，它还是整个高等数学后继学习的基础，所以，利用极限的概念进行教学设计，对学生的学习之旅是一个很好的启蒙和开端。传统课堂中，教师为了区别于理工科的教学，直接删除了极限定义中的$\varepsilon-\delta$经典定义，这是粗暴而不负责任的做法，还堂而皇之地认为是为了学生着想，实际上文科高等数学作为高等院校培养学生能力和思维等方面作用是不可低估的，但随着本科规模的扩招，上课班级人数多、课时压缩、教学内容多等问题凸显，传统的教学依然是以被动接受模式进行，被动的听、讲、练习、记忆、考试的单调过程，使学生学习积极性不高，导致教学效果不高。本部分将把翻转课堂的教学理念结合教学设计的理论进行教学设计，并按照翻转课堂的三个部分（课前设计、课中设计、课后设计）的逻辑顺序进行安排和描述。

1. 关于极限的研究综述

关于极限，虽然高中教材（人民教育出版社）中没有系统地讲述极限的内容，但是学生能够通过一些朴素的方法来计算极限，当问及学生“高中时学过的极限是怎样定义的？请大家想想当时老师是如何介绍的”时，有学生回答道：“极限就是无穷，是抽象的存在”，还有学生回答说极限就是“当x无限接近0或是某个特定的数值时，函数总是趋于某个数，这个数就是极限”“只是在求数列题中讲过”“我们老师没有给过明确的定义，只是简单地给大家做了形象的描述”。当深入问学生时，有的概念还包括一些错误的看法，如“极限就是永远达不到”。从学生的表达中可以看出，中学的极限学习更多的是告诉学生如何解题，而对于概念本身的理解是很模糊甚至是有偏差的，更不要说从极限的学习中让学生感受到对事物的辩证认识，更谈不上对学生的思维训练。正确理解极限的思想，认真掌握极限的概念和方法，这是大一学生步入大学学习生活，学习高等数学的第一道门槛，因而，教师对极限概念的教学是很关键的，也是高等数学教学重中之重。需要兼顾文科专业学生的理性思维和感性思维的逻辑发展顺序，让学生在入门时克服对数学的恐惧甚至是厌恶心理，极限的教学是很关键的一课，必须从教学手段，教学组织及教学设计等方面进行研究，激发学生的学习兴趣，吸引学生主动积极地自主建构知识。想想极限理论的发展历程，经历了迂回曲折的发展挫折，学生对极限概念的学习也一样，面临着许多艰难险阻，如果没有很好地解决这些困难，可能会极大地打击学习热情和自我认知的信心，继而对后面微积分的学习产生不良影响。

2. 极限部分的具体教学设计

（1）课前设计

以往的教学都是无论学生愿意与否，教师都是按照惯例口头安排学生回去完成布置的作业，然后预习，至于如何预习，预习时要完成哪些任务，基本没有清楚地告知学生，纯粹靠个人自觉，即使是自觉的学生，预习时也只是泛泛的了解而已，根本没有带着问题，带着任务，本着消化、接收新知识的理念，这样的学习也是被动的，是不能达到培养学生学习能力的目的的。考虑到教学设计要围绕学生的学习活动来展开，在进行课前设计时做了以下的分析、设计和教学规划工作。

① 分析工作，翻转课堂与传统课题的最大不同在于课前和课中的颠倒安排，即把以前在课堂上需要老师来讲授的知识放在课前学生自己来完成，学生自己在家完成知识的学习吸收，课题则变成了师生之间和学生与学生之间的互动学习场所，比如问题答疑，知识应用等，即是说，课堂里面主要是对知识的吸收内化。针对文科专业的学生来说，有基础较好的，比较想进一步加强数学素养的，也有基础很差，很惧怕数学学习的，不同的学习个体由于自身的学习条件、学习风格、学习取向等因素的影响，必须进行个性化的学习，以满足不同的学习需要，做到真正的因材施教，达到以学生为本的分层次教学目的。极限部分是整个微积分教学的基础，所有的微积分后期的定义都是以极限的概念为基础进行扩展的，极限是学生进入大学学习的第一个学习关卡，能否顺利“开张”，直接影响到学生的后期学习，特别是学习心理的影响是不可低估的，试想，如果对于极限的这个部分，学生一入学进行学习时就受到打击，自信心和学习兴趣就会严重受挫，再者，学生以前的学习方式都是按照高考指挥棒的模式进行的，进入大学极限学习是最一开始的内容，是基础的概念和教学的重点难点，要让学生接受新的未来课堂会一直沿用的模式，必须一开始入门就要把习惯和学习规矩培养好，因而极限部分

的教学是很重要很关键的部分。对于这个部分，概念较多，对学生来说，抽象思维是个难题，所以在教学设计中，要重点针对概念的教学进行设计，特别是可操作的具体的学习活动设计。考虑到大学生现在的学习条件，进行翻转课堂的教学活动是完全具备的，学生们现在的手机基本可以达到要求，学生的自觉性加上教师的监控完全可以实施课前自主学习，现在的网络环境完全可以提供给学生足够的资源和沟通渠道。

② 设计工作，这个部分主要是设计教学资源和设计学生的学习任务，以保障学生的自主学习的高效完成。那么最关键的一个环节就是制作教学视频，这里所说的教学视频就是教师利用现代信息技术将所讲授的知识制作成视频的形式，以此来辅助教学的一种教学方式。教学视频可以简单分成广义和狭义两种，从广义上来说，是所有应用到课堂教学中的视频，这些视频可以是讲解型的，也可以是学习分析型的。狭义上讲，教学视频是将教师要传授给学生的知识、技能等内容制作成视频形式，以方便该教学片段在未来被更多的老师做教研分析用，或供老师自己分析反思自身的教学行为和教学效果。在此部分，针对文科高等数学的课程建设情况，每个学校都有精品课程建设，所以，在本校或者不同学校的网页上都能便捷的获得高等数学的精品课程的 ppt，同时，在百度百科的搜索引擎中，输入"高等数学极限的定义教学视频 ppt"，立即可以搜索到大量的教学视频，学生可以自主学习，这样的教学活动设计既满足了学生的学习新知识的需要又能锻炼学生的自学能力同时还能培养学生获取所需资源的能力。当然，到后期的教学，对于某些部分，如果没有更多的教学视频可供选择，教师可以利用简易的设备自己制作，比如现代的智能手机，安卓系统足够让教师有条件完成课前教学设计的视频制作。对于课前设计来说，要真正有实际的效果，就得对学生的学习实施监控，翻转课堂提倡学生学习的自主性，但是，自由是要有一定的限度的，没有有效的监控检测，学习就是放任的。所以，以任务驱动学生的课前自主学习是在学校网络平台资源不占优势的情况下采取的有力手段之一，在学生自主学习接收新知识的过程中，老师将按照要求列出学习清单。学生在课前的自主视频学习和教材学习中，必须有学习记录，作为未来的成绩考核之一，所选择的网络资源，无论是文档还是幻灯片或者是论文文献版本的都可以带到课堂上进行分享（重复的就不需要重复分享，但是记入成绩），每次的资源收集和学习部分都会给予分数的记录。在实验的班级里面，2019

级教育心理学本科班全班52名同学，由同学按照10名一组分成10个组，多出的2名同学自己选择一个组加入，由班长把分组名单给任课老师，便于管理。在极限的这个部分，进行实验研究时，所列学习清单如下：

课前学习任务单

姓名________　班级________　学习时间________

学习目标	要解决的问题	学习的主要内容	学习存在的困难	拟解决的途径	其他请说明

（2）课中设计

翻转课堂的特点就是在课中的教学活动安排，翻转课堂不是简单的授课流程的颠倒，也不是纯粹的视频代替教师，而是作为一种手段，增加学生与教师的互动，凸显个性化学习。所以针对课中的设计，主要考虑的是学生在课前学习的情况汇总之后的问题答疑及讨论，合作解决问题的协作学习，以及在此过程中的情感体验，包括自信心的培养，互助协作交流技巧及能力的培养以及良好品格的形成等等，设计中主要开展讨论、提问、共同研究问题和汇报等形式。

课堂学习内容的安排：课堂解答→小组讨论→学习成果分享。首先是学生的问题解答，学生的大部分问题集中在极限的定义：对任意的$\varepsilon>0$，$\exists N>0$，当$n>N$时，有$|a_n-a|<\varepsilon$成立，则称a是a_n当n趋于无穷大时的极限，特别是符号的理解很困难。当问及“任意小的一个整数中的任意怎么理解”，学生在自主学习阶段没有认真思考，所以，在课堂基础知识的解答部分由教师作为一个命题进行小组间的讨论，以加深理解。当问及对“当……时，则有……”这个语句的理解时，学生从起初的一团迷雾到后来的恍然大悟再到最后的形成严密的思维模式，以及通过极限的定义教学达到学生的科学素养的提升，这个过程都在学生的相互协作学习和老师的及时引导中完成。另外，在这个部分，要求学生在课前学习中查找到有关现实生活例子中涉及极限思想的分享部分，文科学生的特长让课堂充满了诗意，感觉在上文学欣赏课一样，以下是学生带来的部分诗词摘录：

学生甲的分享引起全班的共鸣并齐声朗诵：

《送孟浩然之广陵》

唐　李白

故人西辞黄鹤楼，

烟花三月下扬州。

孤帆远影碧空尽，

唯见长江天际流。

学生乙的分享让同学们安静的感觉，好像是带到了那种场景中：

《鹧鸪天·送人》

宋　辛弃疾

唱彻《阳关》泪未干，功名馀事且加餐。浮天水送无穷树，带雨云埋一半山。今古恨，几千般，只应离合是悲欢？江头未是风波恶，别有人间行路难。唱完了《阳关》曲泪却未干，视功名为馀事（志不在功名）而劝加餐。水天相连，好像将两岸的树木送向无穷的远方，乌云挟带着雨水，把重重的高山掩埋了一半。古往今来使人愤恨的事情，何止千件万般，难道只有离别使人悲伤，聚会才使人欢颜？江头风高浪急，还不是十分险恶，而人间行路却是更艰难。

学生丙的分享让同学和老师再次重温那句经典的话语：年年岁岁花相似，岁岁年年人不同。

白头吟·有所思

唐　刘希夷

洛阳城东桃李花，飞来飞去落谁家？洛阳女儿惜颜色，坐见落花长叹息。今年花落颜色改，明年花开复谁在？已见松柏摧为薪，更闻桑田变成海。古人无复洛城东，今人还对落花风。年年岁岁花相似，岁岁年年人不同。寄言全盛红颜子，应怜半死白头翁。此翁白头真可怜，伊昔红颜美少年。公子王孙芳树下，清歌妙舞落花前。光禄池台文锦绣，将军楼阁画神仙。一朝卧病无相识，三春行乐在谁边？宛转蛾眉能几时？须臾鹤发乱如丝。但看古来歌舞地，唯有黄昏鸟雀悲。

学生丁给全班同学的开场白是：你知道圆的周长计算公式吗？一片漠然。然后是，这个公式怎么来的？学生的认知冲突被点燃，分别窃窃私语。最后，他的分享是：绳测，滚动测、拼接近似法。其中分享提到的圆的周长和直径之间的比值是一个固定值，叫圆周率，并向同学们讲述了祖冲之的故事，让同学们深刻体会了一番民族自豪感。学生们在后来的玩笑言语中说道：“现实生活中，数学无处不在啊！”“可爱的数学，我爱你，我又是那么的怕你，又爱又恨啊！”

由于学生刚刚脱离高压版的学习环境，来到一个比较轻松，相对缺乏监管的新环境，要快速适应，这样的翻转课堂教学是必须的，对促进学生的成长也是很有利的。通过讨论材料、分享观点，与他人共同解决问题，能够产生内容综合的最大学习效应，还可以通过听取别人的观点来表达锻炼判断是非的能力，通过表达自己的观点来获得“同伴教学”效应，教师也能清晰的了解教学过程的不足和优势，听取不同的教学建议，促进积极学习，获得不同的社交技能。下图是针对不同学习内容设计的活动清单列表：

课中设计的学习活动清单

学习内容________　班级________　学习时间________

主题讨论	指导性设计	个案学习	角色扮演	模拟	游戏	合作学习	其他请说明

（3）课后设计

要求学生在qq群中上传学习心得体会共同分享，老师会记分作为平时成绩之一。设计这个环节的意图在于让学生养成反思学习的良好学习习惯，达到知识巩固，强化记忆的目的，有针对性的检测学生的课堂学习效果。这个部分的设计在大学生群体来说是可行且很有意义的，与传统课堂相比，基于翻转课堂教学模式设计下的学生不再是带着耳朵进课堂左耳进右耳出，而是实实在在地在进行对自己认真负责的学习活动。在课后的教学设计中，在进行教学实验研究时，采用的活动清单如下图所示：

课后设计的活动清单

活动内容________ 班级________ 上交时间________

知识的活动	技能的成长	学习心得体会	意见及建议	其他请说明

（4）极限部分的小结

极限部分是一个新的学习开端，教学设计非常关键，本着以学生为学习主体的宗旨，基于学生的学习心理和学习习惯以及学生的认知负荷分析，本研究进行的基于翻转课堂的教学模式的教学设计中，通过问卷分析，知道学生的入学数学单科成绩非常低，从40多分到120多分的跨度，整体集中在60多分，入学成绩的3个层次加上生源地的3个层次，有针对性的分层教学和因材施教的教学设计只有基于“翻转课堂”的教学模式才能做到。现在，教学的理论研究者和教学实践者都一致认为教会学生学习比较会学生知识来得重要，大学学生所处的年龄是思维最活跃的年龄，接受知识特别快、最富有创造性思维。假如采用灌入式教学，必然养成思维的惰性，翻转课堂蕴含的注重启发式的教学，对于唤醒学生的思维很有帮助。在教学中采用互动式、探究式、协作式教学，可以改变学生被动学习的局面，课堂上不仅仅由教师提问学生，学生也可以随时向教师提问，让学生提出的问题加以探讨，并让学生走上讲台演示，由被动学习变为主动学习。在极限部分，虽然在中学已经学过，但是，深层次的理解是没有的，作为课程学习的开篇，应该做到适合学生的最近发展区，设置有一定难度和引发学生学习兴趣的知识进行教学活动的组织，引发学生的认知冲突，激发学生的学习兴趣是关键，培养好的学习习惯，让学生学会学习是最终的教学目的，知识是无穷无尽的，学会学习才是关键，健全的人格魅力和学习能力是未来学生发展的“基本武器”。极限的定义：对任意的$\varepsilon>0$，$\exists N>0$，当$n>N$时，有$|a_n-a|<\varepsilon$成立，则称a是a_n当n趋于无穷大时的极限，在很多的教学设计中，特别是针对文科生的教学中都建议淡化，在此，本研究的设计反而把它作为一个

教学重点，让学生在课前自学和课堂探讨中反复训练，自主探讨和教师指导相结合，学生消除了恐惧心理，在问卷调查和随机访谈中，学生表示没有之前想象的那么难，学习信心和成就感得到增强，特别是其中的逻辑思维过程很有意思，同时，和生活中的贴近教学模式，让学习充满乐趣，与同学的争辩和合作学习过程中，友谊得到了升华。在进行实践教学实验研究时，特别要反思的是，由于研究者的个人素养和知识水平的限制，对知识的扩展性不够，对问题的把握性不强，对课堂互动效率的把控不够，这都是源于教师的经验和专业水平及素养的不足，教师的教练角色没有充分发挥，有待水平的提高和经验的积累来改善这个环节的缺陷。

（六）不定积分部分的教学设计

不少教学中都略去对定义、理论的证明，对于学生的训练是不完整的，学生的学习应该知其然并知其所以然。学生在书写证明时的思考过程也是逻辑思考的过程，证明的过程实质上是在做思维的体操，把证明部分略去，看似是为学生着想，实质上是丢了西瓜捡了芝麻。对于不定积分的定义部分，教学内容看似很简单，却往往被忽略它的重要性。

1. 关于不定积分的研究综述及教学过程设计

不定积分的定义，是教学的又一个新的转折点，承上启下，学生在中学学习了极限、导数，但是，对不定积分的认识，仅仅只是简单的工具而已，从定义中可以看出它和前面的知识点是一脉相承、紧密联系的。在教学中的地位也是至关重要的，特别是对定义概念的正确理解，对后期的实践应用和学习正确性以及消除学习心理障碍作用不可低估。不定积分部分的知识是掌握现代数学的基础和工具，能够很好地培养学生的创造性思维，是很好很有利的思维训练素材，它同时也是教学的一个难点。需要教师改进教学理念和方法，探寻合理的教学模式，利用有利的学习氛围，正确引导学生进行学习和思考，教会学生对所要解决的问题能做到理解，认真诊断和正确表征问题，学习用不同的观念、方法和问题解决策略去解决问题，让思维变得越来越流畅，让自己的头脑能善于变通和选择的方法越来越具有独创性，继而发展数学能力。转变教学理念，改变教学方法，有效组织教学内容，设计并组织有效的学习活动，正确引导学生积极主动地学习，轻松而牢固地掌握不定积分知识，帮助学生消除对学习有影响的不利因素，营造有效的学习氛围，让学生尽快适应不定积分学习方式的多样性进而实现教学的目标。不定积分知识的教学，是有一定的难度和挑战，需要进行精心的教学设计和有效组织学习活动，引导学生学会学习，学会思考，学会分析问题，表征问题，解决问题，那种技能和技巧恰好在积分的教学中涵盖着，是培养和提高学生科学素养的好素材。所以，按照基于“翻转课堂”的教学模式的教学设计理论指导，本研究选取不定积分的定义进行如下的设计：

课前：

（1）不定积分的定义及性质自学（教材、网络资源 ppt、校园精品课程、教师在 qq 群里的 ppt 课件）。

（2）教师提供的问题的回答（课堂上要检查记入学习成绩）：原函数的定义中的“一个”如何理解？如何理解中的“C”，能丢掉吗？为什么？给出合理的解释。

（3）请尽全力收集有关本章的你认为比较有意义的故事和同学老师一起在课堂上分享，我们将记入学习成长档案中哦！

（4）自主学习中的发现的问题的探讨。

课中：

（1）展示本堂课的主题：不定积分的定义及性质，重点在于深刻认识。

（2）学生搜集到的资源展示（以小组为单位）。

（3）课前自主学习部分的问题解答（学生先解答，教师作为协助者，组织者，扮演专家、咨询者角色）。

（4）提出问题—探讨问题—解答问题，这个环节主要在于锻炼学生的表达能力，增强学习自信心，增强集体荣誉感，培养合作能力。

课后：

（1）课堂学习的反馈，心得体会，困惑及建议等（在专门的班级高等数学学习群里面写，由学习委员进行收集）。

（2）把不定积分的定义及性质默写一遍并上交（作为平时作业之一）。

2. 文科专业学生对于不定积分的学习前测

在发放的试题中，只有问答题及计算题，学生的计算题包括直接应用公式法 $\int x^3 dx = ?$ 、分部积分法 $\int \sin x \cos x dx = ?$ 、换元积分法 $\int \sqrt{a^2+x^2} dx = ?$ 基本掌握，除了个别需要转换的题型，基本都能做，但是在问及理论：求导运算和求不定积分运算之间的关系如何理解？公式中的常数“C”为什么不能丢掉？试着说说它的重要性。简要说明不定积分的加法运算律：

$$\int[f(x)+g(x)]\mathrm{d}x=\int f(x)\mathrm{d}x+\int g(x)\mathrm{d}x$$

这个问题对文科生来说，以往的教学都是会用就行，不需要证明。在此次的翻转课堂教学中，设计此题的目的在于考察学生的逻辑思维。文科学生学习数学目的有一个浅表性的要求是会用，更深层次的教学目的是提高学生的数学素养，把数学的科学思维方法迁移到以后的生活工作领域。对于以上设计的这些问题，学生的回答都很简略，有的甚至是错误的，大部分是空白的（当然这其中不排除有个人学习态度的问题），证明的逻辑思维很混乱，条理不清晰。

3. 不定积分的后测及班级测试对比

题型仍然是计算题和简答题，进行翻转课堂教学的 2019 级心理学本科班的学生，特别是证明部分，要求对理论进行数学翻译，写出已知部分和求证部分，全班 52 名同学，全部答对。而对照班的 2019 级旅游管理班的学生全班 57 名同学，只有 10 人基本答对，计算部分的对比中，实验班的答案漏掉常数“C”的比例远远低于对照班。在抽取入校成绩相近的文理科学生的证明过程进行详细的纵向比较时发现，实验班的思路及表达能力远远优越于对照班同等程度的学生。

4. 教学设计案例实施结果的汇总及反思

（1）课前的设计，主要存在的问题是对学生的学习抱太高的估计，刚进入大学的大一新生，学习依然沿袭以往高中的学习习惯，任课教师安排什么就做什么，主动性不够，所以教学资源的利用率不高，涉及的资源获取渠道也很有限，有部分学生甚至没有意识到课前自主学习的重要性，从而导致在课中的参与学习受到影响，所以，针对课中对学生的自主学习监控力度的设计不足，采取的弥补措施是把学生按照课前完成的情况进行小组抽检，让课前未完成的学生再次占用课堂时间进行自主学习，而已经完成的学生集中进行课中讨论探究。此问题的主要原因在于教学设计中的学习者分析不足，考察不周全，监控力度不够，所以，在下一次设计中加强对学习者的全方位分析。

（2）课中设计，主要是教学内容的设计不足，翻转课堂教学模式的宗旨是腾出课堂时间，让学生充分发挥学习主人翁的精神，自主构建知识，放权于学生，介于过分追求教学效果而设计的太多任务型的问题导致学生都在围绕给定的问题进行学习讨论，没有真正达到发现问题——解决问题的探究过程，此问题的发生主要是在课中的教学问题情景的创设上有待进一步教学经验的总结和提高，在未来的实践工作中，逐步进行加强和提高。

（3）课后的设计，初次的设计重点在于考虑学生的学习而忽略了作为教师自身的提高。翻转课堂的本质是改变了教学次序，还权于学生，但是并没有淡化教师的作用，反而对教师的专业素质提出了更高的要求，特别是教学组织能力和协助能力，教师的辅助作用集中体现在作为专家和权威的角色上，但是，如何权衡学生的自主角色真正发挥和教师的主导作用是教学设计中的一大难点，也是未来教学设计中的改进点，只有不断循环设计，加强总结反思来提升设计的有效，所谓教无定法，没有最好，只有更好就是如此。

第二节　基于神经网络的"高等数学 A"线上线下混合式教学质量评价探究

进入 21 世纪，科技对高等教育的影响日渐深远，例如随着互联网的普及，教学工具也随之变得多样化，教育者和学习者不再单纯地指代教师和学生，所涉及的对象和内容都变得更加灵活。在这种学习环境下，教育工作者和学生都必须适应和学习新技术，比如慕课、微课、翻转课堂等，它们是随着互联网和科技的发展诞生的在线课程，并且给教育改革带来了新的思路。

在高校的教学质量管理过程中，科学的评价方法在高校教学水平和教学质量方面的提高都有着至关重要的作用，对混合式教学的实施过程和结果也是如此，对混合式教学的质量采用全面科学的方法进行评价，可以促进教师提高教学水平，从而建立高素质高水平的教师队伍。在高等数学教学中，教学质量评价也是其中不可缺少的一个部分，随着互联网的发展与时代的需求，基于神经网络的线上线下混合式教学质量评价比传统的质量评价方式更为快捷可靠，具有更强的适用性。

一、混合式教学质量评价的相关理论与算法

（一）神经网络基础

神经网络包括生物神经网络和人工神经网络。生物神经网络一般由生物大脑中的神经元、细胞和突触等组成，生物产生意识、进行思考和行动等等都离不开生物神经网络。与此不同的是人工神经网络是在，人脑生物学的基础上提出的用分布式并行的方式来进行信息处理的系统。自20世纪80年代中期数学家们取得了几项重大进展以来，关于人工神经网络的研究也走出了低潮，成为迅速发展起来的一个前沿领域，经过几十年的发展，人工神经网络的种类也越来越丰富多样，其应用也延伸到了计算机科学、人工智能等众多领域，并占据着重要的地位。

1. 人工神经元

为了充分理解人工神经网络的工作原理，首先要了解它的组成部分。人工神经网络是由神经元组成的并行和分布式的信息处理网络，其中神经元作为基本处理器执行简单任务。在神经网络的运行过程中，利用激活函数来处理接收到的信息，从而产生输出信号。一般而言，可以根据它所具有的特性和功能用数学模型来描述，如图6-11所示：

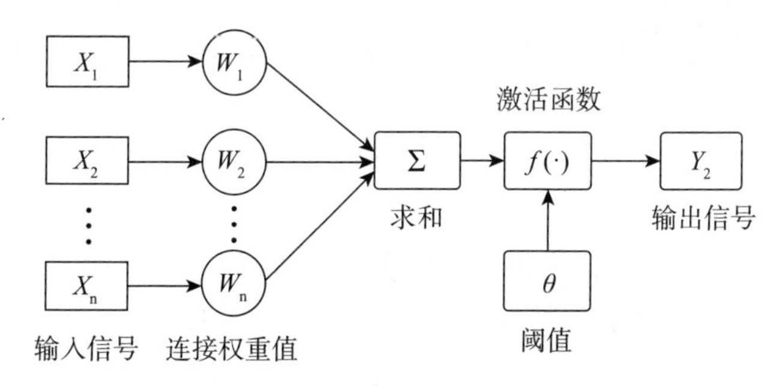

图6-11　人工神经网络模型

在图6-11的模型中可以看出模型的三大基本元素：连接权值W、加法器Σ和激活函数$f(\cdot)$，其中连接权值W作为神经元之间的连接强度，加法器Σ则是用于对神经元的值进行加权求和，而激活函数$f(\cdot)$是用来限制神经元输出振幅。在这个模型中，每个连接都有一个权重，神经元的值是根据计算而来的。输入的信息通过W的连接进行传递，经过求和后与θ进行比较，然

后经过$f(\cdot)$后可以就得到神经元的输出，这样就形成了一个从输入神经元到输出神经元的简单映射。这个过程可以用数学式表达为：

$$Y_j = f\left[\sum_{i=1}^{n} W_{ij} X_i - \theta_j\right] \tag{6-1}$$

其中，X_i为神经元的输入；W_i为神经元的连接权值；θ_j为神经元j的阈值；Y_j为神经元的输出；$f(\cdot)$为神经元的非线性激活函数。

2. 人工神经网络结构

从模型的连接方式看，人工神经网络有两种类型，在前馈型网络中，信息只沿着输入神经元到输出神经元单向传递，整个网络中没有循环或者环路，结构简单且易实现，例如 BP（BackPropagation）神经网络就是一类典型的前馈型网络。而与前馈型网络不同的是，反馈型网络内的每个神经元会将其输出信号作为输入信号反馈给下一个神经元，让每个神经元在接收输入信号的同时也可以输出信号，过程相对而言较为复杂，例如 Hopfield 网络、玻尔兹曼机都属于反馈型网络。

3. 激活函数

在人工神经元的网络中，信息的传递离不开激活函数的作用。信息经过激活函数的处理后产生输出信息并传送到下一层，这个过程是对信息的传递来说是必不可少的。为了充分表现出神经网络作为并行分布式处理系统所具有的优点，通常会采用非线性激活函数，下面来介绍几种常见的激活函数：

（1）阈值函数

$$f(x) = \begin{cases} 1, x \geqslant 0 \\ 0, x < 0 \end{cases} \tag{6-2}$$

从函数表达式（6–2）和函数图像 6–12（a）中都可以看出，它的作用就是将输入值映射为输出值"0"或"1"，在神经网络中作为激活函数时输出值"1"对应神经元兴奋，"0"对应于神经元抑制。

（2）分段性函数

$$f(x) = \begin{cases} 1, x \geqslant 1 \\ x, -1 < x < 1 \\ -1, x \leqslant -1 \end{cases} \tag{6-3}$$

在神经元模型中，线性函数可以适当地放大输入信号。从图像 6–12（b）中可以看出，它在区间（–1，1）内是一个线性的组合器，而当工作时线性区间内的放大系数无限大时，又变成了一个阈值函数。

（3）Sigmoid 函数

$$f(x)=\frac{1}{1+e^{-x}} \tag{6-4}$$

Sigmoid 函数既可以用于分类，也可以用函数逼近优化，在神经网络中它的非线性是非常重要的，并且可以将实数映射到 (0，1) 之间，典型的 Sigmoid 函数图像如图 6-12（c）所示，具有平滑、易于求导等优点，有助于减少训练时的计算负担，因此常作为激活函数被应用于人工神经网络。

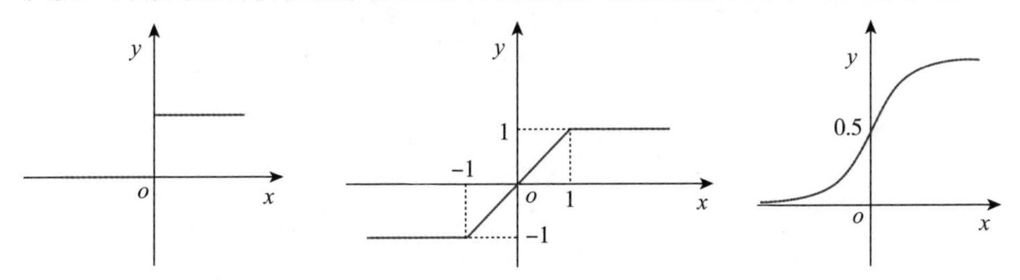

图 6-12 激活函数 (a)、(b)、(c)

神经网络经过这几十年的发展已经有了多种类型，根据不同特点和功能，可以将其应用于各个领域解决各种实际问题，例如函数逼近、模式分类、优化计算等。

（二）BP 神经网络

误差反向传播法（Error BackPropagation）也称 BP 算法。最早是由 McCelland 和 Rumelhart 在 1986 年提出来的。在实际应用中，我们将按照 BP 算法训练的神经网络称为 BP 神经网络，下面对 BP 网络的结构以及算法进行了详细的阐述。

1. BP 神经网络的模型结构

BP 神经网络作为多层前馈神经网络中的经典模型，是按误差反向传播训练的，其基本思想是利用梯度下降法和误差的反向传播来调整模型中的权值和阈值，以期获得最小的训练误差。BP 神经网由输入层、隐含层和输出层组成，如下图所示，图 6-13 是一个三层 BP 神经网络的拓扑结构：

BP 神经网络的训练过程有两个部分：一是信息的前向传播，网络从输入层获取输入样本，经过隐含层的处理后，结果将被传递到输出层。如果此时的输出与期望输出的误差不符合要求，就会开始第二部分误差的反向传播。第二个过程就是将误差发过来通过隐含层传递到输入层，得到各层单元的误差信号就作为修改各单元权值的依据。这两个过程是可以反复进行，直到网络的输出误差达到之前设置的范围，或者达到预定的网络学习次数，整个学习过程结束。

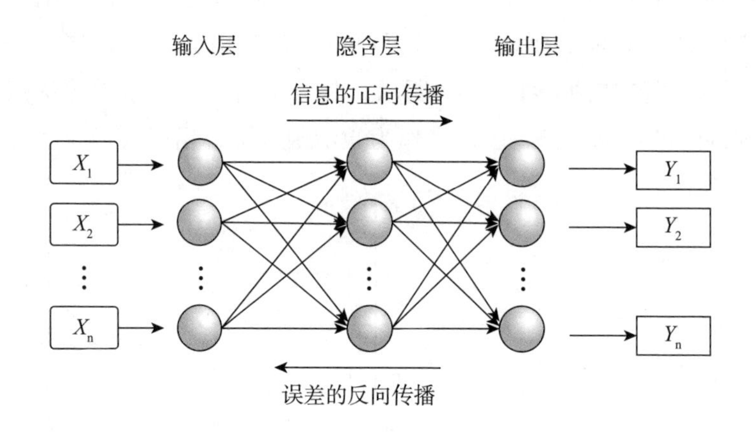

图 6–13　BP 神经网络的拓扑结构

2. BP 算法

本节以最简单的三层 BP 神经网络算法为例，假设其网络结构为：输入层有个 n 神经元，隐含层有个 p 神经元，输出层有个 q 神经元；算法学习过程中的变量定义有：

输入层输入向量：$x=\left(x_1,x_2,\cdots,x_n\right)$

隐含层输入向量：$hi=\left(hi_1,hi_2,\cdots,hi_p\right)$

隐含层输出向量：$ho=\left(ho_1,ho_2,\cdots,ho_p\right)$

输出层输入向量：$yi=\left(yi_1,yi_2,\ldots,yi_q\right)$

输出层输出向量：$yo=\left(yo_1,yo_2,\cdots,yo_q\right)$

期望输出向量：$d_o=\left(d_1,d_2,\cdots,d_q\right)$

输入层与隐含层之间的连接权值记为 w_{ih}，隐含层与输出层间的权值记为：w_{ho} 隐含层和输出层各神经元的阈值分别为 b_h 和 b_o。

样本数据个数为 $k=1,2,\cdots,m$；激活函数为 Sigmoid 函数 $f(\cdot)$

误差函数：$e=\frac{1}{2}\sum_{o=1}^{q}\left(d_o(k)-yo_o(k)\right)^2$，BP 神经网络的学习过程如下：

第一步：网络初始化。分别为各连接权值赋予区间 (–1，1) 内的随机数，然后设定好误差函数 e、计算精度值 ε 和最大学习次数 M。

第二步：随机选取第 k 个输入样本以及对应的期望输出

$$x(k)=\left(x_1(k),x_2(k),\cdots,\quad x_n(k)\right) \tag{6-5}$$

$$d_o(k)=\left(d_1(k),d_2(k),\cdots,\quad d_q(k)\right) \tag{6-6}$$

第三步：通过累加计算隐含层和输出层各神经元的输入和输出

$$hi_h(k)=\sum_{i=1}^{n}w_{ih}x_i(k)-b_h, h=1,2,\cdots,p$$

$$ho_h(k)=f_p\left(hi_h(k)\right), h=1,2,\cdots,p$$

$$yi_o(k)=\sum_{h=1}^{p}w_{ho}ho_h(k)-b_o, o=1,2,\cdots,q$$

$$yo_o(k)=f\left(yi_o(k)\right), o=1,2,\cdots,q \tag{6-7}$$

第四步：计算误差函数对输出层权值的偏导数 $\delta_o(k)$ 为：

$$\delta_o(k)=\left(d_o(k)-yo_o(k)\right)f'\left(yi_o(k)\right) \tag{6-8}$$

第五步：计算误差函数对隐含层权值的偏导数 $\delta_h(k)$

$$\delta_h(k)=-\left(\sum_{o=1}^{q}\delta_o(k)w_{ho}\right)f'\left(hi_h(k)\right) \tag{6-9}$$

第六步：上面计算出的 $\delta_o(k)$ 和隐含层的输出在这一步用来修正连接权值 $w_{ho}(k)$ 和阈值 $b_o(k)$。其中 N 为修正前，$N+1$ 为修正后，η 为修正的学习步长，取值范围为（0，1），修正后的权值和阈值如下：

$$w_{ho}^{N+1}(k)=w_{ho}^{N}(k)+\eta\delta_o(k)ho_h(k)$$

$$b_o^{N+1}(k)=b_o^{N}(k)+\eta\delta_o(k) \tag{6-10}$$

第七步：修正输入层—隐含层的连接权值 $w_{ih}(k)$ 和阈值 $b_h(k)$，修正后如下：

$$w_{ih}^{N+1}(k)=w_{ih}^{N}(k)+\eta\delta_h(k)x_i(k)$$

$$b_h^{N+1}(k)=b_h^{N}(k)+\eta\delta_h(k) \tag{6-11}$$

第八步：计算全局误差

$$E=\frac{1}{2m}\sum_{k=1}^{m}\sum_{o=1}^{q}\left(d_o(k)-y_o(k)\right)^2 \tag{6-12}$$

第九步：判断误差是否满足 $E<e$。当误差达到设定的精度或者学习次数大于最大次数 M，则结束算法；否则就继续选取下一个样本返回第三步进入下一轮的学习。

3. BP 神经网络的局限性

BP 神经网络具有强大的非线性映射能力，能够以任意精度去逼近非线性函数，但由于其采用的方法是梯度下降算法，在训练过程中许多参数的选择并没有理论依据，因此具有一定的局限性：

（1）学习过程中误差收敛速度慢且易陷入局部最小值，BP 神经网络是以梯度下降法为基础的非线性优化方法，因此对于一些比较复杂的问题，训练过程可能因收敛速度慢而持续很长的时间。从训练过程上看，它是沿着误差曲面的斜面向下逼近的，而实际问题当中误差曲面一般是复杂并且不规则的，分布着许多局部极小点，这样会导致网络陷入局部极小值。

（2）BP 神经网络的参数（如隐含层的层数、隐含层神经元个数以及学习速率等）的选取至今没有比较明确的理论依据，一般由经验公式或者不断地训练实验来确定，因此可能会导致学习时间过长，效率较低。

（3）网络的训练学习和记忆功能具有不稳定性。当样本变化时，已经训练好的网络模型就不得不重新训练网络，影响到先前已经学习过的样本。

（三）遗传算法

近十几年来，BP 神经网络强大的非线性拟合能力和存在的缺陷吸引了许多相关领域的研究者，为利用它的优点以及克服它的某些不足，他们相继提出了很多有效的改进方案，这些方案大致分为两种：基于结构的改进和基于算法的改进，本部分建立的模型所用到的 GA-BP 神经网络就是一种基于算法的改进。当前已经有部分学者尝试利用遗传算法优化神经网络，将改进后的算法应用于许多领域里的评价问题并取得了较好的研究成果，但是在混合式教学质量评价方面的应用很少。而混合式教学评价相较于其他评价问题来说，其主观性因素更多和考虑的维度更广等因素都让评价问题变得更加复杂。因此本 bufen 在前人研究的基础上，提出将 GA-BP 神经网络用于混合式教学评价中，建立 GA-BP 混合式教学评价模型，本节则是对其中涉及的遗传算法进行简单的概述。

1. 遗传算法的基本原理

遗传算法是源于达尔文自然进化理论的一种启发式搜索算法，与自然选择的思想直接相关。该算法由一群个体组成，将每一个个体与相同的特征进行比较，以确定个体的适应度；然后选择适应度较高的个体作为配偶，这些个体被选择为亲本的概率较高；这些配对的后代，然后与它们的父母进行相同的特征比较；最后，从配偶和后代中选出一个新的个体群体，标志着一代的结束。接下来该算法会继续执行，直到达到所需的适应度水平或指定的代数，经过选择、交叉、变异三种遗传操作不断地更新群体，群体的优良程度不断增强，从而逼近全局最优解，其算法流程图如图 6–14：

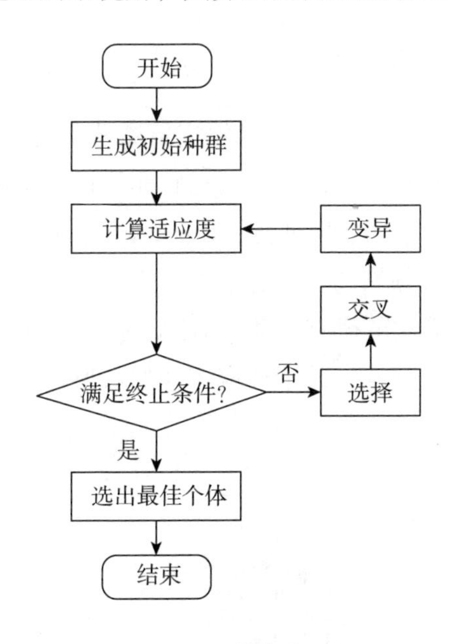

图 6–14　GA 的算法流程图

2. 遗传算法的特点

遗传算法是一种模仿自然选择过程的搜索启发式算法，在人工智能领域中，通常用于解决优化以及分类问题，在生成解决方案的过程中遗传算法具有以下特点：

遗传算法是一种模仿自然选择过程的搜索启发式算法，在人工智能领域中，通常用于解决优化以及分类问题，在生成解决方案的过程中遗传算法具有以下特点：

（1）不需要任何关于搜索解的信息，只需要目标函数，不受搜索空间连续性和可微性的限制，这就使得遗传算法可以有效地避免其他优化算法常遇到的局部最小陷阱。

（2）可用于并行搜索。遗传算法从初始种群出发，同时利用种群中每个个体的搜索信息，经过数代的迭代遍历整个解空间，这种并行的遍历方式有效地提高了算法的效率。

（3）鲁棒性强。遗传算法在运行过程中，不需要提供目标函数的梯度信息，因此对于大多数复杂的非线性、多目标的函数优化问题仍然适用，通用性较强。

（4）遗传算法容易与其他智能算法结合，具有良好的可拓展性。

（四）回溯搜索优化算法

回溯搜索优化算法是一种新的求解实值数值优化问题的进化算法。EA 作为常用的随机搜索算法，广泛应用于求解非线性、不可差分的复杂数值优化问题等。而 BSA 是基于种群的进化算法，随着计算机技术的发展，群智能优化算法在众多科技领域的应用越来越广泛，在这种情况下，试图开发更简单和更有效的搜索算法的研究推动了 BSA 的发展。BSA 结构简单，有效、快速，能够解决多模态问题，易于适应不同的数值优化问题，其流程图如图 6–15 所示。

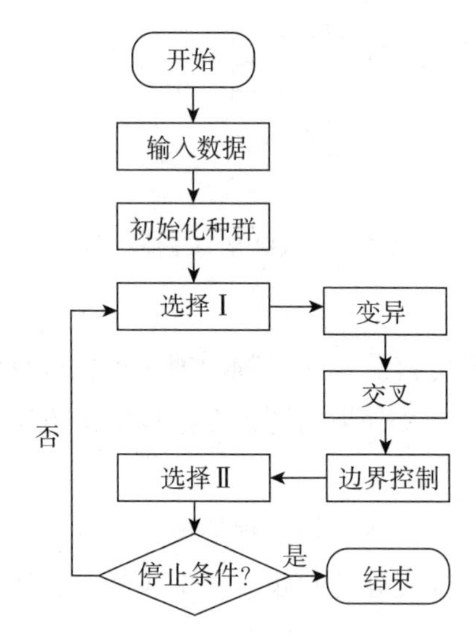

图 6–15　BSA 的算法流程图

BSA 也可以像其他 EAs 一样，将其功能分为五个过程：初始化、选择Ⅰ、变异、交叉和选择Ⅱ：

（1）初始化 . 利用公式（6–13）和（6–14）来初始化种群，其中 NP 和 D 分别指种群规模和问题维度，U 是从下界 low_j 到上界 up_j 的均匀分布，P_i 和 $\mathrm{old}P_i$ 分别是种群 P 和历史种群 $\mathrm{old}P_i$ 中的个体。

$$P_{i,j} \sim U\left(\mathrm{low}_j, \mathrm{up}_j\right), i=1,2,\cdots,NP; j=1,2,\cdots,D \quad (6-13)$$

$$\mathrm{old}_{i,j} = \mathrm{rand}\left(\mathrm{low}_j, \mathrm{up}_j\right) \tag{6-14}$$

（2）选择Ⅰ。通过公式（6-15）中的 if-then 规则确定用于计算搜索方向的历史种群 old$P$，然后利用公式（6-16）改变历史种群 old$P$ 中的个体顺序，其中 a 和 b 是 (0，1) 中产生的两个均匀分布随机数。

$$\text{if} \quad a < b \text{ then} \quad \mathrm{old}P = P \mid a, b - U(0,1) \tag{6-15}$$

$$\mathrm{old}P = \mathrm{permuting}(\mathrm{old}P) \tag{6-16}$$

（3）变异。通过公式（6-17）生成一个试验种群，其中突变因子 F 用于控制搜索方向矩阵的振幅。

$$\mathrm{Mu\,tan}\,t = P + F \cdot (\mathrm{old}P - P) \tag{6-17}$$

（4）交叉。通过公式（6-18）得到试验种群的最终形式，并利用公式（2-19）计算得到的 map，其初始值为 1；（6-19）中的 [·] 是上限函数，rand，a，b ～ U（0,1），其中 $U(0,1)$ 是为标准的均匀分布，randi（D）是从区间（0，D）的均匀离散分布中生成伪随机整数的函数，混合速率参数 mixrate 通过$\lceil \mathrm{mixrate.\,rand.}\, D \rceil$来控制试验中会发生突变的个体，此外边界控制机制被用来控制给定搜索空间范围内的个体，这些个体的替换公式如（6-20）。

$$TP_{i,j} = \begin{cases} P_{i,j}, & \mathrm{map}_{i,j} = 1 \\ \mathrm{Mu\,tan}\,t_{i,j}, & \text{otherwise} \end{cases} \tag{6-18}$$

$$\begin{cases} \mathrm{map}_{i,u(1:\lceil \mathrm{mi\ \ xat\ eand} \cdot D \rceil)} = 0, a < b \mid u = \mathrm{permuting}(\langle 1, 2, \cdots, D \rangle) \\ \mathrm{map}_{i, r\,\mathrm{andi}(D)} = 0, \text{otherwise} \end{cases} \tag{6-19}$$

$$TP_{i,j} = \mathrm{rand} \cdot \left(\mathrm{up}_j - \mathrm{low}_j\right) + \mathrm{low}_j \tag{6-20}$$

（5）选择Ⅱ。通过贪婪选择比较种群 TP 和种群 P 的适应度值，进而选出其中具有更优适应度的个体，进而产生新的种群后代种群 P_i^{next}，如公式（6-21）所示，再回到步骤（2）进行下一次迭代，直到满足终止条件，输出最优解。

$$P_i^{\mathrm{next}} = \begin{cases} TP_i, & \text{if} \quad f\left(TP_i\right) < f\left(P_i\right) \\ P_i, & \text{otherwise} \end{cases} \tag{6-21}$$

二、混合式教学质量评价指标体系的构建

评价指标体系的客观性与准确性是反映高校的教学质量的关键。混合式教学评价指标体系的构建则需要对教育活动进行观察和实践，即对混合式教

学过程中的各个部分进行总结整合并从中提炼出可以作为评价指标的内容，对其进行分析、处理、筛选后才能制定出切合实际的混合式教学质量评价指标体系。

与传统课堂相比，混合式教学的多样性会增加其评价指标体系的复杂程度。因此在制定相应的评价体系时，在遵循构建评价指标体系的原则的基础上，还必须考虑到相关的影响因素等问题，以此为基础提炼出的评价指标才具有针对性，所制定的评价指标体系才更加准确、更加科学，建立的混合式教学质量评价模型才能发挥应有的作用。

（一）构建混合式教学质量评价指标体系的原则

教学质量评价对于混合式教学这种模式来说是不可缺少的一个部分，它不仅能够为混合式教学的具体实施和改进提供指导，从长远上来看，还能在一定程度上促进混合式教学的发展进程，在构建混合式教学评价指标体系时，我们必须遵循一定的原则，这个步骤也是评价工作的基本要求，为了保证评价指标的合理性以及评价结果的可靠性，本文制定的混合式教学质量评价指标体系应该遵循以下基本原则：

（1）兼顾线上与线下的原则

混合式教学过程包含了线上的自主学习和线下的面授学习。在学校对具体的课程实施混合式教学时要让两者相辅相成，达到提高教学质量的目的。在混合式教学过程中，教师需要引导学生，帮助学生尽快适应线上教学这种新型的教学方式。但是也不能顾此失彼，要做到线上线下兼顾，在学生适应线上部分的同时合理进行线下课堂的教学，督促学生，引导学生。因此，在选取混合式教学评价指标时只有做到了二者兼顾，才能对混合式教学进行全面的评价。

（2）兼顾过程与结果的原则

教学结果是教学质量的最终体现，因此在做教学评价时，经常陷入“以学生的考试成绩来指代教学质量”这种误区。但是影响混合式教学质量的因素遍布教学过程的各个环节，过程导致结果，尤其是在混合式教学过程中产生影响的因素更多更复杂。因此混合式教学的评价指标必须涵盖教学过程（比如学生在线上和线下的具体学习行为、学习质量等等）以及教学结果，即兼顾过程评价和结果评价。

（3）兼顾教师与学生的原则

教学活动是师生互动的过程，这一点在混合式教学中尤其突出，在实施混合式教学时，与传统教学不同的是教师还要熟悉线上平台，尤其是将平台上的辅导与教学过程相结合。另一方面，学生作为教学的主体之一，学生是否适应混合式教学这种模式，能否提高学生的主动性和积极性将直接影响到教学质量。因此，在确定混合式教学质量评价指标时必须兼顾到教师和学生这两大主体对教学质量的影响。

（二）混合式教学质量评价的影响因素

混合式教学主要包含线上平台教学和线下课堂教学两大部分，教学过程更是结合了两者的优势，以此达到优化教学效果的目标。（本文以《高等数学 A》的混合式教学为例）混合式教学是结合了优课联盟和雨课堂两大平台辅助线下课堂的形式展开的，在优化传统教学过程的过程中，关键环节在于由传统的：教 → 学，发展到：（网络平台）先学 → 后教，这种线上线下混合式教学模式的实践思路如图 6–16：

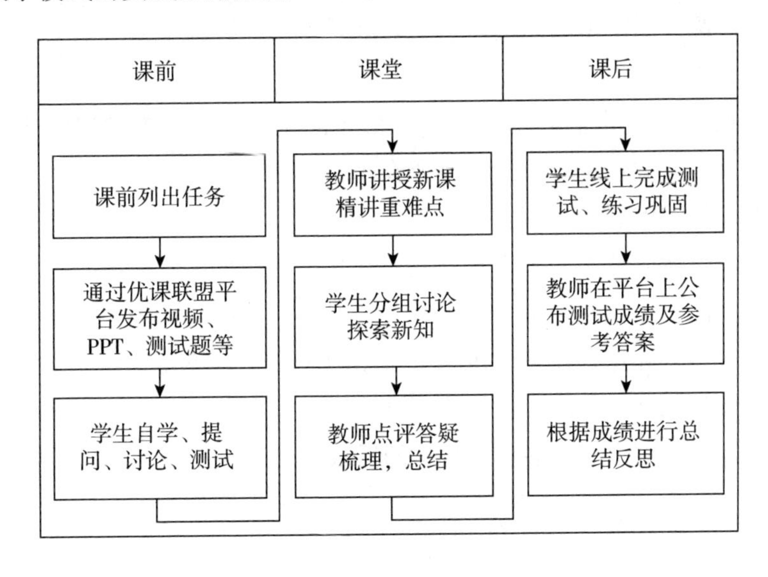

图 6–16　混合式教学思路图

在上图中可以明显地看出实施混合式教学的过程分成了三个部分：课前、课堂和课后。课前，由老师上传的学习视频引导学生预习，然后学生可以通过在网上发帖讨论以及课前的小测试初步了解将要学习的课程内容，以此调动学生在课堂上的积极性。课堂，由老师讲解核心内容后再组织学生结合视频和精讲进行分组讨论以及相互答疑，各抒己见，进一步掌握所学内容。课后，学生在线上完成相应的练习以及自我检测，以便学生进行总结反思。

这种线上线下相结合的模式导致在对混合式教学进行质量评价时，需要考虑到更多更复杂的因素，比如学生在线上和线下的具体学习行为，还有老师的教学内容、方法和态度等都会直接影响到混合式教学评价的结果。下面将从教师和学生这两个方面来分析混合式教学质量评价的影响因素：

（1）教师因素

混合式教学与传统课堂教学最大的不同之处在于线上教学的部分，教师需要同时考虑课堂上的知识传授和互动以及课前课后的线上教学与管理，只有处理好课前、课中与课后3个环节使它们相辅相成，激发学生对课程内容的兴趣，才能更好地掌握课程内容，在混合式教学的整体来看，如果教师不能很好地做到线上线下之间的协调和互补，自然就会影响到教学效果。因此在选取混合式教学评价指标时必须将教师这一方面的因素对评价结果的影响考虑进去，这样制定出的评价体系才能全面的发挥评价作用。

（2）学生因素

学生在学习中的主动性和积极性在混合式教学的实施过程中非常重要的。在混合式教学过程中，学生需要在平台上进行自主预习，在线下课堂中也要在教师的讲解后主动探索与合作，将课程内容融会贯通。那么如果想在同样的时间内获取更多的知识技能就要在教师的指导下培养自身对学习的积极性与自主性，并在不断地探索学习中提升自己的综合能力。自主学习不仅是混合式教学的起点，还是学生在日常学习生活中必不可少的能力之一。若学生主动性与积极性不高，在思维习惯上无法轻易改变，也会导致混合式教学效果不好，从而影响到混合式教学的质量。

（三）混合式教学结果分析

为了体现出混合评价的科学性、合理性以及准确性，在进行评价时，学校应根据实施混合式教学的实际情况，通过考查混合式教学的过程和结果来建立相应的混合式教学质量评价指标体系。由于评价指标对教学质量的导向作用，因此选取的评价指标内容不仅要能够反映混合式教学的本质，并从中选出具有代表性的指标。在考查评价指标内容时，选择的指标数量不合适或者内容不准确都会使教学评价失去应有作用和意义。本节内容以湖北某高校电信和物理这两个专业在 2018—2019 学年上下两个学期“高等数学 A”这门课程的混合式教学情况为例，通过实验组和对照组的结果对比分析，为制定混合式教学质量评价指标体系提供参考。

为了更直观清晰地反映混合式教学的结果，首先将电信类的 4 个班级和物理 3 个班级上下两个学期的期末卷面成绩进行了简单的统计分析，其成绩分布如图 6-17 所示：

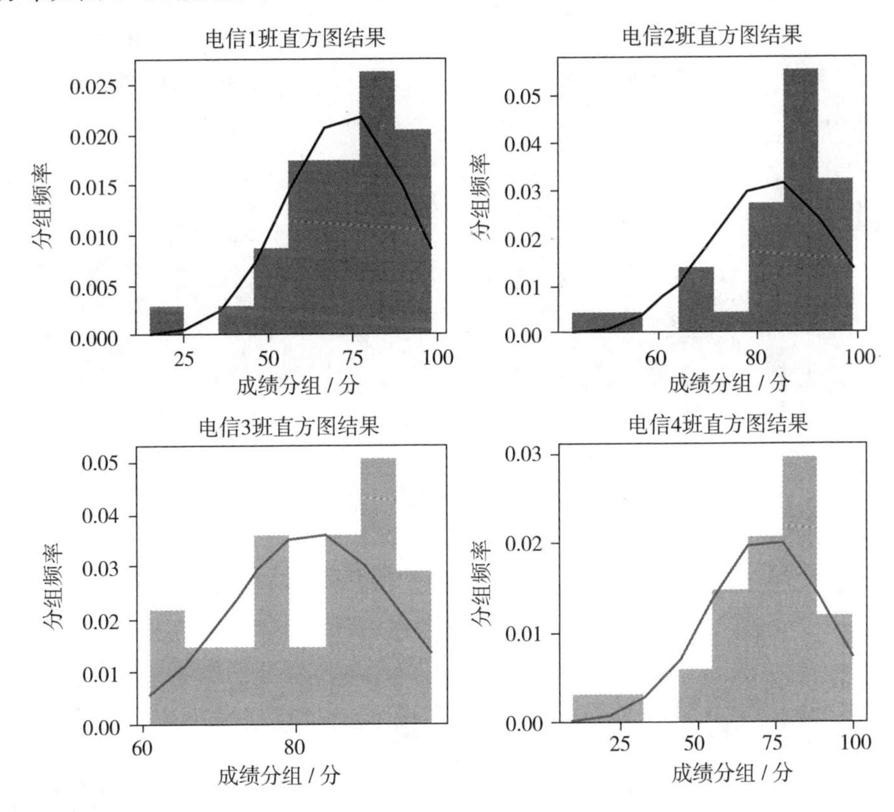

2018—2019 上学期成绩结果

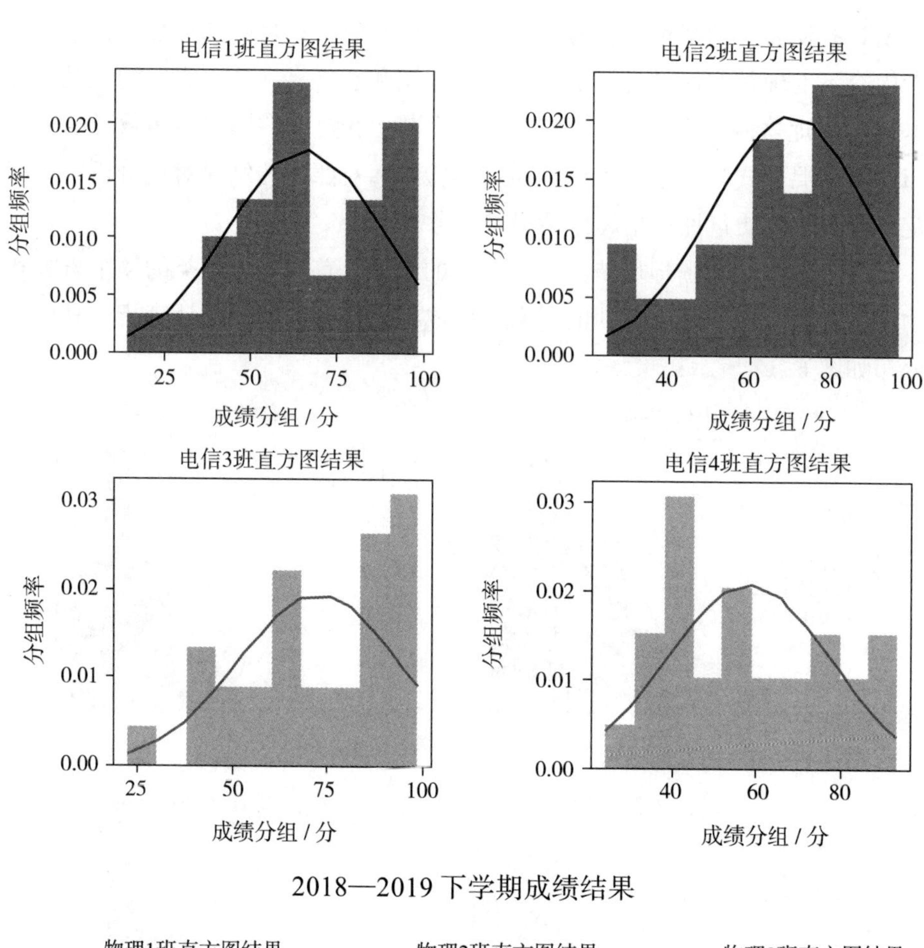

2018—2019 下学期成绩结果

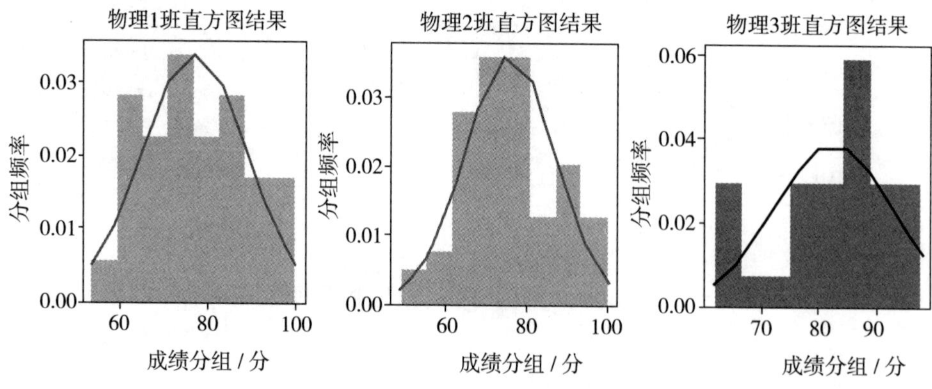

2018—2019 上学期成绩结果

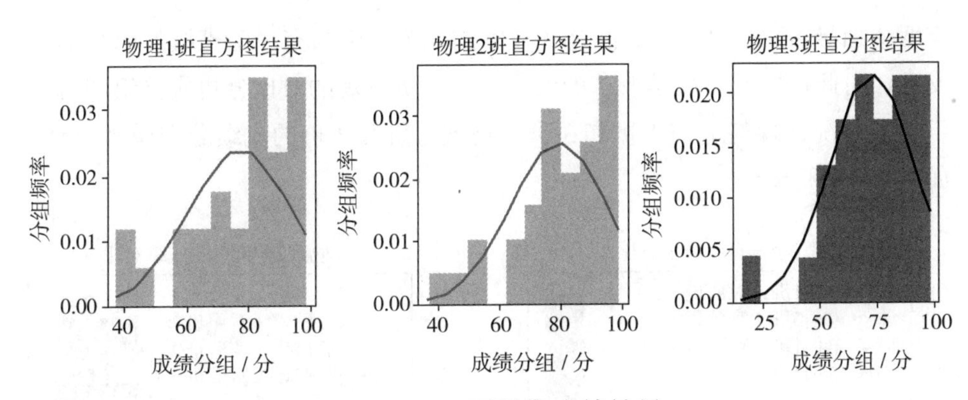

2018—2019 下学期成绩结果

图 6-17　上下两个学期的成绩分布图

从图 6-17 中的统计结果来看，7 个班的成绩都大体符合正态分布，经过初步的计算分析可得各班的关键数据如表 6-1 所示：

表 6-1　2018—2019 学年上下学期成绩分析

单位：分

		电信 1	电信 2	电信 3	电信 4	物理 1	物理 2	物理 3
上学期	平均值	73.45	82.84	82.4	72.33	77.16	75.71	82.57
	标准差	18.01	12.6	11.01	19.28	11.82	11.06	10.29
	25 分位数	65	80.5	75	65	68	67.5	78.25
	50 分位数	77	85	85.5	74.5	76	75	85
	5 分位数	86	91	91.75	83	86.5	83	88.75
下学期	平均值	64.82	70.275	58.25	73.1	77.79	79.45	72.79
	标准差	22.46	19.43	19.09	20.84	16.66	15.58	18.46
	25 分位数	50.25	59.5	41	57.25	68.5	72.5	63.25
	50 分位数	64	75	56	77	82.5	81	74.5
	75 分位数	86.25	85.5	76.25	91	91.25	90.5	88.25

从表 6-1 中的数可以看出，7 个班级中有 4 个班级（电信 3、4 班，物理 1、2 班为实验组）的成绩在上下学期中都有下降（可能是因后续课程的

难度增加导致）。而实施了混合式教学的 4 个班中却有 3 个班级的成绩不降反升。由此可以看出教学改革的效果。为了更直观的对比分析实验组和对照组得分情况，现将电信 1 班和 3 班、物理 1 班和 3 班的成绩分布单独统计，如图 6–18 所示：

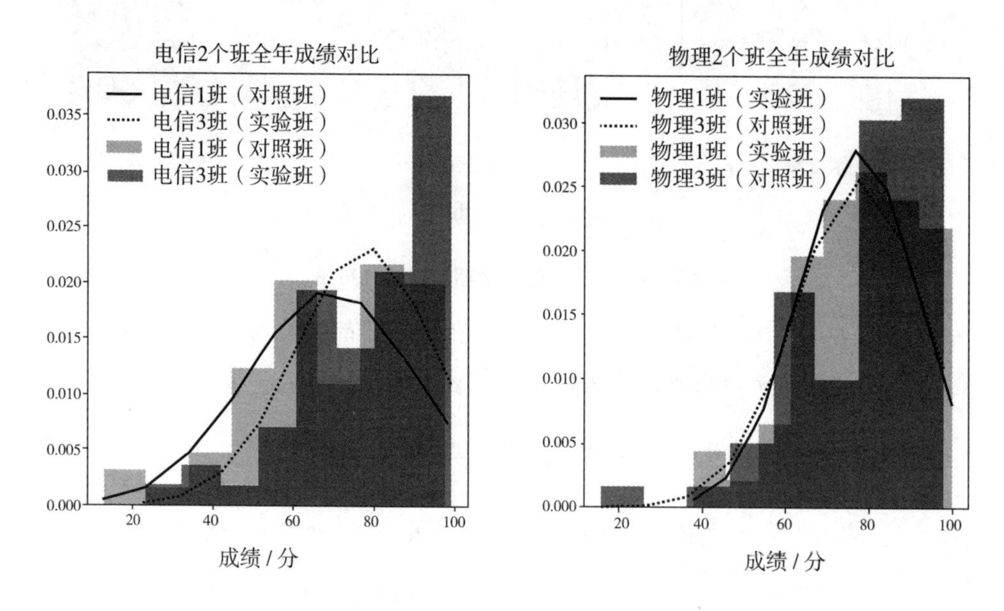

图 6–18　两个专业的实验组和对照组成绩分析

从全学年成绩情况来看，电信 1 班和物理 1 班的成绩相对集中在 75 ～ 100 分的区间内，60 分以下的人数相对电信 3 班来说偏少，物理专业的情况也类似，而且电信 3 班和物理 3 班的成绩比较分散，高分段人数偏少。综上，对混合式教学成绩的统计分析可以看出，实施混合式教学在提高教学质量方面是有效的。

（四）混合式教学质量评价指标体系

1. 混合式教学质量评价指标

建立混合式教学评价体系时，第一步就是如何选择合适的内容来设置评价指标，这些内容对于评价体系来说尤为关键。本部分先对实施混合式教学的过程中优课联盟平台上产生的一些数据进行了统计分析，数据分析结果如图 6–19 所示：

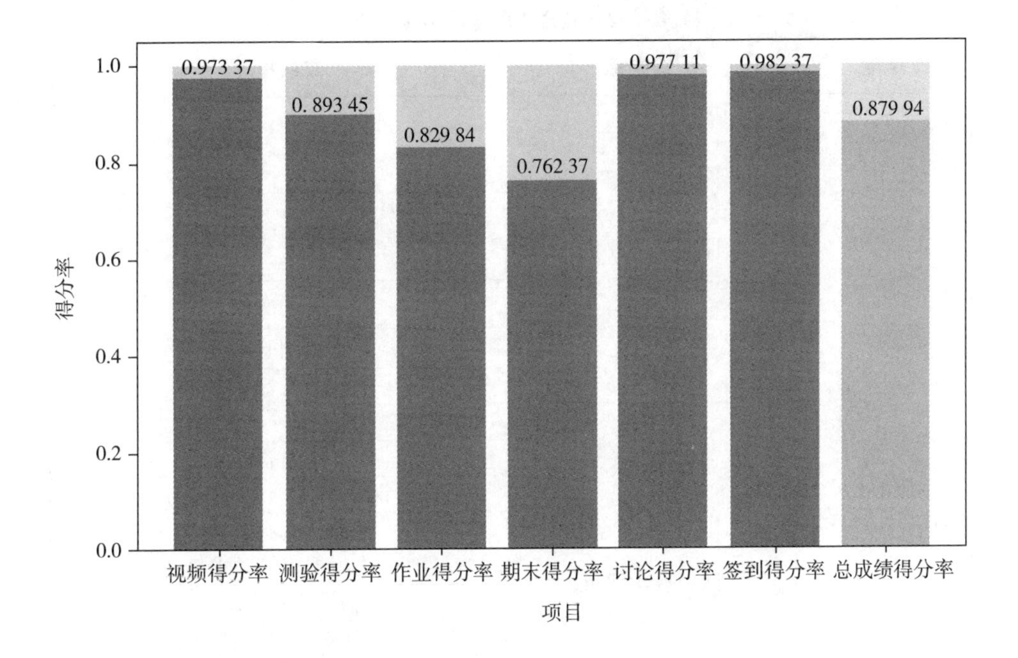

图 6-19 线上教学过程中各项平均得分率

从教学过程中同学们参与的情况来看，同学们最容易完成签到、讨论和视频的观看，这三项的完成程度也能直接反映学生在线上教学中的行为情况测验、作业、期末考试得分率逐渐下降，在一定程度上反映了学生的学习效果以及遇到的问题，因此混合式教学线上过程中的评价指标可以设置为学生签到次数、观看视频次数、互动次数、在线测验次数、线上作业、在线测验分数、线上讨论互动、线上考试成绩等内容。而线下课堂的指标内容，则是经过阅读文献并根据线下课堂的教学环节来设置调查问卷，然后对调查结果进行分析筛选出其中较重要的几项指标：任务目标明确、课堂纪律（考勤等）、小组合作、课堂表现（讨论互动）、授课认真有感染力、态度严谨精益求精、辅导答疑有耐心、注重引导和启发、重难点突出、注意力集中、理论实际相结合、基本知识掌握情况综上，本文立足于湖北某高校的混合式教学活动，以实际教学情况中学生的数据分析结果为依据，将评价指标设计为如下 3 个一级指标，其中归纳了 20 个二级指标，以这些指标内容来反映混合式教学的具体实施过程。制定的混合评价指标表如表 6-2 所示：

表 6-2　混合式教学评价指标表

维度	一级指标	二级指标
混合式教学评价	课前学习评价	学生签到次数
		观看视频次数
		互动次数
		在线测验次数
		任务目标明确
	课中教学评价	课堂纪律（考勤等）
		小组合作
		课堂表现（讨论互动）
		授课认真有感染力
		态度严谨精益求精
		辅导答疑有耐心
		注重引导和启发
		重难点突出
		注意力集中
		理论实际相结合
	课后学习评价	线上作业
		在线测验
		线上讨论互动
		基本知识掌握情况
		线上考试成绩

2. 建立混合式教学质量评价指标体系

在立足于建立混合式教学评价体系的三大原则的基础上，本部分建立的混合评价指标体系如表 6-3 所示：

表 6-3　混合式教学评价指标体系

一级指标	指标序号	二级指标
课前学习评价	X_1	学生签到次数
	X_2	观看视频次数
	X_3	互动次数
	X_4	在线测验次数
	X_5	任务目标明确

续 表

一级指标	指标序号	二级指标
课中教学评价	X_6	课堂纪律(考勤等)
	X_7	小组合作
	X_8	课堂表现(讨论互动)
	X_9	授课认真有感染力
	X_{10}	态度严谨精益求精
	X_{11}	辅导答疑有耐心
	X_{12}	注重引导和启发
	X_{13}	重难点突出
	X_{14}	注意力集中
	X_{15}	理论实际相结合
	X_{16}	线上作业
课后学习评价	X_{17}	在线测验
	X_{18}	线上讨论互动
	X_{19}	基本知识掌握情况
	X_{20}	线上考试成绩

在建立基于BP神经网络的混合式教学评价模型时，建立的混合式教学评价体系将会决定BP网络的输入层神经元个数，其中指标内容的数据将作为输入样本。因此，评价体系的内容以及指标数量都关系到最终评价模型的性能。综上，在建立混合评价体系时应尽可能全面、客观地考查各项指标，为模型的建立打好基础，才能成功构建一个混合式教学评价模型并使其发挥应有的作用。

三、基于BP神经网络的混合式教学质量评价模型的建立

（一）原始数据的收集和预处理

问卷调查是一种获取信息常用的方式，结合混合式教学的有关理论和实践，提取出影响评价结果的因素，其中线下课堂的指标数据就是先设计调查问卷，然后发放回收问卷并对问卷结果进行分析筛选后得到的。调查问卷是根据评价指标的内容来设计的，从数据的分析方面考虑其中开放性题目的内容不计入问卷总分。线上部分的指标数据则是优课联盟和雨课堂平台采集到

的，可以根据评价体系从平台上导出，经过对调查问卷的结果和平台导出的数据进行筛选整合，得到 85 组有效数据。为减少因输入数据的变化幅度过大而造成权值的修正困难，在收集到原始数据后需要将评分数据归一化至区间 [0,1]。本部分采用的归一化函数是最大最小值法，这种方法在对数据进行线性变换的过程中能够较大程度地保留其原始的意义，信息也不易丢失，最大最小值法的归一化公式如下：

$$X = \frac{I - I_{min}}{I_{max} - I_{min}} \tag{6-22}$$

其中 X 是经过归一化处理的 BP 神经网络输入值，I 指的是收集的原始数据，I_{min} 代表原始分数的最小值，I_{max} 代表原始分数的最大值。

（二）BP 神经网络评价模型

BP 神经网络是具有强大的非线性映射能力的神经网络模型，可以从复杂且大量的数据模式中发现数据之间所呈现的线性和非线性规律。因 BP 网络的这些功能，利用 BP 神经网络对混合式教学的质量进行评价，尽量避免人为因素的干扰，建立混合式教学评价模型，完善混合式教学的质量保障体系。

1. 模型结构设计

典型的 BP 神经网络主要由输入层、隐含层和输出层组成。其中各层神经元的个数以及隐含层的层数都需根据实际情况来调整确定，合理的网络结构可以减少网络训练次数，提高网络学习的精度。在混合式教学评价中，将评价体系中的指标值作为 BP 神经网络的输入值，评价结果作为输出值。在有足够的样本数量来训练的情况下，让网络修正合适的权重，然后根据样本数据来预测教学质量的评价结果，建立 BP 神经网络模型的步骤如下：

（1）输入层的设计

根据所建立的混合式教学评价体系，共有 20 个二级指标，将其作为神经网络的输入向量，故输入层神经元数为 $m = 20$。

（2）输出层的设计

将评价结果作为 BP 网络的输出，因此，输出层神经元数为 $n = 1$。

（3）隐含层层数的设计

根据神经网络的结构特点和训练过程可知，隐含层越多，BP 神经网络的难度就越大。根据 Kosmogorov 理论，我们选择只有一层隐含层结构的

BP 网络，3 层 BP 网络结构可以以任意精度去逼近任意的连续函数，且结构简单易于实现。

（4）隐含层神经元个数的确定

到目前为止，如何确定最合适的隐含层神经元个数仍然缺乏理论的指导，阅读文献发现，在一般情况下是根据经验公式和多次实验（网络收敛性能的好坏）来确定的，本文选择的经验公式如下：

$$l=\sqrt{m+n}+\alpha \quad (1<\alpha<10) \tag{6-23}$$

其中，l 为隐含层神经元个数，m 为输入层神经元个数，n 为输出层神经元个数。根据公式，隐含层神经元个数的选取应在 6 ～ 14 之间，经过多次试验调整得出本节的 BP 神经网络隐含层神经元数为 7 时，网络性能最好。

（5）神经元激活函数的确定

本文提到了几种常见的激活函数，考虑到本文的需要和 Sigmoid 函数在分类以及函数逼近方面的优点，这里采用 Sigmoid 函数作为激活函数，函数形式为：

$$f(x)=\frac{1}{1+\mathrm{e}^{-x}} \tag{6-24}$$

（6）模型结构的确定

根据以上步骤中确定的参数，BP 神经网络模型结构就可以确定为 20-7-1 的三层 BP 神经网络，其结构如图 6-20 所示：

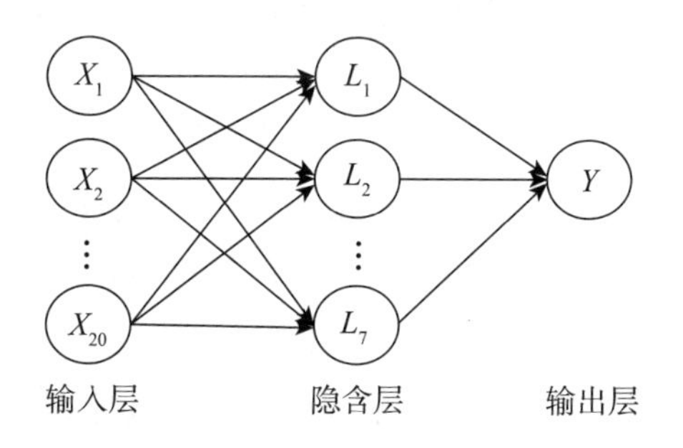

图 6-20 BP 神经网络模型结构

（7）权值和阈值初始设置

在利用 BP 神经网络训练建模时，需要事先对网络中的初始权值和阈值设定一个范围，这是为了确保训练开始时不落在那些平坦区上，陷入局部最小值。在设置权值时，一般取比较小的随机数，这样可以有效地缩短网络的学习时间。将 BP 神经网络的连接权值和阈值的初始取值范围设为 $[-0.5,0.5]$。

2. 训练样本采集

在混合式教学评价模型的建立中，样本占据着至关重要的位置，样本选取的好坏将直接影响到神经网络的训练结果和模型建立的科学程度。以湖北某高校 2018—2019 学年第二学期“高等数学 A”这门课程为例。这一学期实施混合式教学的过程中产生的数据经过预处理后得到 85 组样本数据。从中抽取 70 个样本作为训练集输入设计好的 BP 网络进行训练，其余 15 个样本数据作为测试集，对训练好的 BP 神经网络进行测试验证。

3. BP 神经网络评价模型的样本训练与误差分析

MATLAB 软件具有强大的计算能力和良好的可视化能力，其中包含了很多工具箱，神经网络工具箱就是其中之一。MATLAB 中的神经网络工具箱主要用于分析和设计网络系统，提供了大量可直接调用的工具箱函数，包括神经网络的建立、初始化、训练和仿真等等，功能十分完善，可以很方便地进行仿真。利用 MATLAB 软件实现 BP 神经网络的算法程序，步骤如下 MATLAB 软件实现 BP 神经网络的算法程序，步骤如下：

（1）初始化：在设置好 BP 神经网络权值和阈值的初始值后，MATLAB 可以自动调动初始化函数 init，对其进行初始化。

（2）创建网络：MATLAB 中的 newf 函数可以根据样本数据来确定输入层神经元个数，其他各层及其神经元个数则根据设计的 BP 神经网络模型结构来确定（本文的模型），其他参数设值为：网络训练次数为 5000 次，训练目标误差为 0.000 1。

（3）网络训练：输入预处理后的样本数据，根据前面设计的 BP 神经网络模型，训练过程是通过函数 train 实现的，根据样本的输入、目标输出，和预先已经设置好的训练函数的参数，对网络进行训练。

（4）网络仿真：MATLAB 中的函数 Sim 可以实现仿真过程，训练结束后它可以根据已经训练好的网络对测试集进行仿真计算。

根据以上步骤在 MATLAB 中的神经网络工具箱内进行模拟训练与实验，网络训练后读入测试集输出的评价结果与实际结果如表 6-4 所示：

表 6-4 实际评价结果与 BP 仿真评价结果对比

单位：分

测试样本编号	实际评价结果	仿真评价结果	误差	相对误差
1	97.5	93.97	3.53	0.04
2	90.5	94.12	3.62	0.04
3	90	95.38	5.38	0.06
4	91	77.55	13.45	0.15
5	85.5	97.19	11.69	0.13
6	86.5	77.31	9.19	0.11
7	90	93.67	3.67	0.04
8	93.5	93.66	0.16	0.01
9	83	82.34	0.66	0.01
10	98	93.62	4.38	0.04
11	71	77.62	6.62	0.09
12	90	92.59	2.59	0.03
13	92	97.47	5.47	0.06
14	81.5	78.10	3.4	0.04
15	74	77.52	3.52	0.05

从训练结果（表 6-4）来看，基于 BP 神经网络的混合式教学质量评价模型的平均误差为 5.16，相对误差为 0.06。对最后 15 组测试样本数据中进行预测，预测结果如图 6-21 所示：

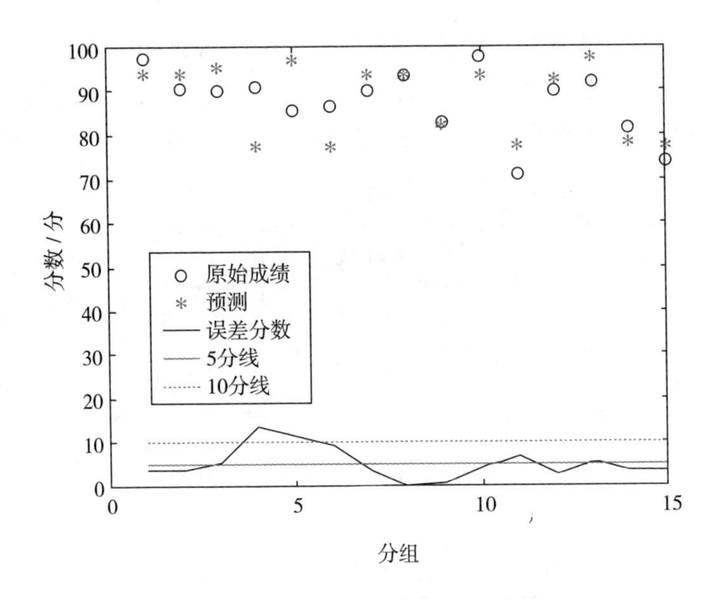

图 6–21　BP 神经网络评价预测结果

从图中可以明显看出 15 组样本的预测结果误差大部分都在 10 分以内，比较符合教学实际，在混合式教学各个环节中存在许多影响因素不可量化地选入评价体系，因此这方面的误差是不可避免的。另一方面可以对模型进行优化，提高评价结果的精度。

（三）GA–BP 神经网络评价模型

从上面的实际评价结果与仿真评价结果的对比来看，部分结果的误差较大。在 BP 神经网络的训练过程中，网络结构、初始连接权值和阈值的选择对网络训练的影响很大，但是又无法准确获得，因此本节针对 BP 神经网络存在的这些不足，将 GA–BP 神经网络用于混合式教学的评价，权值和阈值经过优化的 BP 网络有助于我们得到效果更优的评价模型的建立。

1. 基于遗传算法的 BP 神经网络

遗传算法是一种模拟生物进化的优化工具，它模拟了群体的集体进化行为，每个个体代表了问题搜索空间的近似解、遗传算法从任意初始种群出发，通过个体遗传和变异，有效地实现了稳定优化的育种和选择过程，从而使种群进化到较好的搜索空间范围。遗传算法优化 BP 神经网络主要分为以下三个部分：

（1）确定 BP 神经网络结构。根据前面构建的混合式教学指标体系确定输入层节点数，根据评价结果确定输出神经元数，再根据经验公式 $l=2m+1$（m 为输入层神经元个数）确定隐含层节点数为 41。

（2）遗传算法优化 BP 神经网络权值和阈值。随机生成一个群体，其个体代表网络权值和阈值，然后利用适应度函数来计算适应度值，最后通过选择、交叉和变异操作找到最优个体。

（3）利用 GA–BP 神经网络进行预测。用最优个体初始化后，BP 神经网络的权值和阈值可以在训练过程中再次进行局部优化，优化后的 BP 神经网络具有较好的预测精度和预测效率。

根据以上步骤，建立基于 GA–BP 神经网络的混合评价模型如图 6–22 所示：

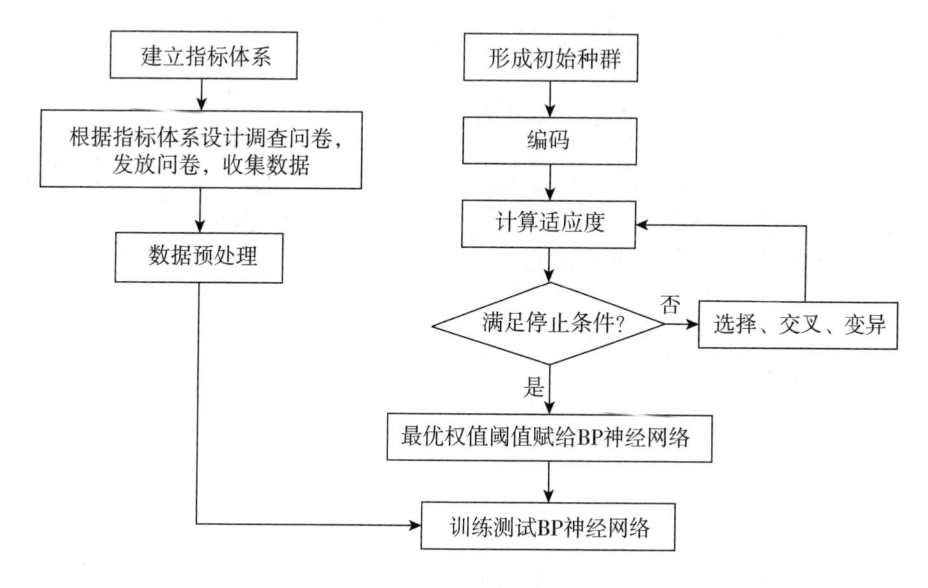

图 6–22 基于 GA–BP 神经网络的混合式教学评价模型

2. GA–BP 神经网络的模型结构设计

（1）确定好神经网络的结构后，将预处理过的数据作为神经网络的输入值。本文 GA–BP 神经网络模型中设计的 BP 网络结构为 20–41–1。

（2）确定种群规模 $S=50$ 和最大迭代次数为 2000，选择交叉概率和变异概率，设置权值和阈值的上界和下界，生成初始种群。

（3）根据简化后的适应度函数来确定适应度，如公式 6–25 所示，其中 x_i 为目标输出值，x_i' 为实际输出值。

$$F=\frac{1}{\sum_{i=1}^{N}\left|x_i'-x\right|_i} \tag{6-25}$$

（4）通过选择、交叉、变异等过程产生新一代种群，通过迭代计算得到最大的迭代次数或最小的误差。

（5）将遗传算法优化后的权值和阈值代入 BP 神经网络，用样本数据训练 GA 优化后的神经网络，直到满足误差要求，并对网络输出结果进行反向归一化，得到测试样本的评价结果，完成混合式教学质量评价模型的构建。

GA-BP 神经网络算法流程如图 6-23 所示：

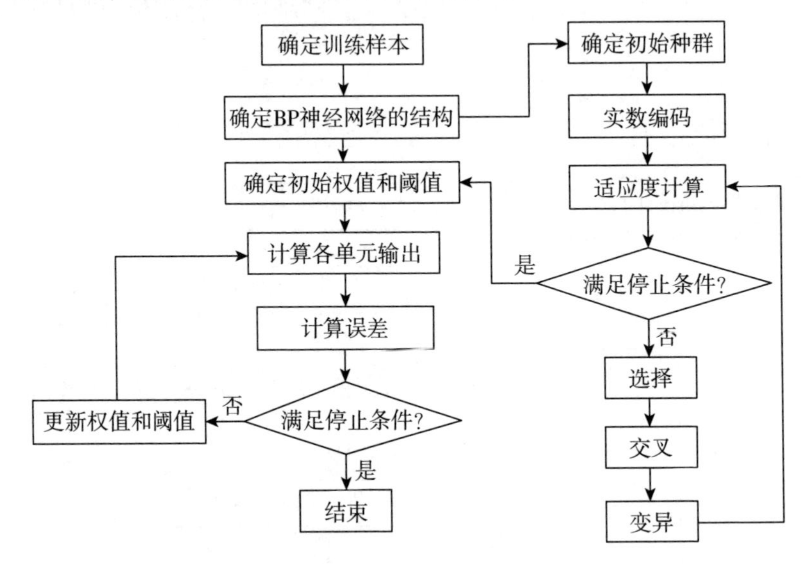

图 6-23　GA-BP 算法流程图

3.GA-BP 神经网络评价模型的训练与误差分析

通过 MATLAB 实现基于 GA-BP 神经网络的混合式教学质量评价的仿真实验，预测第 71 ～ 85 组样本数据的评价结果，将仿真评价结果与实际评价结果对比如表 6-5 所示：

表 6-5　实际评价结果与 GA-BP 仿真评价结果对比

单位：分

测试样本编号	实际评价结果	仿真评价结果	误差	相对误差
1	97.5	89.51	7.99	0.08
2	90.5	88.87	1.63	0.02
3	90	85.02	4.98	0.05
4	91	87.56	3.44	0.03

续　表

测试样本编号	实际评价结果	仿真评价结果	误差	相对误差
5	85.5	86.88	1.38	0.01
6	86.5	83.73	2.77	0.03
7	90	88.94	1.06	0.01
8	93.5	91.38	2.12	0.02
9	83	87.16	4.16	0.05
10	98	92.94	5.06	0.05
11	71	74.30	3.3	0.04
12	90	83.97	6.03	0.06
13	92	88.97	3.03	0.03
14	81.5	87.72	6.22	0.07
15	74	77.61	3.61	0.04

从表 6-5 中的数据可以看出，基于 GA-BP 神经网络的混合式教学质量评价模型的误差整体比上面基于 BP 神经网络的误差小，预测的结果与实际结果基本相符，平均测试误差为3.78，相对误差为0.04；预测结果如图6-24所示：

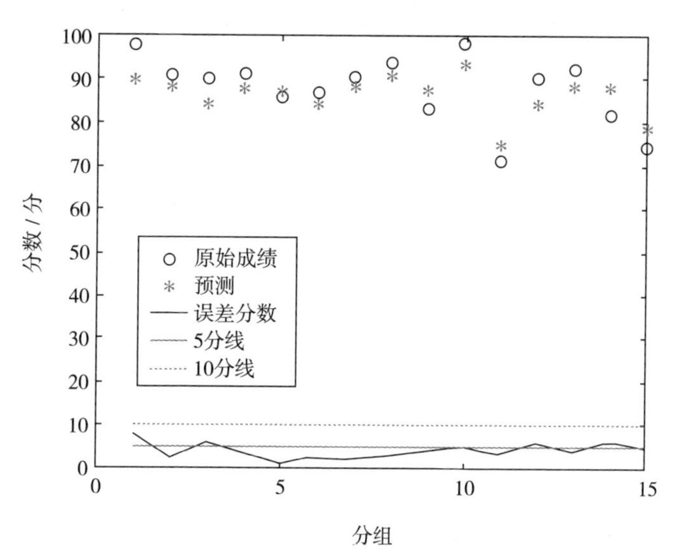

图 6-24　GA-BP 神经网络评价结果

从图中可以明显看出与实际结果的误差分数线波动相对 BP 模型也比较平缓，15 组样本的预测结果误差都在 10 分以内，其中绝大部分在 5 分以内，与基于 BP 神经网络的评价模型相比精确度更高，预测结果更准确。

参考文献

[1] 李乐 . 互联网 + 慕课在高职高专课程教学改革中的应用 [M]. 成都：电子科技大学出版社 , 2018.
[2] 谢东华，王华英 . 互联网 + 环境下高职语文教学模式改革研究 [M]. 长春：吉林人民出版社 , 2017.
[3] 王春丽 , 时小侬 , 王成云 , 等 . 互联网 + 视角下高职课堂教学模式研究 [M]. 长春：吉林人民出版社 , 2016.
[4] 扈希峰 . 基于深度学习的高中数学教学设计研究 [M]. 长春：吉林人民出版社 , 2021.
[5] 唐小纯 . 数学教学与思维创新的融合应用 [M]. 长春：吉林人民出版社 , 2020.
[6] 孙国春 . 小学数学教学设计 [M]. 上海：复旦大学出版社 , 2019.
[7] 韩朝泉，邱炯亮，聂雪莲 . 数学教学与模式创新 [M]. 北京：九州出版社 , 2018.
[8] 张彩宁，王亚凌，杨娇 . 高职院校数学教学改革与能力培养研究 [M]. 天津：天津科学技术出版社 , 2019.
[9] 马作炳，段彦玲，刘英辉 . 数学教学与模式创新 [M]. 长春：吉林人民出版社 , 2017.
[10] 商七一 . 基于数学史案例引导的高等数学教学分析 [J]. 文山学院学报 , 2021, 34（06）: 77–80.
[11] 郝庆华 , 龙宇 . 高等数学教学中存在的问题与解决对策 [J]. 辽宁师专学报（自然科学版）, 2021, 23（04）: 10–11+44.
[12] 陈伟方 . 提高高职院校高等数学教学有效性的实践研究 [J]. 江苏教育研究 , 2021（36）: 49–54.
[13] 晁增福 , 邢小宁 . 基于"互联网 +"高等数学课程教学改革的探索与实践 [J]. 大学 , 2021（47）: 91–93.
[14] 蔡恒文 . 高等数学教学培养学生数学应用能力的实践探究 [J]. 山西青年 , 2021（22）: 73–74.
[15] 陈静 , 张敏 . "互联网 +" 背景下独立学院教学改革与实践——以武汉传媒学院《高等数学》为例 [J]. 教师教育论坛 , 2021, 34（11）: 76–79.
[16] 关丽红 , 朱天晓 . "互联网 +" 时代高等数学课程混合式教学改革的探讨 [J]. 长春大学学报 , 2021, 31（10）: 101–104.
[17] 郭培培 . 翻转课堂教学模式在高等数学教学中的研究 [J]. 数学学习与研究 , 2021（30）: 6–7.

[18] 崔俊明 , 邓泽民 . 我国高职高等数学教学研究综述 [J]. 职教论坛 , 2021, 37（10）: 72–77.

[19] 刘明术 . 基于“互联网 +”智慧课堂教学模式在高等数学教学中的应用研究 [J]. 产业与科技论坛 , 2021, 20（20）: 131–132.

[20] 苟敏磷 . 高等数学教学中悖论教学法的实践应用 [J]. 山西青年 , 2021（17）: 101–102.

[21] 白守英 . 案例教学在高等数学教学中的运用研究 [J]. 成才之路 , 2021（27）: 52–54.

[22] 杨乔华 . 网络学习之下“高等数学”教学的探索与研究 [J]. 教育教学论坛 , 2021（35）: 92–95.

[23] 陈超 . 高等数学教学中“翻转课堂”教学模式分析 [J]. 现代职业教育 , 2021（32）: 202–203.

[24] 胡月 . 高等数学教学中融入数学文化研究 [J]. 科教文汇（下旬刊）, 2021（07）: 77–79.

[25] 许彪 . 高等数学教学中学生应用能力的培养探索 [J]. 内江科技 , 2021, 42（07）: 123–124.

[26] 张泽锋 . 高职院校高等数学教学的现状与对策 [J]. 石家庄职业技术学院学报 , 2021, 33（04）: 71–73.

[27] 佟珊珊 , 陈森 , 路宽 . 高等数学教学效果优化策略研究 [J]. 黑龙江科学 , 2021, 12（11）: 13–15.

[28] 温爱周 . 高等数学教学中逆向思维的运用 [J]. 科技资讯 , 2021, 19（14）: 186–188.

[29] 黄文宁 . 论“互联网 +”视域下的高等数学教学理念改革 [J]. 大学 , 2021（11）: 61–63.

[30] 晁增福 , 翁生权 . “互联网 +”在高等数学课程教学中的实践与效果分析 [J]. 现代职业教育 , 2021（11）: 51–53.

[31] 岳霞霞 . “互联网 +”背景下高等数学教学实践初探 [J]. 国际公关 , 2020（11）: 37–38.

[32] 张登华 , 何立 . 互联网环境下的高等数学线上教学方法创新探讨 [J]. 创新创业理论研究与实践 , 2020, 3（17）: 50–51.

[33] 郑斌 .“互联网 +”背景下“高等数学”课程分层次教学的现状分析 [J]. 无线互联科技 , 2020, 17（13）: 132–133.

[34] 李婷婷 .“互联网 + 教育”下“慕课”在高等数学教学中的应用研究 [J]. 现代职业教育 , 2020（28）: 96–97.

[35] 汤自凯 . 互联网 + 下高等数学课程的教学改革思考与探索 [J]. 教育教学论坛 , 2020（17）: 168–169.

[36] 李静 .“互联网 +”背景下高等数学课程教学创新研究 [J]. 大学 , 2020（10）: 53–54.

[37] 王进祥 .“互联网 +”时代高等数学教学模式探讨 [J]. 教育现代化 , 2019（6）: 23.

[38] 胡婷 .“互联网 +”时代微课在高等数学教学中的应用 [J]. 卫星电视与宽带多媒体 , 2019（18）: 46–47.

[39] 郭慧君 . 基于“互联网 +”的高等数学教学改革探索 [J]. 教育现代化 , 2019, 6(59): 47–48.

[40] 华剑 , 祝青芳 .“互联网 + 教育”思维模式下的高等数学教学 [J]. 科教文汇（中旬刊）, 2019（06）: 62–63.

[41] 王静 .“互联网 +”时代高等数学信息化教学研究 [J]. 智库时代 , 2019（26）: 220+229.

[42] 付尧 .“互联网 +”背景下职业院校高等数学课程教学模式的创新与实践 [J]. 计算机产品与流通 , 2019（03）: 178.

[43] 林大志 . 基于创新能力培养的“互联网 +”高等数学课程教学创新与实践 [J]. 青年与社会 , 2018（32）: 59–60.

[44] 蒋英春 .“互联网 +”时代高等数学自主学习教学模式的探索与实践 [J]. 大学教育 , 2018（09）: 92–94.

[45] 杨月梅 , 陈忠民 .“互联网 +”背景下高等数学课堂教学刍议——基于慕课、微课、翻转课堂的探究 [J]. 教育探索 , 2018（03）: 74–77.

[46] 李红燕 .“互联网 +”思维模式下的高等数学教学策略 [J]. 西部素质教育 , 2018, 4（08）: 107–108.

[47] 农秋红 .“互联网 +”时代微课在高等数学教学中的应用 [J]. 智富时代 , 2018(02): 241.

[48] 尹云辉 . 基于移动互联网的教学互动反馈系统——在高等数学教学中的应用 [J]. 电脑知识与技术 , 2017, 13（33）: 144–145.

[49] 孙福智 . 互联网信息技术在高等数学课堂教学中的应用研究 [J]. 知识文库 , 2017（20）: 146.

[50] 钱小慧 . “互联网 +” 背景下高职高专高等数学教学优化研究 [J]. 数学学习与研究 , 2017（13）: 15–16.

[51] 陈向荣 . 浅谈互联网环境下的高等数学教学方式转变 [J]. 内蒙古教育 , 2017（10）: 91–92.

[52] 王琳 . “互联网 +” 思维模式下高等数学教学探究 [J]. 黑龙江科技信息 , 2016（21）: 130.